JN440467

# 천안함 이후의 한국 국방

2011년도
대한민국학술원 선정
**우수학술도서**

이 도서는 대한민국학술원에서 선정한
"2011년도 우수학술도서"로서 교육과학기술부의
지원으로 구입 배부한 것임.

**김종하**
• 1964년 출생
• 영국 브리스톨대학교 정책대학원 정책학박사(국방획득/방위산업 전공)
• 현재 한남대학교 정치언론국제학과 및 국방전략대학원 주임교수
• 겸임: 합동참모본부 자문위원, 육군 전력/군수정책 자문위원, 공군 정책 발전 자문위원
• 주요저서: 『획득전략: 이론과 실제』(2006), 『미래전, 국방개혁 그리고 획득전략』(2008) 등

**김재엽**
• 1979년 6월 25일 출생
• 성균관대학교 대학원 정치학박사(국제정치 전공)
• 현재 한남대학교 무기체계-M&S연구센터 연구교수
• 주요저서: 『자주국방론』(2007), 『군사혁신(RMA)과 한국군』(2008, 공저), 『현대무기체계론』(2009, 공저) 등
• 개인 홈페이지 http://www.cyworld.com/kimjaeyeop

[수정증보판]
**천안함 이후의 한국 국방**
합동성 강화, 군(軍) 상부구조 개선을 중심으로

2010년 12월 10일 초판 1쇄 발행
2011년 10월 10일 수정증보판 1쇄 발행

지은이 | 김종하 · 김재엽
펴낸이 | 이찬규
펴낸곳 | 북코리아
등록번호 | 제03-01240호
주소 | 462-807 경기도 성남시 중원구 상대원동 146-8
우림2차 A동 1007호
전화 | 02-704-7840
팩스 | 02-704-7848
이메일 | sunhaksa@korea.com
홈페이지 | www.bookorea.co.kr
ISBN | 978-89-6324-147-0 (93390)

값 14,000원

군복의 색깔은 다르지만 대한민국의 모든 군은
오직 조국의 군대, 국민의 군대다.
나라와 국민을 지키는 하나의 사명만이 있을 뿐이다.

**이명박 대통령**
(2011년 3월 4일, 초임장교 합동임관식 연설 中에서)

전쟁에서 육군, 해군, 공군이
분리되어 싸우는 시대는 영원히 끝났다.

**드와이트 데이비드 아이젠하워**
(제34대 미국 대통령, 제2차 세계대전 연합군 총사령관)

# 천안함 이후의 한국 국방

## 합동성 강화, 군(軍) 상부구조 개선을 중심으로

김종하 · 김재엽 지음

북코리아

프롤로그

# 국방개혁은 이제 '선택'이 아닌 '필수'다

지구상에 존재하는 모든 국가들은 스스로의 생존과 안전을 최우선적으로 추구해야 할 이익(利益)으로 규정한다. 이를 국가안보(國家安保: National Security)라고 부른다. 국가안보를 관철시키기 위해서는 여러 가지 정책 수단들이 동원될 수 있지만, 그 가운데서도 가장 중요한 것은 역시 국가가 독점적으로 보유 및 행사하는 물리력, 즉 '군사력'의 존재다. 군사력이야말로 외부 세력의 적대적인 의도나 행동에서 영토와 국민의 안전을 수호할 수 있는 마지막 버팀목의 역할을 해줄 수 있기 때문이다.

한편으로는 다른 국력수단들과 마찬가지로, 군사력 역시 과학기술이나 국제정세, 국내의 정치·사회적인 요소 등에 따른 영향을 받기 마련이다. 이에 효과적으로 대처하기 위한 노력이 바로 국방개혁(國防改革: Defense Reform)이다. 사실 국방개혁은 역대 정부에서 줄곧 시도되었던 오랜 과제였다. 1970년 박정희 대통령의 지시로 이루어진 군 특명검열단의 국방체제 개편 연구, 전두환 행정부 시절인 1980년대의 '군 구조 연구위원회' 활동, 1988~1990년 노태우 행정부의 '장기국방태세 발전방향 연구'(일명 818 계획), 1993~1996년 김영삼 행정부의 「21세기 국방태세 연구안」, 김대중 행정부 시절 국방부 산하 국방개혁추진위원회의 「국방개혁 5개년 계획」, 그리고 전임 노무현 행정부의 「국방개혁 2020」이 본보기다.

그러나 1990년 818 계획과 이에 따른 「국군조직법」의 개정을 제외하면, 그동안 추진되어 온 국방개혁이 의미 있는 변화를 이끌어낸 경우는 매우 드물었다. 기껏해야 국방조직을 부분적으로 개편 · 통폐합하는 수준에 머물렀으며, 그것조차도 실행 과정에서 사실상 백지화되는 경우가 비일비재(非一非再)했다. 군 통수권자인 대통령의 지시나 국방 당국의 군 상부구조 개혁 필요성 때문에 수많은 개혁안이 마련되었지만, 정권이 교체되고 나면 어렵게 마련된 개혁안은 하루아침에 무용지물이 되어 버리고 마는 경우가 대부분이었기 때문이다. 뿐만 아니라 지휘구조의 개편, 병력규모의 조정, 전력증강의 우선순위 등 국방개혁의 구체적인 내용을 둘러싸고 육 · 해 · 공군 모두 자신들의 기득권을 지키려는 자군(自軍) 중심적인 태도를 표출시키면서 상호 불신, 갈등을 극복하지 못했던 것도 국방개혁 실현을 위한 기존의 노력들을 좌절시킨 주된 요인이었다.

지난 2010년 3월 26일의 천안함 피격사건은 약 8개월 후에 발생한 연평도 포격전과 더불어 한국군에게 전례 없는 시련과 도전이었다. 6 · 25 전쟁 이후 단일 사건으로는 최대 규모인 무려 46명의 장병들이 목숨을 잃었으며, 사건 발생을 전후로 나타난 대응 및 수습 과정에서 한국군의 각종 난맥상들이 고스란히 드러났던 것이다. 그러나 한편으로 천안함 피격사건은 국방개혁의 시급함과 당위성을 강조하는 명백한 증거라고 할 수 있다. 그동안 국방개혁은 '하면 좋고, 안 해도 그만'인 선택사항처럼 인식되었지만, 이제는 더 이상 미뤄서는 안 될, '반드시 해야만 하는' 필수적인 과제임이 입증된 것이다. 다시 말해서 국방개혁의 성패 여부가 국군 장병들의 평시 전투대비 태세, 전시 전투수행 능력, 전쟁의 억지 및 승리 달성, 그리고 궁극적으로는 국민들의 생명과 국가의 안전을 좌우한다고 해도 결코 과언이 아니다.

최근 본격화되고 있는 이명박 행정부의 국방개혁 노력도 천안함 피격 사건을 빼놓고는 결코 생각할 수 없다. 2009년 6월 26일에 확정, 발표된 「국방개혁 기본계획 2009-2020」은 전임 노무현 정부의 「국방개혁 2020」 내용을 일부 수정, 보완하는 소극적인 개혁일 뿐이었다. 그러나 1년 만에 발생한 천안함 피격사건을 계기로 대통령 직속으로 국가안보총괄점검회

이명박 행정부의 「국방개혁 기본계획 11-30」을 발표하는 김관진 국방부 장관 (2011년 3월 8일)

의가 설치되었고, 국방부 산하의 국방선진화추진위원회도 대통령 직속 기구로 격상되어 군사전략, 지휘통제 체계, 부대구조, 전력 소요, 인력양성 등 10여 개 부문을 포함하는 보다 근본적이면서 광범위한 차원의 국방개혁 과제들을 중점적으로 연구, 검토했다. 그 결과 연평도 포격전 직후인 2010년 12월 6일 국방선진화추진위원회는 총 71개의 주요 국방개혁 과제들을 확정했고, 국방부는 이를 바탕으로 종합적인 검토를 거친 끝에 2011년 3월 8일 「국방개혁 2020」을 대체하는 새로운 국방개혁안을 발표했다. 이것이 바로 「국방개혁 기본계획 11-30」이다.

「국방개혁 기본계획 11-30」은 '다기능 · 고효율의 선진국방 구현'을 지향하며, 총 73개의 국방개혁 과제들을 포함한다. 이들은 ① 이명박 행정부의 임기가 끝나는 2012년까지를 목표로 하는 '단기과제' 37개, ② 전시 작전통제권의 전환이 이루어지는 2015년까지를 목표로 하는 '중기과제' 20개, 그리고 ③ 2030년까지를 목표로 하는 '장기과제' 16개로 각각 구분된다. 국방개혁 추진을 위한 3대 중점분야에는 '육 · 해 · 공 3군의 합동성 강화', '적극적 억제능력의 향상', '국방운영의 효율성 극대화'가 선정되었다.

일반적으로 국방개혁이라고 하면 '병력 및 군사비 지출 규모의 증감', '신무기의 도입', '병역제도의 변화' 등을 연상하기 마련이다. 하지만 이들 못지않게 중요한 국방개혁의 과제로 자주 등장하는 것이 있다. 바로 국방부와 각 군의 본부, 주요 전투사령부를 포함하는 소위 '군(軍) 상부구조'의 개선 문제다. 군 상부구조의 형태와 종류, 육 · 해 · 공군 지휘계선의 구조, 그리고 내부 인적구성의 특징에 따라서 군사력의 건설 및 유지를 위한 자원관리, 주요 국방 · 군사전략의 방향과 내용들이 결정되기 때문이다. 이들은 모두 평시의 전쟁 억지, 그리고 유사시 전쟁의 승리 여부를 좌우하는 문제들이다. 현재 「국방개혁 기본계획 11-30」의 주요 내용들 가운데 군 상부구조의 개편이 가장 치열한 논쟁의 대상으로 등장한 배경도 바로 여기에 있다.

오늘날 한국은 그 어느 때보다 과감하고 근본적인 국방개혁을 필요로 하는 안보환경에 놓여 있다. 전쟁의 양상은 첨단 정보통신기술에 토대를 둔 정보화 전쟁 형태로 바뀌고 있으며, 핵과 화학 · 생물무기를 비롯한 대량살상무기(WMD: Weapons of Mass Destruction) 및 테러리즘이 전통적인 재래식 군사력 못지않은 현실적 안보위협으로 부각되고 있다. 그리고 오는 2015년으로 예정되어 있는 전시 작전통제권의 전환 추진에 따라 독자적인 전쟁기획 및 대비역량의 확충 필요성도 높아지는 추세다. 이들은 모두 북한 재래식 군사위협 대비에 국한되어 온, 육군 중심의 대군(大軍)주의, 한미 연합방위체제 의존적이었던 기존 군 상부구조에 대한 근본적이고도 시급한 변화를 요구하는, 피할 수 없는 시대적 과제라고 할 수 있다.

본 연구에서 다루고자 하는 연구대상은 기본적으로 국방부와 합참본부, 그리고 육 · 해 · 공 3군 본부를 포함하는 군 상부구조임을 밝혀 둔다. 특히 818 계획의 결과인 1990년의 「국군조직법」 개정에 따라 시행되고 있는 한국의 현행 군 상부구조를 분석, 평가, 개선하는 데 연구의 주요 내용이 집중될 것이다. 본 연구의 목적은 군 상부구조의 개선방안을 제시하는 것이며, 1차 자료로 국방부, 각 군의 구조에 관한 정부의 공식자료를 활용하고, 군 상부구조에 관해 지금까지 발표된 각종 논문과 연구보고서, 언론자료를 2차 자료로 하여 분석한다.

본 연구는 총 5개의 장으로 구성되며, 주요 내용은 다음과 같다. 우선 제1장의 서론에 이어, 제2장에서는 '정보화 전쟁으로의 미래전 양상 변화', '다양화되는 안보위협', '한미 군사동맹구조의 변화' 등 군 상부구조 변화에 직접적으로 영향을 주는 요소들을 소개한다. 제3장에서는 미국, 러시아, 유럽의 주요 국가, 이스라엘, 그리고 일본을 비롯한 주요 군사 선진국들의 군 상부구조 현황과 개편 사례를 다룬다. 제4장에서는 한국의 군 상부구조에 해당하는 국방부, 합참, 육 · 해 · 공군 본부의 구조와 기능, 인적구성 등에 대한 현황과 더불어 문제점을 고찰한다. 마지막으로 제5장에서는 한국 국방 당국에 필요한 군 상부구조 개선 방향과 이를 위한 실천방안, 그리고 기존의 3군 체제를 작전기능별 합동 군종체제로 전환하는 중 · 장기적 발전 가능성을 제시하고자 한다.

많은 어려움에도 불구하고, 본 연구의 출간을 흔쾌히 수락해 준 북코리아 이찬규 대표님, 그리고 본 연구가 한 권의 책으로 나올 수 있도록 도움 주신 관계자 여러분께 진심으로 감사의 인사를 올린다. 아무쪼록 부족함이 많은 본 연구가 천안함 피격사건과 연평도 포격전의 상처를 딛고 성공적인 국방개혁, 국방의 선진화를 달성하고자 헌신하고 있는 우리 군의 노력에 미력하게나마 기여할 수 있길 소망한다.

2011년 9월

김종하 · 김재엽

# 차 례

# 제1장

## 개관(槪觀): 군 상부구조에 관한 이론적인 고찰

## 1. 국방체제란?

모든 국가들이 가장 우선적으로 추구하는 이익은 바로 국가 자체의 생존, 즉 국가안전보장(國家安全保障: National Security)이다. 국가 주권과 국민 생명의 안전, 영토 및 정치 · 사회질서의 통일성, 그리고 이들과 직결되는 물리적 조건(예: 식량, 에너지) 등을 보호하는 것이 여기에 해당한다. 때문에 세계 여러 나라들은 자국의 안전보장을 위해 가용한 모든 정치, 외교, 경제, 군사, 과학기술 분야의 고유 역량과 활동을 총동원할 수 있도록 노력하며, 이는 관련 국력 요소 및 수단들을 유기적이고 상호보완적으로 조직 · 관리하는 국가 차원의 시스템을 필요로 하게 된다. 이를 '국방체제'(國防體制)라고 한다.

국방체제란 "국가안보를 위해 군사력을 중심으로 모든 국력을 종합하여 종합적 국력으로 승화시키기 위한 구조, 기능 및 절차"로 정의된다.[1] 이러한 국방체제는 일반적으로 5개 요소로 이루어지는데, 이들은 ① 군 최고통수권자, ② 국방정책 결정기구, ③ 국력 동원기구, ④ 군정 · 군령 통할기구, 그리고 ⑤ 군정 · 군령 집행기구로 각각 구분된다.[2]

국방체제의 최상위자인 군 최고통수권자는 일반적으로 그 나라의 국가원수(國家元首)가 담당하며, 헌법적 지위에 의거하여 자국의 군(軍)을 지휘하는 통수권을 행사하는 권한을 갖는다. 원칙적으로 통수권은 국가원수의 독점적인 고유 권한이므로 필요시에 직접 행사될 수도 있지만, 오늘날 대부분의 민주국가에서는 법적 절차에 따라 국방담당 정부 부처의 수장(首長: 예컨대 국방부 장관)을 통해 간접적으로 행사하는 것이 원칙이다. 이 과정에서 국가원수가 개인의 식견이나 의지에 제약받지 않으면서 보다 바람직한 방향으로의 군 통수권 행사를 이끌어낼 수

---

1) 조영갑, 『국가안보학』(서울: 선학사, 2006), p. 233.

2) 이선호, 『국방행정론』(서울: 고려원, 2000), pp. 164-186.

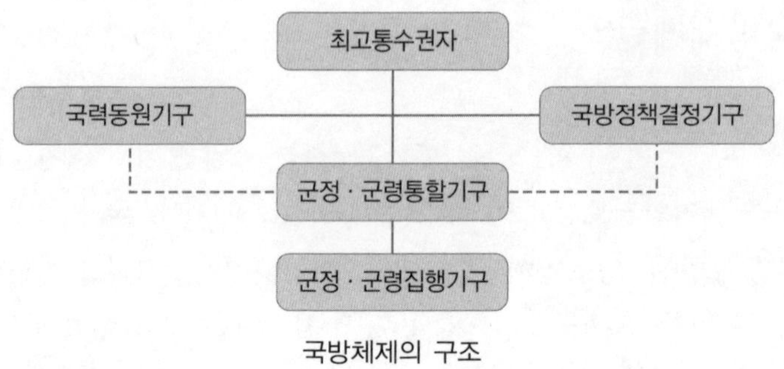


국방체제의 구조

출처: 조영갑, 『국가안보학』(서울: 선학사, 2006), p. 234.

있도록 보좌, 지원하는 기구들도 필요해진다. 이는 국방정책 결정기구와 국력 동원기구의 역할에 해당한다.[3)]

국방정책 결정기구는 군 최고통수권자(즉 국가원수)를 중심으로 국가안보 관련 주요 정부 각료들이 참여하는 가운데 국가안보 및 국방정책에 관한 최고통수권자의 전 · 평시 의사결정을 보좌하는 기능을 담당한다. 이 기구는 평시에 주요 국방정책의 자문과 심의를, 전시에는 국가 차원에서의 전쟁지도 기능을 수행함으로써 국방정책의 생성 및 결정에 직접적인 영향을 주는 것이다. 미국을 비롯한 세계 여러 국가에서 채택하는 국가안보회의(NSC: National Security Council) 제도가 대표적이다.

국력 동원기구는 국방 기능을 수행하는 데 요구되는 제반 국력요소들을 동원, 지원하는 임무를 수행한다. 이를 위해 행정부 내의 주요 정부부처 업무를 포괄함으로써 이들 간의 정보교환 및 분배, 업무의 수직적 · 수평적 조정협조까지 해내는 것이다. 이러한 중요성 때문에 국력동원기구는 운용상의 편의를 위해 국가 차원의 전쟁지도체제에 편입되는 것이 일반적이며, 특히 총력전(總力戰: Total War) 양상의 전쟁이 자리 잡게 된 지난 20세기 초의 제1차 세계대전이 그 효시라고 할 수 있다. 주로 내각(內閣), 국무회의(國務會議)에서 관련 임무를 담당한다.

---

3) 김건태, 『國防組織의 理論과 實際』(서울: 국방대학원, 1996), p. 192.

그렇다면 이들 3개 기구보다 구조상으로 아래인 군정 · 군령 통할기구, 군정 · 군령 집행기구는 어떤 역할을 하는가? 우선 전자는 국방 임무의 완수, 국가목표 달성에 기여하기 위한 국방의 2대 기능, 즉 군정(軍政: Military Administration)과 군령(軍令: Military Command) 업무를 전반적으로 관장함으로써 계획 · 조정 · 통제하는 역할을 수행한다. 그리하여 여기서 결정된 군사상의 전략, 정책사항을 실제 군사작전이나 행정조치를 통해 집행하는 것이 후자의 역할이다.

지금까지 살펴보았듯이, 위와 같은 국방체제의 구성 요소들 가운데 국방을 위한 가장 직접적 수단이라고 할 수 있는 군사력(軍事力: Military Power)을 담당하는 것은 군정 · 군령 통할기구, 그리고 군정 · 군령 집행기구다. 다시 말해서 국방체제 내에서도 가장 군사 기능에 특성화된 조직인 것이다. 이 점에서 이들 2개 기구는 각각 '군 상부구조', '군 하부구조'라는 명칭으로 통용된다. 본 연구는 그 가운데서도 군 상부구조를 중점적인 연구 대상으로 설정하고자 한다.

## 2. 군 상부구조란?

군 상부구조는 국방체제의 하위 요소인 동시에, 국가 군사력의 최고위 조직으로서 군 하부구조에 해당하는 예하의 다수 전투부대(사단 · 군단급 이하)와 국방 관련 행정조직들을 지휘 · 통제하는 것이 최대의 임무다. 다시 말해 국가 차원의 안보 및 전쟁지도 기구로부터 결정된 정책의지, 그리고 조직화 · 실재화된 국가역량을 군사력의 형태로 구현할 수 있어야 한다. 이러한 군 상부구조를 구성하는 요소는 ① 국방 담당 정부부처(즉 국방부)와 그 수장(즉 국방부 장관), ② 군 최고사령부 및 참모 · 기획기구[예: 합동참모본부(合同參謀本部, 이하 합참)], 그리고 ③ 각 군의 본부가 대표적이다. 요컨대 군 상부구조는 이들 3개 기구들 사이의 지휘통제 및 규율, 협조 관계를 규정한 것이라고 할 수 있다.

국방 분야에서 군 상부구조의 중요성이 강조되기 시작한 시기는 19세기의 유럽으로 거슬러 올라간다. 1806년 당시 독일 지역의 대표적 강대국이었던 프로이센은 예나 전투에서 나폴레옹 보나파르트가 이끄는 프랑스군에게 굴욕적인 참패를 당했는데, 전후 게르하르트 폰 샤른호르스트와 아우구스트 폰 그나이제나우, 카알 폰 클라우제비츠 등의 주도 아래 이루어진 군 개혁의 대표적인 결과물이 바로 총참모부(總參謀部: General Staff) 제도였다. 말하자면 나폴레옹이라는 단 한사람의 군사적 천재를 이기기 위해 여러 장교들의 지혜를 한데 모으는 전문 군사조직 역할을 할 수 있도록 창설된 것이었다. 프로이센의 총참모부는 헬무트 폰 몰트케의 총참모장 재직 시절인 1860~1870년대에는 내부에 주변국 관련 군사정보의 연구와 분석, 전략 수립을 담당하는 부서를 보유할 정도로 확대되었다. 또한 산업혁명의 대표적인 성과 가운데 하나였던 철도의 군사적 관리를 총괄하는 부서도 신설하여 당대의 신기술을 적극 활용하는 데도 앞장섰다.

그리하여 프로이센 총참모부는 군의 평시기획 · 동원, 그리고 전시에는 예하 전투부대들의 전쟁수행을 지도 · 감독하는 최고 두뇌로서 1866년에 오스트리아, 1870~1871년에는 프랑스와의 전쟁을 승리로 이끌어 독일 지역의 통일을 완수하는 데 결정적인 기여를 했다. 이후 세계 각국은 앞 다투어 프로이센의 총참모부를 모방한 군사지도 기구를 설치하기 시작했다. 산업혁명을 통한 기계화, 대량생산의 현실화로 각국은 이전보다 대규모의 군사력으로 무장할 수 있게 되었고, 이로써 전쟁의 승패 여부가 야전에 배치된 개별 단위부대의 전투력보다도 이들을 효과적으로 조직 · 통합하는 군사 지도부의 역량에서 결정되는 시대가 열린 것이다.

제2차 세계대전의 승패를 결정지은 대표적인 요소 가운데 하나도 군 상부구조의 역량 차이였다. 미국 · 영국이 주도하는 연합군은 1943

년 12월부터 드와이트 아이젠하워 미 육군대장의 지휘 아래 연합원정군 최고사령부(SHAEF: Supreme Headquarters Allied Expeditionary Forces)를 창설, 총 287만 명 규모의 병력, 함선 5,300척, 항공기 1만 2,000여 대에 달하는 유럽 전선의 연합군 소속 육 · 해 · 공군의 모든 군사력을 통합 운용할 수 있었다. 반면 독일은 예하 전투부대에 대한 군령권이 3군의 총사령부별로 분산된 상태였다. 공식적인 최고 지휘기구였던 전군(全軍) 최고사령부(OKW: OberKommando der Wehrmarcht)는 전쟁 기간 동안 아돌프 히틀러의 전쟁지도를 보좌하기 위한 개인 자문기구의 수준을 벗어나지 못했다. 일본 역시 태평양전쟁 기간을 통틀어 육군과 해군은 상호 간의 경쟁, 대립을 극복하지 못했고, 군령권의 총괄 행사기구로 설치되었던 대본영(大本營)마저 이를 해결하는 데 실패했다.

오늘날 군 상부구조 편성의 가장 중요한 원칙은 '군정 · 군령의 일원화'다. 이는 군사력의 건설 · 관리 · 유지를 위한 군정(예: 기획, 교육 · 훈련, 연구개발, 획득)과 군사력의 사용을 위한 군령(예: 전술 · 작전이 수립, 전투부대의 지휘통제) 기능 모두가 서로 분리되지 않고, 단일 기구의 통제 아래에 결합되는 것을 뜻한다.[4] 여기서 군정 · 군령 일원화의 주체는 바로 국방부 장관이다. 이에 따라 국방부 장관은 군정 분야의 경우 행정부처인 국방부 본부, 그리고 군령 분야는 군 최고사령부나 각 군 본부의 보좌를 받아 군정 · 군령 통할권을 수행하도록 되어 있다.

세계 각국은 국가안보상의 목표를 달성하기 위해 각자의 안보환경(예: 위협인식, 예상되는 군사적 분쟁 양상), 국력 수준, 과거의 전쟁수행 경험, 군사적 전통, 군에 대한 정치적 통제 필요성, 그리고 정치체제 등과

4) 과거 19세기의 독일제국이나 20세기 전반기의 일본에서는 군정 권한의 경우 국방부를 비롯한 내각을 경유하도록 한 반면, 군령권은 국가원수가 내각의 의결 없이 행사될 수 있도록 한 군정 · 군령 분리체제를 채택한 바 있다. 하지만 제2차 세계대전 이후 해당 국가들의 패전(敗戰), 군부의 독단적인 작전권 행사에 따른 민주주의 원칙 위배 문제로 인해 오늘날에는 대다수의 국가들이 군정 · 군령의 일원화 원칙을 채택하고 있다. 조영갑, 2006, p. 236.

같은 다양한 특성을 고려하여 독특한 군 상부구조를 채택·운영하고 있다. 군 상부구조의 종류에는 여러 가지가 있지만, 흔히 육·해·공 3개 군종(軍種)을 기준으로 분류한 군사력의 유형별 조직과 국방부, 그리고 군 최고사령부 등을 포함한 각 요소들 사이의 직간접적 지휘통제 관계에 따라 나뉜다. 구체적으로는 ① 3군 병립(竝立)체제, ② 합동군(合同軍) 체제, ③ 통합군(統合軍) 체제, 그리고 ④ 단일군(單一軍) 체제가 있다.[5)]

### 1) 3군 병립체제

3군 병립체제는 육·해·공군이 각자의 본부를 운영하는 가운데 그 수장인 참모총장이 예하 부대들에 대한 군정뿐만 아니라 군령에 관한 권한까지 함께 행사할 수 있도록 한 것이 특징이다. 합참과 그 수장인 합동참모의장(이하 합참의장)은 구조상으로 존재하지만 그 권한은 대통령과 국방부 장관을 위한 군사 관련 자문, 보좌를 수행하는 정도로 국한

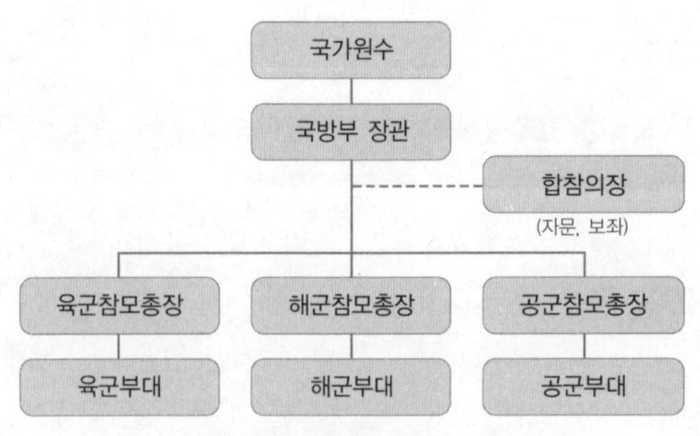


3군 병립체제 형태의 군 상부구조
출처: 조영갑, 2006, p. 241.

---

5) 민진 외, 『국방행정』(서울: 대명출판사, 2005), pp. 143-146.

될 뿐, 실전에서 전투부대들을 지휘할 수 있는 권한은 없다. 이 점에서 '자문형 합참의장제'라고도 불린다.

3군의 특수성과 자율성을 보장하고, 군사작전의 수립 및 수행이 특정 군에 집중되는 것을 방지한다는 장점이 있다. 하지만 각 군의 지휘통제 권한이 분산되어 유사시에 전체 군사력의 일사분란한 동원, 운용을 통한 총체적인 방위역량 발휘가 크게 제한된다는 것이 단점이다. 아울러 군사력의 건설 과정에서 각 군 간의 과열경쟁, 중복 투자에 따른 효율성 저하 가능성도 높아진다.

### 2) 합동군 체제

합동군 체제는 합참과 합참의장이 군령 기능에서 보다 큰 권한을 행사하는 '통제형 합참의장제'를 적용하는 것이 특징이다. 3군 병립체제와 마찬가지로 합동군 체제에서도 육·해·공 3군은 각자의 본부를 유지하는 가운데 참모총장의 담당 아래 각자의 비전투 지원부대 감독을 위한 군정권 행사를 보장받으며, 예하 전투부대에 대한 군령권 역시

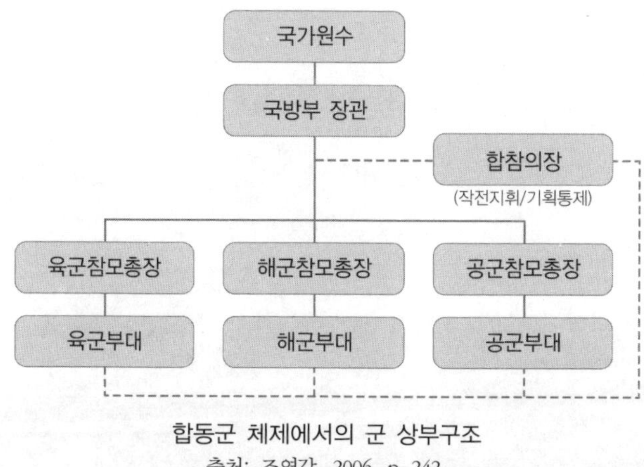


합동군 체제에서의 군 상부구조
출처: 조영갑, 2006, p. 242.

평시에는 각 군에 위임된다. 대신 전쟁 또는 그에 준하는 위기상황의 경우, 합참의장 또는 별도의 단일 전투사령관이 3군의 전투부대 전체를 대상으로 군령권을 행사하게 된다.

그 결과 합동군 체제에서는 각 군의 자율성 보장, 특정 군에 의한 작전수립 및 수행의 과도한 집중 방지와 같은 3군 병립체제의 장점을 유지하는 동시에, 대표적인 단점이었던 지휘통제 구조의 일원화 문제를 상당부분 해결하고 있다는 점에서 긍정적인 평가를 받는다. 물론 이는 각자 독립된 육 · 해 · 공군의 분리를 전제로 한 것이므로 전시에 완벽한 의미에서의 유기적인 전투력 통합행사는 기대하기 어렵다.

### 3) 통합군 체제

통합군 체제는 각 군의 예하 전투부대들에 대한 지휘통제 구조 일원화를 한층 더 강조하는 '총참모장제'를 채택한다. 여기서는 육 · 해 · 공 3군이 명목상으로는 존재하지만, 각 군의 본부나 이를 대표할 참모총장은 없다. 모든 전투부대의 군령권은 단일 최고사령부의 사령관, 즉 통합군사령관이 전 · 평시를 막론하고 완전 장악하여 행사하게끔 되어 있다.

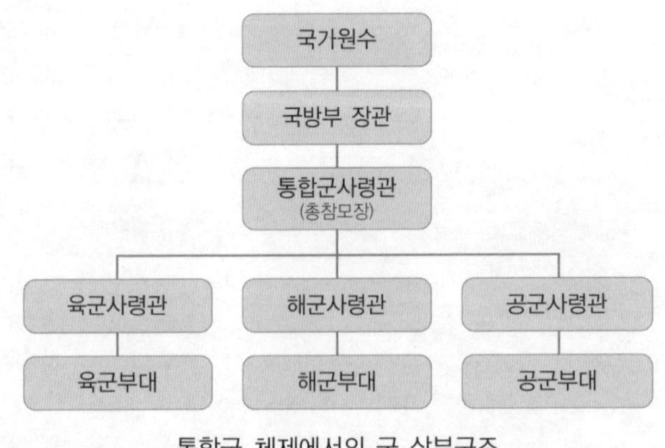


통합군 체제에서의 군 상부구조

출처: 조영갑, 2006, p. 242.

때문에 각 군은 예하 전투부대에 대한 지휘통제 기능에서 제외되며, 고유의 지원 기능을 제외한 군 전체 차원의 군정권 대부분도 통합군사령부를 중심으로 통합 운용된다. 지휘통제 구조의 일원화에 의한 전체 군사력의 통합운영, 전시의 신속한 의사결정 등의 측면에서는 매우 긍정적으로 평가될 수 있다. 하지만 군 내에서 다수를 점하는 특정 군에 의하여 군정 · 군령권이 편중됨에 따라 3군 균형발전에 심각한 악영향을 초래하고, 통합군사령관 1인에게 군령권이 과도하게 집중되면서 문민통제 원칙을 훼손하는 결과로 이어진다는 비판을 받는다.

### 4) 단일군 체제

마지막으로 단일군 체제는 아예 육 · 해 · 공 3군이라는 군종별 구분을 인정하지 않고, 이들 모두를 하나의 군으로 단일화시키는 것을 특징으로 한다. 각 단위부대들은 임무 유형에 따라 구분되며, 최고사령관 1명이 모든 전투부대에 대한 전 · 평시 군령권을 단독으로 행사한다. 이를 '단일참모총장제'라고도 한다. 병력 규모가 극히 작은 일부 중소 국가에서 채택하고 있다.[6)]

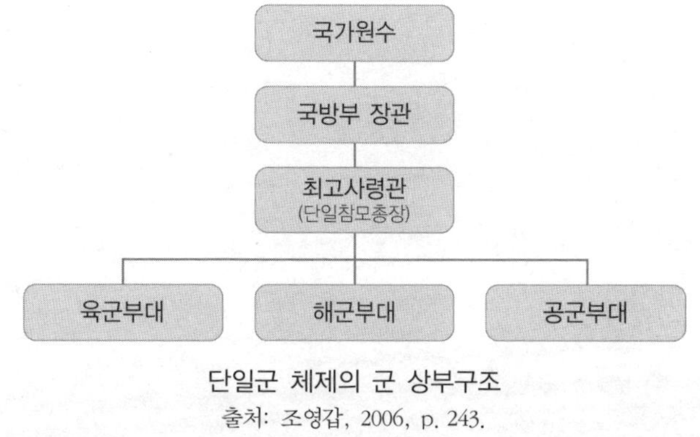


단일군 체제의 군 상부구조

출처: 조영갑, 2006, p. 243.

6) 단일군 체제의 군 상부구조를 채택하는 국가로는 캐나다, 스위스 등이 대표적이다.

정리하자면 군 상부구조는 최고통수권자를 정점으로 한 국방체제의 구성요소인 동시에 국방의 양대 기능인 군정 · 군령기능을 총괄적으로 지도 · 관리함으로써 국방 목표 달성에 필요한 군사력의 건설, 유지, 그리고 운용을 직접적으로 책임지는 역할을 한다. 구체적으로는 국방전략 및 정책의 수립 · 결정 · 집행에 관한 우선순위 설정, 국방 기능에서의 민간과 군부의 관계, 서로 다른 군종들 사이의 균형발전 내지 주도권 등이 여기서 결정되는 것이다. 따라서 군 상부구조의 우수성 여부에 따라 평시의 전쟁 억지, 유사시 전쟁에서의 승리를 위한 효율적인 국방자원 관리와 기획, 효과적인 작전수행능력, 그리고 해당 국가의 자주적인 전쟁지도 역량을 가늠할 수 있다고 해도 과언이 아니다.

# 제2장

## 군 상부구조에 대한 주요 영향요인들

각국의 군 상부구조 형태, 운영 방식은 해당 국가들이 직면하는 서로 다른 국내외적인 정치 · 경제 · 사회 · 군사적 요소들에 따라 영향을 받을 수밖에 없다. 좀 더 구체적으로는 지정학적 환경, 안보위협의 성격, 안보전략 · 정책 기조, 군사력의 규모와 구성, 기술적 수준, 그리고 정치 · 군사 지도자들의 인식 등이 여기에 포함될 것이다. 따라서 오늘날 한국이 새로이 맞이하고 있는 안보환경의 변화 속에서 '군 상부구조의 개선'을 요구하는 핵심적인 요소들을 식별하고, 그에 따르는 영향을 도출하는 것은 큰 중요성을 갖는다.

본 연구에서는 한국의 군 상부구조 재구축과 개선을 촉진하는 주요 영향요인들로서 다음의 4개를 설정하였다. 첫째, 정보통신(情報通信: Information & Communication) 기술에 기반을 둔 첨단정보화 전쟁의 성격을 나타낼 것으로 전망되는 미래전 양상이다. 둘째, 대량살상무기와 초국가적 테러리즘, 국외 지역분쟁 등으로 대표되는 안보위협의 다양화다. 셋째, 2015년으로 예정된 전시 작전통제권의 전환 이후 기존 연합방위체제에서 공동방위체제로 재편되는 새로운 한미 군사동맹구조의 등장이다. 그리고 넷째, 점차 그 필요성이 부각되고 있는 국방 분야에서의 민간인력 참여, 기여 확대 추세도 주목해야 할 요소다.

## 1. 미래전 양상

제1 · 2차 세계대전으로 대표되는 20세기 전반기의 전쟁터를 지배한 것은 탱크와 항공기, 거대 군함으로 대표되는 재래식(在來式: Conventional) 기계무기였다. 1945년 8월 히로시마(広島), 나가사키(長崎)를 폐허로 만든 핵무기는 미국과 소련이라는 두 초강대국이 주도했던 냉전시대 속에서 재래식 무기들을 압도하는 공포의 균형(Balance of Terror)을 형성했다. 20세기 후반부터는 정보통신 기술의 눈부신 발전, 특히 반도체(半導體:

Semiconductor)를 이용하는 고밀도 집적회로와 디지털(Digital)[1] 기술의 실용화, 그리고 이에 힘입은 컴퓨터의 자동화 기능 강화가 군사기술의 새로운 지평을 열었다. 이전보다 많은 정보를, 빠른 속도로 처리할 수 있게 해주는 정보통신 기술의 위력은 전쟁에서 장병들의 노력을 획기적으로 줄이고, 임무 수행의 신속성과 정확성 역시 비약적으로 향상되었기 때문이다.

정보기술의 힘이 전쟁에서 그 효용성을 처음 증명한 것은 1982년에 벌어진 영국과 아르헨티나의 포클랜드전쟁, 그리고 이스라엘의 레바논 침공이 시초라고 할 수 있다. 포클랜드전쟁 당시 하늘에서는 전방향에서 적기를 추적할 수 있는 AIM-9L 신형 사이드와인더 공대공미사일을 장착한 영국의 해리어 전투기가 비행속도 면에서 우월한 아르헨티나 공군기들을 압도하여 제공권을 차지하였고,[2] 바다에서는 아르헨티나군이 발사한 프랑스제 장거리 대함미사일 '엑조세'가 영국 해군의 배수량 4,000톤급 구축함 '셰필드'와 총톤수 15,000톤급의 대형 수송선 '아틀랜틱 컨베이어'를 각각 격침시키면서 세계를 놀라게 했다. 이스라엘은 레바논 침공 초기에 정찰 및 교란용 무인항공기(UAV: Unmanned Aerial Vehicle)를 투입하여 25개 포대 규모의 시리아 지대공미사일 부대, 레이더[3] 위치를 파악한 후 육군 포병부대 및 항공기에 의한 집중공격으로

---

1) 디지털 기술이란 각종 신호, 정보를 숫자 0과 1의 이진법 형태로 조합, 표현함으로써 0~9의 십진법 형태를 사용하는 아날로그(Analog) 기술보다 단순화시킨 것이다. 때문에 대용량의 정보 및 자료들을 압축, 재생, 저장, 변환시키는 등의 다양한 가공뿐만 아니라 이들을 고속으로 전송하는 데 있어서 아날로그 기술보다 훨씬 유리하다.

2) 포클랜드전쟁에서 아르헨티나는 공중전에서 약 30대의 항공기를 잃었지만, 영국 공군의 해리어가 공중전에서 격추된 경우는 단 1대도 없었다. 김홍래, 『정보화시대의 항공력』(파주: 나남출판, 1996), p. 150.

3) 이스라엘은 9년 전 이집트, 시리아를 상대로 벌인 제4차 중동전쟁(일명 10월 전쟁)에서 지대공미사일을 중심으로 한 적 지상 방공전력에 의해 100대 이상의 공군기가 요격당하는 손실을 입었다. 레바논 침공 당시 시리아가 배치했던 지상 방공전력 규모는 제4차 중동전쟁의 3배나 되었으며, 이 점에서 당시 이스라엘의 시리아 지상 방공전력 무력화 여부는 제공권 확보를 통한 레바논 침공의 성패와 직결되는 과제였다.

무력화하는 데 성공했다. 뒤이어 3일 동안 벌어진 공중전에서도 이스라엘 공군은 미국제 E-2 '호크아이' 공중 조기경보기(AEW: Airborne Early Warning)와 중 · 단거리 공대공미사일 성능의 우위를 앞세워 80대 이상의 시리아 전투기들을 격추시키는 완승(完勝)을 거두었다.

냉전이 막을 내린 1990년대 이후 벌어진 4차례의 전쟁, 즉 제1차 걸프전쟁(1991)과 코소보 공습(1999), 아프가니스탄 공격(2001), 그리고 제2차 걸프전쟁(2003)은 첨단 정보통신 기술에 바탕을 둔 정보화된 군사력이 재래식 기계화 무기 중심 군사력에 대해 압도적인 우위를 차지한다는 점을 여실히 증명하였다. 1990년 8월 쿠웨이트를 침략했을 당시 이라크는 총병력 54만 명 이상에 탱크 4,000대, 장갑차 2,500대, 야포 2,700문, 그리고 전투기 550대 등을 보유한 세계 4위 수준의 군사대국이었다. 그러나 미국 주도의 다국적군(총 95만 명, 미군 69만 명 포함)은 1991년 1월 17일 새벽부터 시작된 5주일 동안의 공습으로 이라크의 전쟁수행 능력을 총체적으로 약화시켰고, 불과 4일에 걸친 지상전으로 이라크 잔존 병력의 궤멸 및 쿠웨이트 탈환에 성공했다. 전쟁 결과 이라크군이 40만 명(전사자 10만 명 포함)의 인명피해와 더불어, 주요 지상군 장비 90%를 잃었던 반면 다국적군은 1,500명(전사자 225명 포함)의 사상자와 탱크 8대, 전투기 39대 정도만을 잃었을 뿐이었다.[4)]

12년 후에 벌어진 제2차 걸프전쟁의 결과는 더욱 놀라웠다. 당시 미국이 이라크 침공에 투입한 병력의 규모는 제1차 걸프전쟁의 절반이 채 안 되는 30만 명 미만이었고, 그 가운데 지상병력은 미 육군 제5군단 예하의 사단 4개(기계화보병 2개, 공수 1개, 공중강습 1개)와 군단급인 해병원정대 1개, 그리고 특수전부대 소속 6,400명을 비롯한 총 15만 명이 전부였다.[5)] 이라크군은 총 병력 42만 명(육군 37만 명 포함)에 군단 6개

---

4) 육군사관학교 전사학과, 『세계전쟁사』(서울: 황금알, 2004), p. 544.

5) 그 가운데서도 1개 기계화보병사단(미 육군 제4사단)의 경우 터키의 미군부대 수용 거부로 전쟁 기간에는 투입되지 못했다.

및 사단 15개(기갑사단 7개 포함)를 보유하여 규모에서는 미국보다 우위에 있었다. 그러나 미국은 겨우 3주일 만에 이라크군을 무력화시키고, 수도 바그다드를 함락시키면서 사담 후세인 정권을 무너뜨렸다. 제1차 걸프전쟁에서보다 훨씬 적은 병력으로, 더욱 압도적으로 승리하는 대성공을 거둔 것이다. 제1차 걸프전쟁이 기계화 전쟁에서 정보화 전쟁으로 전환되는 '과도기적 전쟁'이었다면, 제2차 걸프전쟁은 진정한 의미에서의 '최초의 정보화 전쟁'으로 평가할 수 있다.

정보화 전쟁에서 전투력의 핵심을 차지하는 것은 크게 3가지로 나뉜다. 바로 ① 정보수집(Sensor), ② 정밀유도무기(PGM: Precision-Guided Munition), 그리고 ③ 통신 · 지휘통제($C^4I$)[6] 체계다. 오늘날의 정보수집용 군사자산은 지상배치 레이더, 유인정찰기뿐만 아니라 인공위성, 무인정찰기, 공중 조기경보통제기(AEW&C: Airborne Early Warning & Control)[7] 등으로 다양화되어 있으며, 관련 기술도 꾸준히 향상되는 추세다. 이들은 불과 수 미터급의 고해상도를 자랑하는 전자광학(EO: Electro-Optical), 적외선(IR: Infra-Red), 합성개구레이더(SAR: Synthetic Aperture Radar) 또는 신호정보(SIGINT) 수집용 장비 등을 통해 실전에서보다 넓은 범위에 걸쳐, 주야간에 구애받지 않는 우수한 전장상황 인식능력을 보장한다. 한 보기로 1991년의 제1차 걸프전쟁 시절 다국적군은 이라크 영토 내부의 주요 전장을 포함하는 약 400(정면)×400(종심)$km^2$ 면적의 공간 내에 위

6) 지휘(Command), 통제(Control), 통신(Communication), 컴퓨터에 의한 자동화(Computer), 그리고 정보(Intelligence)의 머리글자에서 각각 유래한 명칭이다.

7) 일반 항공기에 지상기지의 것에 해당하는 고성능 레이더를 탑재, 공중에서 적 항공기와 미사일 등의 움직임을 사전에 탐지 · 추적할 수 있으며, 특히 지상배치 레이더의 탐지를 회피하려고 저공으로 비행하는 적 항공기를 포착하는 데 유리하다. 다만 공중 조기경보기(예: E-2)가 단순히 적 항공기의 항적(航跡)에 대한 정보수집만이 가능한 데 비해, 공중 조기경보통제기(예: E-3 AWACS)는 아군 항공기와 지상 방공부대를 지휘통제하는 '하늘의 관제소' 역할까지 수행 가능한 것이 차이점이다. 이와는 달리 적 지상병력의 배치, 움직임을 감시하는 지상 조기경보기도 있는데, 제1 · 2차 걸프전쟁에서도 활약한 미 공군의 E-8 '조인트스타즈'(J-STARS)가 여기에 해당한다.

치한 적 표적의 15% 정도만을 식별 가능했는데, 12년 후의 제2차 걸프 전쟁에서는 무려 70%로 4배 이상 증대되었다.[8)]

정밀유도무기가 전쟁에서 차지하는 비중도 강화되었다. 제1차 걸프 전쟁 당시 많은 사람들은 CNN 뉴스에서 방송되는 TV 화면을 통해 다국적군 항공기가 투하한 레이저유도폭탄(LGB: Laser-Guided Bomb)과 해군의 수상전투함, 항공기에서 발사되는 '토마호크' 순항미사일이 마치 '외과수술'을 연상시킬 정도로 정확히 명중하는 모습을 보고 경탄을 금치 못했다. 하지만 사실 이러한 정밀유도무기는 제1차 걸프전쟁에서 사용된 전체 탄약 가운데 10%가 채 안 되는 수량만이 사용되었을 뿐이었다.

이후의 전쟁에서 정밀유도무기의 사용 비중은 1999년 코소보 공습에서 전체 무장의 35%, 2001년 아프가니스탄 공격에서는 56%로 높아

1990년대 이후 주요 전쟁에서의 정밀유도무기 사용 비율

| 구 분 | 제1차 걸프전쟁(1991) | 코소보 공습(1999) | 아프가니스탄 공격(2001) | 제2차 걸프전쟁(2003) |
|---|---|---|---|---|
| 전쟁기간 | 43일 | 78일 | 50일 | 22일 |
| 총 비행 출격횟수 | 118,700 | 37,500~38,000 | 29,000~38,000 | 41,404 |
| 공격 출격횟수 | 41,300 | 10,800~14,006 | 17,500 | 20,733 |
| 총 투하무기량(발) | 265,000 | 23,000 | 22,000 | 29,199 |
| 정밀유도무기(발) | 20,450 | 8,050 | 12,500 | 19,948 |
| 정밀유도무기비율 | 7~8% | 35% | 56% | 68% |

출처: Anthony H. Cordesman, ***Instant Lessons for the Iraqi War*** (Washington, D.C.: Center for Strategic and International Studies, 2003), p. 313.

8) 이는 제1차 걸프전쟁에서 큰 활약을 거둔 인공위성, 공중 조기경보통제기, E-8 조인트스타즈뿐만 아니라 중 · 고고도에서의 장시간 체공을 통해 인공위성에 버금가는 지속적인 정보수집 능력을 발휘하는 RQ-1 '프레데터', RQ-9 '글로벌호크' 무인정찰기가 합세하며 정보수집 능력이 양적 · 질적으로 보강된 데 따른 것이다. 이들 두 무인정찰기는 2001년 아프가니스탄 공격에서도 투입된 바 있다. 강진석, 『한국의 안보전략과 국방개혁』(서울: 평단, 2005), p. 528.

졌고, 마침내 제2차 걸프전쟁에 이르러 70%에 육박할 정도가 되었다. 이제 정밀유도무기가 명실상부하게 화력의 중심으로 자리 잡은 것이다. 이러한 결과는 앞서 설명한 정보수집 능력의 비약적 향상과 더불어 정밀유도무기 자체를 운용할 수 있는 기술적 조건이 발전되었기 때문에 가능했다. 코소보 공습과 아프가니스탄 공격, 제2차 걸프전쟁을 통해 그 진가를 발휘한 미 공군의 합동직격탄(이하 JDAM: Joint Direct Attack Mmunition)이 대표적 사례다. JDAM은 보통의 항공기 탑재용 폭탄에 GPS(Global Positioning System) 위성항법체계로 유도되는 유도장치를 부착, 어떠한 기상조건에서도 약 3m 내외의 정확도로 표적을 명중시킬 수 있는 것이 특징이다.[9] 그동안 정밀유도무기의 다수를 차지해 온 공대지 레이저유도폭탄이 조종사, 혹은 외부 요원에 의한 직접 표적지정에 의존하면서 악천후 속에서는 운용에 제한을 받았던 것에 비하여 훨씬 자유롭게 운용할 수 있다.

위와 같은 정보수집, 정밀유도무기의 군사적 효과를 더욱 증대시키는 데 결정적으로 기여한 것이 바로 $C^4I$ 체계의 발전이다. 제2차 걸프전쟁 당시 미군은 링크 16[일명 TADIL-J(TActical Data Information Link-J)]이라는 정보 송수신체계를 기반으로 한 군사 통신망을 운용했는데, 실전 수행에 필요한 각종 정보들을 음성, 신호뿐만 아니라 문자, 부호, 심지어는 영상 등의 다양한 형태로 송수신할 수 있었다. 정찰기와 인공위성을 통해 수집한 이라크군 관련 표적은 실시간에 가까운 속도로 미군 사령부의 중앙컴퓨터, 야전 지휘소는 물론, 보병부대와 탱크, 군함, 항공기의 정보 단말기에도 입력되어 활용이 가능할 정도였다. 정보의 전달, 가공, 배분을 위한 시간은 단축시키면서 공유 범위는 더욱 확대된

---

9) 제2차 걸프전쟁에서 사용된 JDAM은 총 6,542발로 전쟁기간을 통틀어 사용된 공대지 유도폭탄의 40%에 달했다. 이는 기존의 공대지 레이저유도폭탄 다음으로 많은 2위의 비중이다. JDAM 외에도 제2차 걸프전쟁에서는 토마호크 순항미사일을 비롯한 여러 정밀유도무기들이 GPS 위성항법체계를 통한 정밀유도 기능을 갖추었다. 공군 전투발전단 편, 『이라크전쟁: 항공작전 중심으로 분석』(대전: 공군본부, 2003), p. 35.

것이었다.

미군은 첨단 $C^4I$ 체계가 제공하는 우수한 정보공유 능력에 힘입어 전장상황을 인식 · 파악한 후 필요한 군사조치 실행으로 연결되는 경과 시간을 크게 단축시킬 수 있었다. 제1차 걸프전쟁의 경우 표적을 식별하고서 임무를 수행할 부대, 병력에 작전을 지시하기까지 1~3일이 걸렸지만, 2001년 아프가니스탄 공격에서는 45분으로 단축되었다. 제2차 걸프전쟁에서는 최소 11분 만에 이루어지기도 했다.[10)]

제2차 걸프전쟁에서 미군이 3주일이라는 짧은 시간에 바그다드를 함락시켰던 것도 첨단 $C^4I$ 체계의 위력을 빼놓고는 설명할 수 없다. 당시 미군 지상전력의 주력부대였던 미 육군 제3기계화보병사단, 미 해병 제1원정군은 이라크 국경을 넘은 지 불과 2주일 만에 560km나 떨어진 바그다드에 도달했으며, 그 가운데 진격 초반의 5일 동안에만 400km(하루 평균 80km)의 거리를 주파하는 놀라운 기동력을 달성해 냈다.[11)] 실시간 수준으로 전달되는 각종 정보를 통해 진격에 방해가 되는 지역, 불필요한 교전은 철저히 회피하며 오로지 바그다드로 진격하는 데만 전력을 기울였기 때문에 가능했던 것이다. 결국 이라크군은 지상병력의 규모 면에서 2배 이상 앞서면서도 자신들의 대응능력을 훨씬 능가하는 미군의 기습적인 반응 속도에 압도당하였고, 단기간 내에 물리적 · 심리적인 전쟁수행 능력이 총체적으로 마비되고 말았다. 말 그대로 '충격과 공포'(Shock & Awe)였던 것이다.

제1차 걸프전쟁과 코소보 공습, 아프가니스탄 공격, 그리고 제2차 걸프전쟁에 이르는 4차례의 주요 전쟁은 첨단 정보수집 자산, 정밀유도무기, 그리고 $C^4I$ 체계가 주도하는 정보화 전쟁의 힘을 여실히 증명해 주었다. 이제 실제 전투에서의 임무 수행에 필요한 관련 정보와 지식(예:

10) 강진석, 2005, p. 528.

11) 이는 제1차 걸프전쟁 당시의 하루 평균 40km보다 2배나 증대된 것이다. 권태영 · 노훈, 『21세기 군사혁신과 미래전』(서울: 법문사, 2008), p. 114.

적의 위치, 능력, 의도, 전장의 시 · 공간적 특성)을 적보다 먼저 알아내고, 적보다 빨리 판단함으로써, 적보다 유리한 시간과 공간에서 싸울 수 있는 능력이 승패를 좌우하는 시대가 된 것이다. 그 결과 미래전의 양상도 '병력과 무기의 규모우위'보다 '정보우위'(情報優位: Infomation Superiority)를 추구하는 흐름의 연장선상에서 출발할 것이다. 좀 더 구체적으로 살펴보자.

미래 정보화 전쟁에서 두드러지는 전쟁수행의 첫 번째 대표적인 특징은 마비전(Paralysis Warfare)의 선호다. 19세기의 산업혁명 이후 대량생산화, 기계화가 군사 분야에도 적용되면서 전쟁에서 수반되는 경제적 비용부담은 커지는 추세다. 뿐만 아니라 개개인의 생명, 인권이 인류 보편의 최상위 가치로 인식되고 있는 현재와 미래에는 아군과 적군 여부와 무관하게 전쟁에서의 대규모 인명피해 발생을 좀처럼 용납하기 어려울 것이 분명하다. 이러한 현상들은 적 군사력 전체에 대한 물리적 파괴, 살상 극대화를 지향하는 전통적인 섬멸전(Annihilation Warfare)보다는 정치 · 군사지도부,[12] 지휘통제 체계, 경제 및 산업기반, 핵심 전투부대 등 적의 전쟁수행능력에 대한 파급효과가 큰 소위 무게중심(Center of Gravity)만 선별적으로 식별, 공격하는 마비전을 선택하도록 유도할 것이다. 제1차 걸프전쟁 당시 다국적군의 이라크 공습에 이론적 바탕이 되었던 존 워든의 '5대 동심원'(Five Rings) 개념, 그리고 제2차 걸프전쟁에서 미군이 구현한 '효과기반작전'(EBO: Effect-Based Operation)이 그 본보기다.

미래 정보화 전쟁의 두 번째 특징은 마비전의 연장선상에서 이루어지는 병렬전(Parallel Warfare)과 이를 통한 단기, 신속결전이다. 정보수집, 화력, 기동의 범위가 제한적이었던 과거의 전쟁에서는 지리적으로 분산된 적의 다수 표적들을 단계적 · 순차적으로 공격할 수밖에 없었

12) 실제로 제2차 걸프전쟁 당시 미군은 후세인 당시 이라크 대통령과 이라크 정권 수뇌부를 직접 겨냥하여 순항미사일, 지하시설 공격용 레이저유도폭탄(일명 '벙커버스터')을 동원하는 '참수공격'(Decapitation Strike)을 시도한 바 있다.

고, 전쟁 자체도 장기간에 걸친 소모전이 불가피했다. 하지만 첨단 정보통신 기술이 제공하는 전천후 · 원거리 정보수집, 육 · 해 · 공의 다양한 탑재수단을 통해 운용되는 정밀타격 능력은 전방의 적 전투력은 물론, 후방에 위치하는 다수의 정치 · 경제 · 군사적 무게중심들까지 동시에 식별, 공격할 수 있도록 해줄 것이다. 그 결과 전쟁 초기부터 적의 군사적 대응 및 회복을 위한 시간적 여유를 박탈하고, 단기간 내에 적 전쟁수행 능력을 무너뜨려 전쟁의 장기화로 인한 아군의 인명피해, 경제부담을 최소화하는 가운데 승리를 거두도록 보장하는 효과가 기대된다.[13)]

그리고 세 번째 특징은 정보기능을 중심으로 하는 전투력의 복합화다. 지난 1980년대 구 소련의 총참모장 니콜라이 오가코프 원수가 주창한 '정찰 · 타격 복합체'(Reconnaissance-Strike Complex), 1990년대 중반 미군 합참차장 윌리엄 오웬스 제독의 '신(新) 기능복합체계'(New System of Systems), 그리고 미 해군대학 학장과 국방성 전투력변혁국 국장을 역임했던 아서 세브로스키 제독의 '네트워크중심전'(NCW: Network-Centric Warfare) 등을 통해 제시된 바 있는 개념으로 정보수집과 기동, 타격 임무를 담당하는 각 부대가 $C^4I$ 체계를 통해 상호 연결되어 마치 하나의 조직체처럼 전쟁을 수행할 수 있는 체계로 탈바꿈하는 것을 뜻한다.[14)] 이는 선탐(先探: 먼저 발견하다) → 선결(先決: 먼저 결정하다) → 선행(先行: 먼저

13) 제2차 세계대전 중이었던 1942~1943년 사이에 미국은 독일 내의 핵심표적 124개를 공격하기 위해 평균 6일 간격으로 폭격을 실시했다. 덕분에 독일은 대규모 폭격을 받은 후에도 정비, 복구를 위한 시간여유를 얻었고, 이는 폭격을 통해 독일의 전쟁수행능력 및 의지를 박탈하겠다는 연합군의 목적이 단기간 내에 이루어지지 못하는 결과를 낳았다. 반면 1991년 제1차 걸프전쟁에서는 개전 첫날인 1월 17일에 이루어진 24시간 동안의 공습에서만 148개의 이라크군 핵심표적이 공격을 받았고, 그 가운데 90개는 전쟁 시작 1시간 만에 파괴되었다. 이에 따라 이라크는 전쟁 초기부터 전쟁수행능력이 총체적으로 약화되었던 것이다. 권태영 · 노훈, 2008, p. 106.

14) 관련 이론들에 관한 보다 자세한 내용은 권태영, "21세기 미래전 이론분석 및 발전전망", 「국방정책연구」 제65호(2004. 가을) 참고.

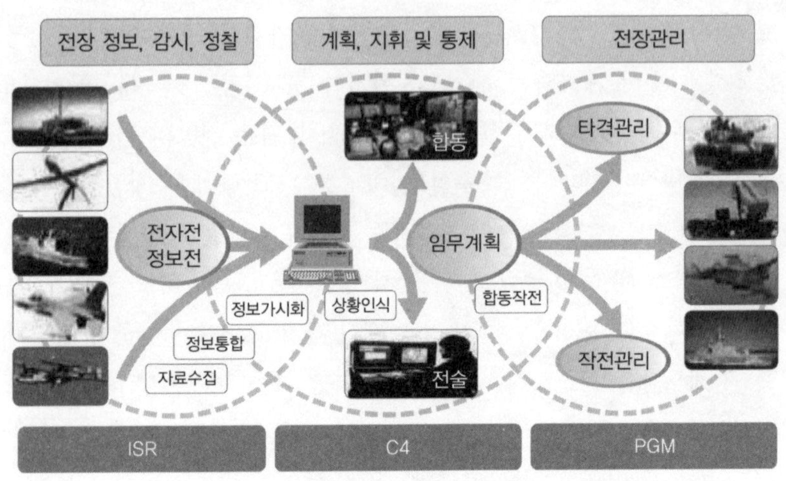


정보수집과 $C^4I$, 그리고 전투력의 복합체계 개념도
출처: 「국방저널」, 2005년 11월호.

행동하다)을 통한 정보우위를 보장하여 전쟁 수행에서의 주도권 확보, 그리고 궁극적인 승리에 결정적으로 기여하는 것을 목적으로 한다. 앞서 제시했던 '마비전 · 병렬전에 의한 단기, 신속결전'을 위한 기술적 토대라고 할 수 있다.

그렇다면 이러한 미래 정보화 전쟁으로의 전환이 군 상부구조에 미치는 영향은 무엇일까? 바로 합동성(Jointness)의 심화와 발전으로 요약될 것이다. 일반적으로 합동성은 "2개 이상의 서로 다른 군종이 공통의 군사목적을 달성하기 위해 군사적 노력을 조율하고, 전투력을 결합시키는 것"으로 정의된다. 다시 말해서 육 · 해 · 공 3군의 협동능력, 즉 팀워크라고 이해할 수 있다. 전쟁에서 합동성의 가치는 육지, 바다의 공간적 제약을 넘어 하늘에서 임무를 수행하는 항공기가 등장하면서 두드러졌으며, 제2차 세계대전 후반에 육 · 해 · 공군을 아우르는 합동지휘체제를 구축한 미국 · 영국 주도의 연합군이 여전히 각 군종 간 협조체제가 결여되어 있던 독일, 일본을 항복시키면서 처음으로 합동성의 우월성이 입증되었다.

정보화 전쟁의 양상을 나타낼 미래전에서는 합동성이 더욱 강조될 수밖에 없다. 이전보다 넓은 범위를 지속적으로 감시 및 정찰할 수 있는 정보수집 자산, 원거리에서도 표적을 정확히 명중시키는 정밀유도 무기는 전쟁수행에서의 시간적 · 공간적 거리를 급속하게 좁히고 있다. 뿐만 아니라 이들 두 기능을 하나의 지휘통제 체계 아래에 결합시키는 $C^4I$ 체계의 효과는 공간별로 분리되어 있는 각 단위부대들의 전투력을 특정한 군사적 효과 달성을 위해 총합적으로 동원할 수 있도록 해준다. 그만큼 육 · 해 · 공이라는 공간 차이에 따른 특수성이 군사작전에서 갖는 비중도 약화될 것이며, 미래의 전쟁에서는 육군과 해군, 공군이 더 이상 각자의 전장공간을 독점하지 못할 전망이다.

이처럼 첨단 정보통신 기술이 군사 작전에서 육 · 해 · 공군의 상호연동, 결합을 촉진시킴에 따라 미래전은 서로 다른 군종들이 중첩되는 공간 내에서 함께 임무를 수행하는 양상이 일반화될 것이다. 그러므로 각 군종의 임무와 역할을 조정 및 통제할 뿐만 아니라 필요한 경우 예하 사령부와 부대에 일관된 작전지침이나 명령을 하달할 수 있는 군 상부구조가 요구된다.[15] 여기에는 3군 본부나 사령부에 대한 총괄적인 지휘통제권 행사, 합동작전의 수행 과정에서 3군의 역할과 임무를 조정하는 최상위 수준의 전투사령부 또는 참모기관이 포함될 필요가 있다.

## 2. 안보위협의 다양화

그렇다면 과연 미래의 모든 전쟁이 첨단 정보통신 기술의 힘을 앞세우는 정보화 전쟁으로 대체될 것인가? 물론 아니다. 정보화 전쟁을 수

15) 차두현, "국방개혁을 통한 한국군의 '합동성' 증진", 김기정 · 김순태 · 문정인 · 이진영 편, 『아시아태평양 시대의 국가안보를 위한 전력구조 발전방향』(서울: 오름, 2008), pp. 180-181.

행하는 데 요구되는 첨단무기를 개발, 획득할 정도의 경제 · 과학기술적인 여유가 있는 국가들은 세계 일부 국가들에 국한되는 것이 현실이며, 그보다 훨씬 많은 대다수의 세계 인구와 국가는 여전히 기술적으로 낙후된 재래식 무기를 사용할 전망이다. 하지만 동시에 군사적 강자들이 효과적으로 대응하기 곤란한 전략 및 전술과 군사수단의 사용, 그리고 불리한 전투환경을 강요함으로써 이들의 정치 · 군사적 압력을 무력화하는 비대칭전(非對稱戰: Asymmetric Warfare)이 정보화 전쟁에 대한 유력한 도전으로 주목받고 있음을 간과해서는 안 된다. 미래의 군사 · 안보상의 위협이 다양한 주체, 전장공간, 전술, 수단이 공존하는 다차원적 방향으로 나타날 것임을 시사하기 때문이다.[16)]

점차 다양화되고 있는 비전통적 안보위협 가운데서도 특히 주목받고 있는 대상은 화학 · 생물무기와 핵무기를 비롯한 대량살상무기다. 이들은 일반 탄약이나 소수의 특수전부대, 항공기 등 다양한 수단을 이용하여 넓은 지역에 걸쳐 적 병력 다수를 무력화할 수 있으며, 특히 직접적인 살상효과뿐만 아니라 심리적 공포를 유발하여 전쟁수행 의지까지 크게 약화시키는 효과를 거둘 수 있다. 때문에 대규모의 재래식 군사력이나 첨단무기를 확보하는 데 어려움이 큰 중소국가 또는 비(非)국가 주체(예: 범죄조직, 반란세력, 소수민족, 테러리즘 단체)가 군사강국에 대항할 수 있는 이상적인 선택으로 평가받는다.

과거 대량살상무기는 5대 핵보유국(미국, 러시아, 영국, 프랑스, 중국. 이상 UN 안전보장이사회 상임이사국)만의 전유물로 여겨왔지만, 냉전 이후에는 점차 이를 개발 및 무기화할 수 있는 국가의 숫자가 늘어나면서 세계적인 안보 문제로 자리매김하고 있다. 처음에는 일정 수준의 화학공업 능력이나 소규모 연구시설만 있으면 저렴한 비용으로 개발, 생산 가능한 화학 · 생물무기가 대량살상무기 확산의 주요 대상이었다. 그러나

---

16) 김종하, 『미래전, 국방개혁 그리고 획득전략』(서울: 북코리아, 2008), pp. 26-27.

1998년에 차례로 핵실험을 감행한 인도와 파키스탄, 이스라엘[17] 등이 후발 핵무장 국가로 등장하면서 핵무기 확산 문제도 매우 현실적인 안보위협으로 인식되기 시작했다. 더욱 큰 문제는 이들 대량살상무기의 실전 운용을 위한 대표적 수단인 장거리 탄도미사일의 보유국가도 늘어나고 있다는 점이다.

현재 기술적으로 핵무기를 개발할 능력을 갖춘 것으로 평가받는 국가의 수는 기존 5대 핵보유국 외에도 약 20개국에 육박하며, 그 범위도 동아시아와 아랍, 중남미, 동유럽, 중앙아시아 등지로 넓게 분포되어 있다. 화학 · 생물무기의 보유 및 개발국가는 20~25개국에 이르는 것으로 추산된다. 그리고 사거리 100~300km 이상의 탄도미사일 보유국가는 5대 핵보유국을 제외하고서도 27개국이나 되는데, 그 가운데 15개국은 사거리 1,000km가 넘는 중 · 장거리 탄도미사일을 보유 중이거나 개발 가능하다.[18]

역시 냉전의 종식 이후 그 위험성이 더욱 커진 것으로는 테러리즘을 꼽을 수 있다. 물론 테러리즘 자체는 오래 전부터 존재했지만, 주로 인질 납치나 억류, 요인 암살 등의 방식을 통해 해당 단체의 정치적 메시지를 전달하는 것이 1차적인 목적이었다. 상대적으로 인명살상이나 파괴는 낮은 우선순위를 차지했다. 그러나 오늘날의 테러리즘은 자살폭탄 공격과 같은 수단을 동원하여 최대한 많은 파괴, 살상을 목적으로 자행되는 일종의 전쟁 행위로 바뀌고 있다. 오사마 빈 라덴이 이끄는 과격 이슬람 테러리즘 집단 '알카에다'는 이러한 슈퍼 테러리즘의 대표격으로 항공기 자살공격을 통해 미국 뉴욕의 세계무역센터, 워싱턴의 국방성 본부(일명 펜타곤)를 파괴하고, 1만 명 이상의 사상자(사망자

17) 이스라엘의 경우 정부 차원에서 핵무장 여부를 공식 확인하거나 핵실험을 실시한 사례는 없지만, 약 200기 내외의 핵탄두를 확보하고 있다는 평가가 지배적이다.

18) 국방부 국제협력관실 국제군축팀 편, 『대량살상무기에 관한 이해』(서울: 국방부, 2007), pp. 14-15; pp. 220-225.

3,000여 명 포함)를 일으킨 2001년 9·11 테러사태로 악명 높다.[19)]

이러한 슈퍼 테러리즘은 왜곡된 신앙심, 기존 강대국과 그들에 우호적인 정부 및 정치세력에 대한 증오심으로 무장한 광신분자들을 앞세운 자살공격, 혹은 대량살상무기[20)]를 통해 상대측의 물질적·심리적 충격을 극대화할 수 있는 정치·경제·사회적 표적의 공격을 지향하는 것이 특징이다. 그리하여 해당 국가의 정부와 내부 여론이 자신들에게 적대적인 외교, 군사정책을 지속할 의지를 약화시키는 것을 선택하도록 강요하고, 궁극적으로 자신들이 지향하는 과격주의 성향의 정치·종교이념 구현에 보다 유리한 조건을 확보하려 한다. 이들 테러리즘 집단은 일반 대중 속에 섞여서 자유롭게 활동할 수 있으며, 전 세계적인 교통 및 통신망의 확대로 세계 각지로 흩어져 독립적인 활동에 유리하므로 그 실체를 좀처럼 파악하기가 매우 힘들다. 한마디로 오늘날의 테러리즘은 '눈에 띄지 않으며, 전선(戰線)이 따로 없는, 일상화된 위협'이라고 할 수 있다.

그동안 국가안보와는 큰 연관성이 없는 것으로 인식되었던 '국외 지역분쟁' 문제도 오늘날의 안보위협 다양화 추세에서 적지 않은 비중을 차지한다. 1990년대를 기점으로 세계 각지에서는 냉전 이후의 체제전환이나 자원, 종교, 종족문제에서 비롯된 내전(內戰: Civil War)과 난민 발생, 그리고 인접국가로의 무력분쟁 확대가 고질화되면서 평화 정착에 큰 장애가 되고 있다. 현재 전 세계적으로 소위 '실패국가'(Failed States)의 수는 약 60개국으로 평가되는데, 아프리카와 동유럽, 아랍, 중앙아

19) 알카에다가 자행한 대표적인 테러리즘 공격으로는 1998년 8월 아프리카 케냐, 탄자니아 주재 미국대사관 폭파(약 5,200명 사상), 2002년 10월 인도네시아 발리 폭탄테러(202명 사망), 2004년 3월 스페인 마드리드에서의 통근열차망 동시다발 폭파(약 2,000명 사상), 그리고 2005년 7월 영국 런던 지하철, 버스 폭탄테러(약 750여 명 사상) 등이 있다.

20) 테러리즘 집단이 대량살상무기를 사용한 사례로는 지난 1995년 3월 옴진리교 신도들이 일본 도쿄(東京) 지하철에서 저지른 사린 신경가스 테러(사상자 1,000명 이상 발생), 미국 주도 다국적군의 아프가니스탄 공격 직후인 2001년 10월 미국 각지에서 우편물을 통해 유포된 탄저균 테러(감염자 22명)가 대표적이다.

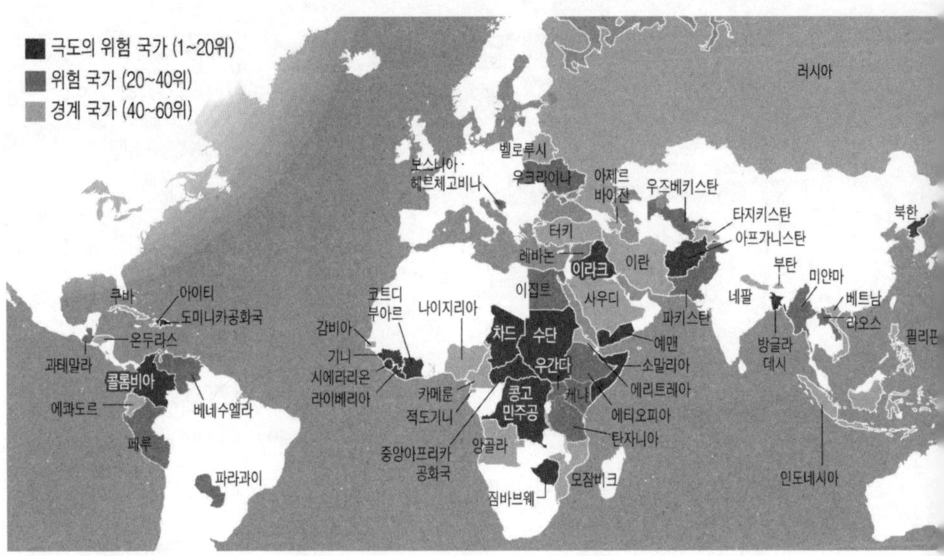


**세계 각 지역의 '실패국가' 분포**(출처: 「조선일보」, 2005년 6월 20일자.)

시아, 남아시아, 그리고 태평양에 이르는 '불안정의 호'(Arc of Instability) 지역을 중심으로 분포하고 있다.[21]

이들 실패국가는 중앙정부의 무능력과 부패, 경제수준의 낙후성, 고질적인 빈곤과 식량부족 등과 같은 불안정 요소들로 인해 자국 내에서의 통제력이 미약하며, 폭력적인 내부 갈등에 취약하여 심각한 치안(治安) 불안 및 분쟁의 위협을 받고 있다는 공통점을 안고 있다. 오늘날 실패국가의 다수 존재는 더 이상 인접 당사국과 해당 지역만의 문제로 끝나지 않는다. 왜냐하면 테러리즘 집단을 비롯하여 초국가적 안보위협을 가할 수 있는 비(非)국가 주체들이 해당 국가 내부에 침투, 은신처와 활동 거점을 확보할 우려가 매우 높기 때문이다. 9·11 테러사태 직후까지 빈 라덴과 알카에다가 이슬람 원리주의 성향인 탈레반 정권의 비호 아래 근거지로 삼았던 아프가니스탄이 그 본보기다.

21) 세계지도상으로 해당 국가들의 분포 형태가 마치 활(弧) 모양과 같다고 해서 붙여진 명칭이다. 전병근, "美 포린폴리시誌 '실패한 국가' 60國 분석", 「조선일보」(2005. 6. 20).

초국가적 테러리즘과 더불어 실패국가를 근거지로 그 세력이 강화되고 있는 안보위협은 해적(海賊)이다. 1980년대만 해도 해적에 의한 피해사례는 전 세계적으로 연간 50여 건에 불과했지만, 2000년 이후에는 매년 200~400건 이상으로 급증했다. 발생지역의 대부분은 실패국가들이 다수 분포하는 동남아시아, 아프리카, 중남미 연안지역에 집중되어 있다.[22] 특히 세계 물동량의 약 30%와 한국 · 중국 · 일본의 원유수송량 90% 이상이 통과하는 말라카해협(말레이시아 서부와 인도네시아 수마트라섬 사이), 유럽과 아시아를 연결하는 수에즈운하의 관문이자 세계 일일 석유소비량의 4%가 경유하는 아프리카 서부 아덴만(소말리아 서부)이 해적들의 주요 활동지대라는 점에서 문제의 심각성은 더욱 커진다.

고가의 금품 및 화물 약탈부터 선박 강탈, 납치 등을 일삼고 있는 이들 국제해적은 칼이나 총은 물론 자동소총, 박격포, 휴대용 로켓발사기(RPG) 등 일정 수준의 중무장까지 갖추어 비무장한 상선이나 화물선의 운항에 심각한 위협을 가할 수 있다. 이처럼 해적이 국제 해상운송, 무역에 대한 장애로 부각되면서 해적 역시 테러리즘과 마찬가지로 국제

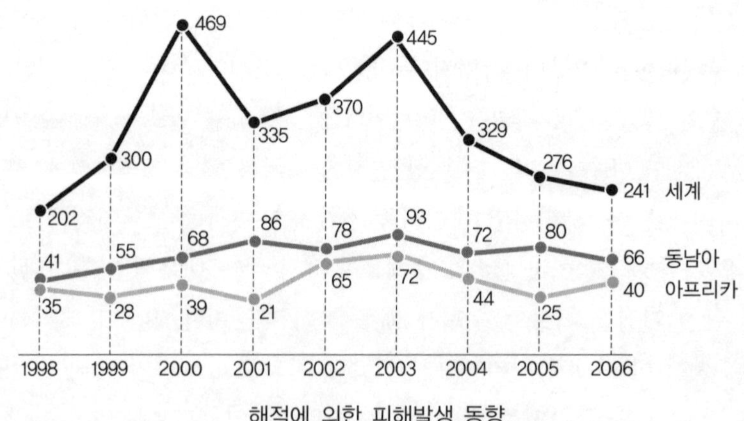


해적에 의한 피해발생 동향

출처: 「국방일보」, 2007년 11월 8일자.

22) 김병륜, “세계는 지금 해적과의 전쟁 중”, 「국방일보」, 2007년 11월 8일자.

사회 차원의 공조를 통한 대응에 나서야 할 필요성이 강해지는 추세다.

첨단 정보통신 기술이 제공하는 경제 · 사회적 편리함도 새로운 안보위협으로 나타날 수 있다. 바로 사이버전쟁이다. 인터넷으로 대표되는 정보통신 체계가 창조한 가상공간, 즉 사이버스페이스(Cyberspace)는 시간적 · 지리적 제약을 초월하는 사회 각 기능의 상호연결과 효율적인 인간 활동이 가능하도록 했지만, 동시에 매우 치명적인 안보상의 취약성이 발생할 수 있다는 가능성도 제공했다. 다시 말해서 정치 · 경제 · 사회 등의 각 분야가 급속도로, 광범위하게 정보통신 체계에 의존하게 되면서, 정보통신망에 대한 인위적인 기술조작이나 교란, 방해만으로도 국가 전체에 혼란을 일으키거나, 중요 기능을 마비시킬 수도 있기 때문이다.

사이버전쟁은 컴퓨터 속의 가상세계를 겨냥한 무형의 공격을 통해 현실 세계에서 물리적 피해를 유발, 강요하는 방식으로 수행된다. 이를 위해 '통신망 침투 및 공격'(일명 해킹), '컴퓨터바이러스', '전자우편폭탄', '논리폭탄' 등 다양한 수단들이 사용될 수 있다.[23] 사이버전쟁의 1차적인 효과는 적국의 컴퓨터 및 전산망 내부 자료의 파괴, 왜곡, 탈취, 접근차단, 업무속도 저하, 처리절차 조작 및 변경, 그리고 이와 연결되는 통신체계와 주요 유형자산의 운용을 마비시키는 것으로 나타난다. 이를 통해 상대측의 정부 의사결정자와 국민들의 정보 인지능력, 심리에 타격을 가하고, 제반 국가 · 사회기능에 대한 신뢰도를 현저히 약화시켜 전쟁수행 능력과 의지를 무너뜨리는 것이 궁극적인 목적이다. 이 과정에서 공격자 스스로의 위치와 정체를 좀처럼 노출시키지 않고, 물리적인 파괴나 인명 살상의 발생을 최소화할 수도 있다. 때문에 관련 기술역량과 인력을 다수 보유한 기존 강대국은 물론, 중소국가나 테러리즘 집단이라도 조직적으로 지원 · 운용할 수 있는 이상적인 비대칭

---

23) 배달형, 『미래전의 요체 정보작전』(서울: 한국국방연구원, 2005), pp. 96-97.

무기인 것이다.

사이버전쟁이 현실화된 최근의 대표적 사례는 지난 2007년 4~5월 에스토니아에서였다. 1990년대 초, 구 소련에서 독립한 발트 3국 중 하나인 에스토니아는 제2차 세계대전에서 전사한 소련군의 추모동상 이전, 철거 문제를 놓고 러시아와 외교적 갈등을 빚었으며, 이후 러시아 측 해커들의 소행으로 의심되는 사이버공격으로 에스토니아 대통령궁, 의회, 주요 정부기관, 집권당, 주요 언론사, 금융기관의 인터넷 웹사이트 및 전산망이 3주일 동안이나 마비되는 사건이 발생했다. 문제의 사이버공격은 다수의 컴퓨터가 동시에 특정 웹사이트를 일제히 공격하여 단기간 내에 통신기능을 마비시키는 '분산서비스 거부공격'(DDOS: Distributed Denial of Service) 방식이 사용되었는데, 이를 위해 100만 대 이상의 컴퓨터가 동원된 것으로 알려진다.[24] 사건 직후 에스토니아 정부는 러시아의 조직적인 사이버전쟁 개입 가능성을 강력히 제기했으며, 북대서양조약기구(NATO) 역시 당시의 해킹 공격을 '유럽 안보에 대한 위협'으로 규정할 정도로 높은 경계감을 피력했다.

이들 대량살상무기, 초국가적 테러리즘, 국외 지역분쟁, 해적, 그리고 사이버전쟁 등으로 다양화되고 있는 안보위협은 오늘날 한국까지 직접적으로 겨냥하기 시작했다. 6 · 25전쟁 이래 한국은 100만 명이 넘는 대규모 재래식 군사력을 보유한 북한의 전면전쟁 도발 가능성을 가장 직접적인 안보위협으로 규정해 왔으며, 지난 반세기 이상에 걸친 국방전략 · 정책과 군사력 건설 노력도 이를 전제로 해온 것이었다. 하지만 이제 북한은 경제력을 포함한 총체적인 국력에서 한국과 비교 자체가 무의미할 정도로 뒤떨어져 있다. 탱크나 군함, 항공기 등을 기준으로 한 재래식 군사력 역시 규모만 클 뿐 대다수가 지독하게 노후화

24) 에스토니아는 유럽 내에서도 인터넷을 비롯한 정보통신 보급 수준이 매우 높은 국가로 손꼽혔는데, 이 점이 오히려 사이버공격에 의한 피해수준을 악화시키는 요인이 되었다. 이태규, "100만 컴퓨터 大軍 에스토니아 '초토화'", 「한국일보」, 2007년 5월 19일자.

되어 있어서 질적으로 한국군의 적수가 되지 못할 것이라는 평가가 설득력을 얻고 있다.[25)]

그 결과 북한은 자신들의 국력 열세를 일거에 역전시키고, 한국과 국제사회를 상대로 자신들의 정치 · 외교적 발언권을 강화시킬 수 있는 강압(强壓: Coercion) 수단으로서 비대칭 군사력의 개발 · 육성에 나서게 되었다. 여기에 대량살상무기가 포함되면서 한국은 지금까지와는 성격이 다른 북한의 안보위협에 맞서야 하는 상황에 놓였다. 아무리 한국군의 재래식 군사력이 질적 수준에서 북한을 능가한다고 해도, 대량살상무기가 실전에 동원될 경우에는 제압당할 위험이 높기 때문이다.

북한은 지난 1961년 김일성이 주창한 '화학화 선언'을 계기로 화학무기의 개발 · 확보에 본격 착수했으며, 사린, VX, 포스겐 등 신경가스와 질식작용제, 수포 · 혈액작용제를 포함한 16가지의 화학무기를 보유중인 것으로 알려진다. 이들 화학무기의 비축 규모는 2,500~5,000톤 내외로 미국, 러시아의 뒤를 잇는 세계 3위다.[26)] 1980년대부터는 탄저균, 천연두, 페스트 등 13가지의 병원균을 생물무기로 배양 · 생산할 수 있는 능력을 갖추었다고 판단된다. 그리고 북한은 2006년 10월 9일, 2009년 5월 25일 함경북도 길주군 풍계리로 추정되는 장소에서 두 차례의 핵실험을 실시하여 자신들의 핵무장 능력을 대내외에 과시했다.

북한은 지난 1980년대 이후 5MW 흑연감속형 원자로, 플루토늄 재처리시설을 포함한 평안북도 영변의 대규모 핵시설을 가동해 왔으며, 3차례의 재처리를 통해 25~50kg의 플루토늄을 확보했다는 평가를 받는다.[27)] 적어도 4~8개, 많게는 10개가 넘는 핵탄두를 제조할 수 있는

---

25) Michael O'Hanlon, "Stopping a North Korean Invasion: Why Defending South Korea is Easier Than the Pentagon Thinks", *International Security*, Vol. 22, No. 4(Spring, 1998).

26) 국방부, 『국방백서 2008』(서울: 국방부, 2009), p. 30.

27) 북한은 지난 2008년 6월 26일 플루토늄 생산량을 40kg 이하로 기록한 핵활동 관련 신고서를 정식 제출한 바 있다. Mark Fitzpatrick ed, *North Korean Security Challenges: A Net Assessment*(London: International Institute for Strategic Studies, 2011), pp. 113-114.

| 구분 | 사거리 (km) | 탄두 중량(kg) | 발사대 종류 | 연료 종류 | 실핀배치 여부 | 보유량 |
|---|---|---|---|---|---|---|
| 스커드 B | 300 | 800 | 이동 발사대 | 액체 연료 | 배치 | 500~ 600여 기 |
| 스커드 C | 500 | 600 | 이동 발사대 | 액체 연료 | 배치 | |
| 노동 1호 | 1,300(일본) | 500 | 이동 발사대 | 액체 연료 | 배치 | 100~ 200여 기 |
| 대포동 1호 | 1,500~2,500 (일본, 오키나와 괌) | 500 | 고정 발사대 | 액체 및 고체 | 1998년 시험발사 | 100기 미만(추정) |
| 대포동 2호 | 3,500~6,700 (미국, 알래스카) | 1000 (추정) | 고정 발사대 | 액체 및 고체 (추정) | 2006년 7월 5일 시험발사 | ? |
| 대포동 2호 개량형 | 1만 2,000~ 1만 5,000 (미 본토) | 1000 (추정) | 고정 발사대 | 액체 및 고체 (추정) | ? | ? |

북한이 보유 중인 탄도미사일의 현황

출처: 「주간동아」, 2006년 8월 28일호.

분량이다. 뿐만 아니라 북한은 2010년 11월 미국의 핵물리학자들에게 수백~1,000개(북한 측 주장에 따르면 2,000개)의 원심분리기를 포함하는 우라늄 농축시설을 공개하였다.[28] 이는 북한이 플루토늄뿐만 아니라 우라늄 농축을 통한 핵무장 능력까지 갖추고 있음을 뜻했으며, 전 세계는 큰 충격을 받았다.

북한의 대량살상무기는 야포, 항공기, 특수전부대, 그리고 탄도미사일 등의 다양한 수단을 통해 사용될 수 있으며, 개전 초기부터 이들을 집중 사용함으로써 한국의 방어태세를 급속히 약화시키려 할 가능성이

28) Mark Fitzpatrick ed, 2011, pp. 109-110.

높다.[29] 그 가운데서도 특히 위협적인 운용수단은 한국의 정치 · 경제 · 사회 심장부인 수도권을 직접 겨냥할 수 있는 최대 사거리 50~60km의 장거리포 1,000여 문(170mm 자주포 600문, 240mm 방사포 400문 포함)과 수백 기의 탄도미사일이다. 사거리 300~500km의 '스커드'와 사거리 1,300km의 '로동 1호' 탄도미사일은 발사 3~5분 만에 휴전선 이남의 한국 영토 대부분을 타격할 수 있을 정도다.[30]

그동안 한국을 겨냥한 테러리즘의 대다수는 북한의 민간인 납치 또는 '국가 지원 테러리즘'(State-sponsored Terrorism)의 형태를 나타났다. 1970년 국립묘지 현충문 지붕의 폭파를 통한 박정희 대통령 암살시도, 1974년 광복절 기념식에서 벌어진 박정희 대통령 저격사건 및 영부인 육영수 여사 피살, 1983년 미얀마 아웅산 묘소 폭파사건으로 인한 다수의 주요 각료 피살, 그리고 제24회 서울올림픽을 앞둔 1987년 11월 대한항공(KAL) 858기 공중폭파 사건 등이 그 본보기다.

지금도 북한은 세계 최대 규모인 약 10만 명의 특수전부대를 보유함으로써 위협적인 국가 지원 테러리즘 역량을 유지하고 있다. 북한의 특수전부대는 ① 군단급인 육군 경보병 교도지도국 소속의 항공육전(공수)여단 2~3개와 경보병 및 저격여단 6개, ② 육군의 각 정규군단 직속인 경보병여단 9~11개, ③ 해군 소속의 해상저격여단 2개, 그리고 ④ 공군 소속의 공군저격여단 3개 등으로 나뉜다.[31] 이들은 야간 · 산

---

29) 정보당국은 북한이 탄도미사일 탄두의 50~60%, 포탄의 10%를 화학무기로 보유 중인 것으로 평가한다. 유용원, "가공할 북한의 대량살상무기", 『주간조선』(2002. 12. 26).

30) 북한의 탄도미사일 전력은 1개 군단급인 육군 미사일지도국의 지휘를 받는다. 이들은 사거리 100km 이하의 러시아제 '프로그'(FROG) 단거리로켓을 운용하는 수개 연대/여단(이동식 발사대 24대), 1개 스커드 탄도미사일 사단(이동식 발사대 36대), 역시 1개의 로동 1호 사단(지하 및 이동식발사대 27대), 그리고 일본과 태평양 일대의 미군 기지를 사거리 내에 두는 사거리 2,000km 이상의 '대포동'과 '무수단' 탄도미사일을 운용하는 1개 대대로 나뉜다. 이 가운데 프로그 단거리로켓은 러시아제 SS-21 '스카라브'를 모방한 사거리 120km의 KN-02 '독사' 단거리 탄도미사일로 교체 중이다. Joseph S. Bermudez, "Moving Missiles", *Jane's Defence Weekly*, August 3, 2005.

31) 또한 북한은 이들 특수전부대와는 별도로 휴전선과 인접한 4개 보병군단 예하의 사단

악·시가전을 비롯한 비정규전 수행 능력을 집중 강화하고 있으며, 한국 측·후방 지역에서의 주요 기간시설 파괴, 군사시설 습격뿐만 아니라 요인암살, 민간인을 겨냥한 테러리즘에도 동원 가능하다. 주요 침투 수단으로는 300여 대의 러시아제 AN-2 '콜트' 소형수송기나 60여 척의 '상어'·'유고'·'연어'급 잠수정, 약 220척의 '남포'급 고속상륙정과 '공방'급 공기부양정, 그리고 20개 내외로 추정되는 휴전선 전방지대의 땅굴 등이 있다.

앞으로는 북한 이외의 다양한 테러리즘 위협에 노출될 가능성도 점차 높아질 전망이다. 오늘날 한국은 세계 10위권의 경제대국이자 G-20의 회원국으로서 국제사회의 신흥 지도국가 지위를 차지하고 있다. 이처럼 한국의 국제적 위상, 역할이 증대되는 과정에서 다른 나라와의 갈등, 마찰이 생길 현안도 늘어날 수 있으며, 이에 따라 한국의 외교·대외활동에 반감(反感)을 품은 외국 테러조직이 출현할 가능성은 충분하다. 이미 한국은 미국의 동맹국으로서 9·11 테러사태 직후 미국 주도의 '테러와의 전쟁'(War on Terror)에 동참한다는 취지 아래 아프가니스탄, 이라크에 비전투 지원병력을 파병한 전례가 있었다. 알카에다를 비롯한 이슬람 과격주의 성향의 테러리즘 집단이 한국을 공격 대상으로 지목하는 데 충분한 구실이 될 수 있다.

실제로 알카에다와 여러 이슬람 원리주의 무장단체들은 한국을 미국, 영국과 더불어 자신들의 테러리즘 공격 대상국가로 명시적으로 선언한 바 있으며, 이는 지난 2004년 6월 이라크 내의 반미 무장세력 알

---

을 경보병 사단으로 개편했으며, 정규 사단 소속의 경보병 대대도 연대급으로 증편하였다. 새로이 확보된 북한 경보병부대의 규모는 총 6만 명에 달하며, 우수한 기동력을 바탕으로 주로 전방지역에서 야간·산악·시가전을 비롯한 비정규전 수행을 담당할 것으로 예상된다. 이는 한반도 유사시에 신속한 부대기동, 분산을 통해 한미 연합전력의 정밀타격을 회피하고, 전쟁 초기부터 전장상황을 피아(彼我) 혼재 상태로 만들어 혼란을 극대화하려는 북한의 의도를 반영한다. 이민룡, 『김정일 시대의 북한군대 해부』(서울: 황금알, 2004), pp. 150-154.

타우히드 왈 지하드[유일신과 성전(聖戰)]가 한국인 김선일 씨를 납치, 공개 살해하면서 현실화되었다. 국가정보원(NIS)은 알카에다가 지난 1990년대 중 · 후반에 한국 내부로의 조직적인 공작원 침투, 민간 항공기를 이용한 주한 · 주일 미군기지 습격을 시도했음을 확인했다.[32] 앞으로는 북한이나 국외 테러리즘 집단의 직접 침투뿐만 아니라 국내의 일부 소외계층(예: 결혼이민자 출신의 다문화가정, 외국인 이주노동자, 탈북주민) 중심의 사회증오 형식, 혹은 이들에게 접근하는 외부 세력의 사주에 의한 테러리즘 위협도 배제해선 안 될 것이다.[33]

국외 지역분쟁은 해외에서 활동하는 재외국민의 안전 여부와 직결되는 문제다. 세계화(世界化: Globalization)가 심화되면서 무역, 유학, 여행 등을 위한 출국자 수는 매년 증가 추세이며, 그만큼 한국인들의 신변안전이 분쟁세력들에 의한 납치, 테러, 약탈의 대상이 될 가능성도 높아진 것이다. 2007년 7월 19일, 아프가니스탄에서 한국 개신교 선교단 23명이 탈레반 반군에게 납치되어 무려 42일 동안 억류됐는데, 그 가운데 2명은 피살됐다. 2006년 4월과 2007년 5월에는 한국 원양어선 '동원' 호와 '마부노' 호가 아프리카 동부의 소말리아 인근 해역에서 해적들에게 납치되어 각각 117일, 174일이나 억류되는 고초를 겪었다.

전 세계적으로도 손꼽히는 한국의 높은 정보화 보급수준은 역설적이게도 사이버전쟁에 의한 안보상의 취약성 악화를 야기할 수 있다. 한국에 이는 결코 이론상의 위협이 아니다. 이는 2003년 1월 25일, 8,800여 대의 국내 컴퓨터 서버가 슬래머웜 컴퓨터바이러스의 공격을 받아 9시간 동안이나 전국의 인터넷 사용이 마비된 '인터넷 대란(大亂)', 2004년 7월 13일 중국발(發) 해커의 소행으로 의심되는 주요 정부기관

---

32) 박희제, "알카에다 韓-日 미군시설에도 테러 모의", 「동아일보」, 2004년 12월 16일자.
33) 최진태, "미래 대(對) 테러작전: 육군의 역할과 수행 개념", 「2008 육군발전 세미나-대전환기 정예화 선진육군의 비전과 전략」(육군본부/한국전략문제연구소, 2008. 10. 21~22), pp. 13-14.

및 국책연구기관의 전산망 소재 컴퓨터 211대에 대한 해킹사태, 2009년 7월과 2011년 3월 국내의 공공기관 및 주요 인터넷 웹사이트를 겨냥한 DDOS 방식의 사이버 공격, 그리고 2011년 4월 농협 전산망 해킹 사건 등에서 증명된다. 같은 맥락에서 북한과 중국이 다수의 해킹 전문요원으로 구성되는 전담부대까지 설치하는 등 사이버전쟁 역량 강화에 적극 나서고 있다는 점을 간과해서는 안 될 것이다.[34)]

위와 같은 새로운 안보위협들은 휴전선 이남에서의 소극적인 방어를 전제로 하는, 기존 재래식 군사력 중심의 국방 역량으로는 효과적인 대응이 곤란한, 비전통적인 군사 · 안보 도전이라는 점에서 공통분모를 이룬다. 단순히 보다 많은 병력이나 탱크, 야포, 군함, 항공기를 확보하는 방식으로 맞설 수 있는 문제가 아닌 것이다. 그보다는 적의 대량살상무기 배치 · 운용 여부를 지속적으로 추적 및 파악하는 원거리 정보수집 자산(예: 정찰위성, 공중 조기경보통제기, 중 · 고고도 무인정찰기)과 이를 제거하기 위한 장거리 정밀유도무기를 포함한 '비핵 전략무기',[35)] 대(對)테러 작전 수행을 비롯한 고도의 전투능력을 갖춘 '특수전부대', 국외 분쟁지역에서의 치안 및 재건지원 등 안정화(Stabilization) 임무 수행을 담당하는 '상설 해외군사활동 부대', 그리고 외부의 사이버공격에 대한 방어뿐만 아니라 근원지 파악 및 차단, 역추적을 통한 공세적 임무까지 수행하는 '사이버전쟁 전문부대' 등의 확보가 요구된다.

---

34) 북한의 경우 평양의 지휘자동화대학, 김책공대, 평양 컴퓨터기술대학 등의 졸업생 중에서 우수인력을 선발하여 사이버전 담당 요원으로 양성, 운용 중이다. 이들은 주로 북한군 총참모부 예하의 '지휘 자동화국', 정찰국 산하의 '기술정찰조'(일명 110호 연구소) 등에서 대남 사이버전을 수행하는 것으로 알려져 있다. 김귀근, "북한의 사이버전 능력은", 「연합뉴스」, 2009년 7월 8일자.

35) 오늘날 한국은 「핵확산금지조약」(NPT)과 「화학무기금지협약」(CWC), 「생물무기금지협약」(BWC), 그리고 「미사일기술통제체제」(MTCR)에 가입한 국제적인 대량살상무기 비확산 체제의 일원이다. 따라서 한국이 북한의 위협에 대한 대응을 명분으로 역시 핵무기를 비롯한 대량살상무기 개발에 나설 경우, 심각한 정치 · 외교적 고립을 초래하여 심각한 국익 손실이 발생할 것이라는 지적을 받는다.

이들은 모두 평시 전쟁 억지와 전시의 신속하고도 결정적인 승리, 그리고 국제사회에서 한국의 지위 및 역할 강화와 직결되는 전략 차원의 중요성을 갖는다. 따라서 군 상부구조 차원에서는 이들 전력에 대한 지휘통제 권한을 육·해·공군별로 분산시키거나 어느 특정 군의 독점 아래에 두지 않고, 그보다 상위 차원의 전투사령부가 직접 지휘하도록 할 필요성이 있다. 즉 전략급의 합동 기능사령부를 편성 및 운용하는 것이 바람직하다.

## 3. 한미 군사동맹구조의 변화

지난 1978년 11월 7일의 한미 연합사령부(CFC: Combined Forces Command) 창설 이후 한반도에서의 평시 전쟁 억지, 전시 방위임무를 책임져 온 것은 바로 한국과 미국 두 나라의 연합방위체제였다. 한미 연합방위체제는 65만 한국군과 2만 8,000여 명의 주한미군 병력이 단일 지휘기구(즉 한미 연합사령부)의 지휘통제 아래에 놓여 있는 방식이다. 미군 4성 장군(주한미군 사령관이 겸직)과 한국군 4성 장군이 각각 사령관, 부사령관을 맡으며, 예하에 7개(인사, 정보, 작전, 군수, 기획, 통신전자, 공병) 참모부를 설치하고 있다. 한미 연합사령부는 육·해·공군의 각 구성군사령부와 연합특전사령부, 연합해병대사령부, 연합심리전사령부 등을 통해 전시에 한국군 및 주한미군 부대와 더불어 개전 이후 한반도로 증원되는 미군 병력들까지 지휘통제한다.[36] 한미 연합사령부의 참모 구성은 양국 간 동률보직 원칙에 따라 편성되어 이론상으로는 어느 한쪽의 일방적 의사결정을 막을 수 있다. 이 점에서 한미 연합방위체제는 세계에서 가장 제도적 결속력이 높은 동맹군사구조로 평가된다.

---

36) 국방부 정책실, 『한미동맹과 주한미군』(서울: 국방부, 2002), p. 52.

이러한 한미 양국의 동맹군사구조는 최근 수년 동안 근본적인 재구축을 맞이하게 되었는데, 그 중심에 있는 현안이 바로 '전시(戰時) 작전통제권의 전환'이다. 이 문제는 2005년 10월 21일의 제37차 한미 연례안보협의회의(이하 SCM: Security Consultative Meeting) 공동성명 제9조에 "지휘관계와 전시 작전통제권 전환에 대한 협의를 '적절히 가속화(Appropriately accelerate)'한다."는 내용이 포함된 것을 계기로 양국 사이의 본격적인 논의가 시작되었다. 하지만 한국과 미국은 가장 중요한 사항인 '전환 시기'에 관하여 좀처럼 이견을 좁히지 못했으며, 그 과정에서 한국은 국내외적으로 극심한 정치 · 사회적 논란을 겪어야만 했다. 특히 노무현 당시 대통령이 전시 작전통제권 전환의 당위성을 주장하는 과정에서 '수평적 한미관계', '군사주권' 등을 강조했던 것도 한국 내부의 논란을 증폭시키는 요인이 되었다.

한국군의 전시 작전통제권 전환 시기에 관하여 한국과 미국이 처음으로 합의에 도달했던 것은 2007년 2월 24일의 한미 국방부 장관 회담에서였다. 당시 양국은 전시 작전통제권의 전환 시기를 '2012년 4월 17일'로 합의했다.[37] 하지만 전시 작전통제권의 전환 여부, 2012년으로 확정된 전환 시기의 적절성 등을 둘러싼 논쟁은 이후에도 계속되었다. 특히 2008년에 출범한 한국의 이명박 행정부는 여러 차례에 걸쳐 전시 작전통제권 전환의 재검토, 연기 필요성을 제기해 왔다.[38] 핵무

37) '4월 17일'이라는 날짜는 6 · 25전쟁 당시 이승만 대통령이 더글라스 맥아더 UN군 사령관에게 한국군의 작전권을 이양한 날짜인 1950년 '7월 14일'을 역순한 것이며, 이 점에서 일종의 정치적 상징성을 나타내고 있었다.

38) 한 보기로 이명박 후보의 제17대 대통령 당선 직후인 2008년 1월 8일, 대통령직 인수위원회는 국방부 업무보고에서 "전시 작전통제권 전환 문제는 북한 핵문제를 비롯한 한반도 안보상황, 우리 국방능력의 종합적인 고려, 미국과의 충분한 협의를 전제로 시기 등에 대한 신중한 재검토가 필요하다."고 밝혀 미국과의 협의 가능성을 처음 제기했다. 같은 해 10월 7일에 발표된 이명박 행정부의 100대 국정과제 가운데는 '전시 작전통제권 전환의 적정성 평가와 보완'이 포함되기도 했다. 그리고 2010년 1월 20일, 김태영 국방부 장관은 동북아 미래포럼 세미나에 참석하여 "군은 가장 나쁜 상황을 고려해 대비하는 것으로 2012년에 전시 작전통제권이 전환되는 것이 가장 나쁜 상황"이라고 언급, 간접적

기 개발을 비롯한 북한의 군사적인 위협이 근본적으로 해결되지 못하는 가운데, 기존의 한미 연합방위체제를 해체하는 것은 자칫 한반도에서의 대북(對北) 전쟁억지 및 방위 역량을 심각하게 저해할 수 있다는 논리였다. 특히 2008년 후반기부터 불거진 김정일의 건강 악화에 따른 북한 체제의 불안정성 증폭 가능성, 2009년 대포동 2호 발사 및 2차 핵실험, 그리고 2010년 3월 26일의 천안함 피격사건을 비롯한 북한의 잇따른 군사도발 자행은 이러한 우려를 더욱 가중시켰다.

결국 천안함 피격사건이 발생한 지 3개월 만인 2010년 6월 26일, 한국의 이명박 대통령과 미국의 버락 오바마 대통령은 전시 작전통제권의 전환 일정을 재조정하는 데 합의했다.[39] 새로 확정된 한국군의 전시 작전통제권 전환 시기는 당초 계획되었던 '2012년 4월 17일'보다 약 3년 7개월이 연기된 '2015년 12월 1일'로 결정되었다. 같은 해 10월 8일에 개최된 제42차 SCM에서는 2015년으로 조정된 전시 작전통제권의 전환을 성공적으로 추진, 이행하기 위한 기본틀을 제공할 종합계획 문서, 즉 '전략동맹 2015'(Strategic Alliance 2015)를 공식적으로 승인, 서명했다.[40] 여기에는 ① 한반도를 비롯한 전구(戰區) 내에서의 작전지휘체계, ② 한미 양국의 새로운 동맹 군사구조 구축, ③ 새로운 전쟁수행 전략의 수립 및 발전, ④ 연합방위에 필요한 군사적 능력 및 체계, ⑤ 연합 · 합동연습체계의 구축, ⑥ 주한미군의 재배치, 그리고 ⑦ 정전(停戰)체제 관리의 책임 조정 등 다수의 군사적 조치사항들이 포함되어 있다.

이들 내용은 대부분이 지난 2007년 6월 28일 한국군 합참과 주한미군 사령부 사이에 합의 · 서명된 「전시 작전통제권 전환의 이행을 위한 전략적 전환계획」(STP: Strategic Transition Plan)에도 포함된 바 있다. 말하

---

으로 전시 작전통제권의 전환 시기가 부적절하다는 입장을 피력했다.

39) 추승호 · 이승우, "전작권 2015년 12월 전환…3년 7개월 연기", 「연합뉴스」, 2010년 6월 27일자.

40) 김귀근, "한미, SCM서 뭘 논의했나", 「연합뉴스」, 2010년 10월 9일자.

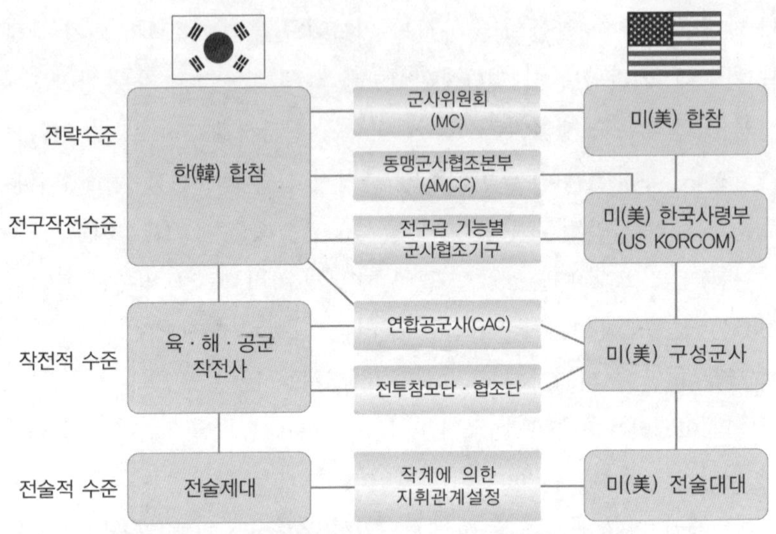


전시 작전통제권 전환 이후의 한미 군사협조체계 구조도

출처: 「국방일보」, 2009년 2월 12일자.

자면 '전략동맹 2015'는 당초 2012년에 한국군의 전시 작전통제권을 전환한다는 전제 아래 작성되었던 기존의 STP가 전시 작전통제권의 전환 일정이 2015년으로 연기된 상황변화를 반영하여 대폭적으로 수정, 보완된 것이라고 할 수 있다.

전시 작전통제권의 전환과 동시에 기존 한미 연합사령부는 해체되고, 한미동맹의 군사구조도 한미 연합사령부를 중심으로 하는 '연합' 방위체제에서 한국군과 주한미군의 독자 사령부가 동등한 자격으로 참여하는 '공동' 방위체제로 바뀔 예정이다. 6 · 25전쟁 중이던 1950년 7월 14일 이승만 당시 대통령이 서신을 통해 맥아더 UN군사령관에게 한국군의 작전권을 위임한 이래 60년이 넘도록 계속된 외국군 장성(즉 주한미군 사령관)의 군령권(軍令權) 관할 시대, 그리고 한미 연합사령부의 창설 이후 30여 년 동안 지속되어 온 한미 연합방위체제가 막을 내리는 것이다. 그렇다면 공동방위체제는 현재의 연합방위체제와 어떻게 다른 것일까?

공동방위체제에는 한국군과 주한미군 전체에 지휘권을 행사하는 단일사령부가 없다. 한국군과 주한미군은 평시는 물론 전시에도 개별 사령부의 지휘통제에 따라 독자적으로 임무를 수행하며, 훈련과 위기관리뿐만 아니라 전쟁대비 및 기획, 지도까지 각자 책임져야 한다. 이에 따라 공동방위체제에 적합한 한미 양국의 새로운 동맹군사구조를 구성할 협조체계의 구축이 추진 중에 있는 것이다.

먼저 한국군 합참과 주한미군 사령부[41] 사이에 동맹군사협조본부(AMCC: Alliance Military Coordinate Center)와 8개의 전구(戰區: Theater)급 군사협조기구(협조본부 및 협조반)를 설치, 한반도와 그 주변을 작전범위로 하는 전 제대 · 전 기능별 협조체계를 구축할 예정이다. 이들은 연합징후 · 정보운영본부(CWIOC), 연합작전협조단(COCG), 연합군수협조본부(CLCC), 다국적협조본부(MNCC), 합동전장협조단(JBCG), 통합기획참모단(IPS), 연합모델 및 시뮬레이션 협조본부, 그리고 연합 $C^4I$ 협조반 등으로 나뉜다.[42] 이들 군사협조기구에 소속되는 인원은 약 400명으로 추산되며, 평시부터 상설기구로 편성 · 운영할 뿐만 아니라 상당 규모의 연락반을 상호 파견하여 지속적인 협조관계를 유지한다는 방침이다. 그리고 한국군과 주한미군의 육 · 해 · 공 구성군사령부 사이에도 각 작전사령부별로 공동전투참모단, 협조반 등의 협조기구가 설치된다. 특히 한반도 유사시에 한미 양국 공군력의 보다 신속하고 효과적인 운용능력을 보장할 수 있도록 한국군 합참의 지휘통제를 받는 연합공군사령부(CAC)를 창설한다는 방침이다.[43]

---

41) 전시 작전통제권 전환이 완료되는 2015년부터는 '미군 한국사령부'(US KORCOM)로 명칭이 바뀔 예정이다.

42) 이상헌, "전작권 전환 어떻게 추진되고 있나", 「연합뉴스」, 2009년 2월 11일자.

43) 월터 샤프 주한미군 사령관도 2009년 2월 4일의 '2009년 한미협회 총회' 조찬강연에서 전시 작전통제권의 전환 이후 경기도 오산에 한미 연합공군사령부를 창설할 계획임을 공개한 바 있다. 이 경우 사령관은 주한 미 제7공군의 사령관이 임명될 것이다. 유용원, "전작권 전환 후(後) '한미 연합공군사(司)' 창설", 「조선일보」, 2009년 2월 5일자.

외견상 한미 공동방위체제에 포함되는 주요 기구들은 구성과 협력 분야 등에서 기존의 한미 연합사령부와 비슷하다. 하지만 이들은 어디까지나 한미 양국의 군사 기능별 협력관계를 유지하는 제도적 연결장치일 뿐, 한국군과 주한미군 병력을 움직일 수 있는 직접적인 지휘, 통제권한이 없다. 이 점에서 연합방위체제와는 근본적으로 차이가 있는 것이다. 아무리 한국군과 주한미군이 전략에서 전술 · 작전 수준에 이르는 모든 제대에 걸쳐 협조체계를 구축한다고 해도, 지휘권이 분산된 '공동' 방위체제는 전투력 운용의 효율성 및 결속력에 관한 한 단일 지휘권을 유지하는 '연합' 방위체제를 결코 따라올 수 없다.[44)]

이처럼 앞으로의 공동방위체제에서는 종전의 연합방위체제에 비해서 한국군과 주한미군의 작전협조 효율성과 결속력이 불가피하게 희생될 것으로 평가된다. 따라서 북한에 대한 평시 경계는 물론 전시 초기 방어와 반격을 비롯하여 전쟁 억지, 승리를 위한 핵심적인 임무 수행이 주한미군보다 절대적으로 많은 한국군의 주도로 이루어지는 형태가 될 수밖에 없다는 결론이 자연스럽게 나온다.

전시 작전통제권의 전환은 '수평적 한미관계', '자주국방', '군사주권'에 높은 가치를 부여해 온 전임 노무현 행정부의 정치적 의지, 그리고 9 · 11 테러사태 이후 미군 전체를 세계 어느 지역으로든지 재빨리 투입할 수 있는 '경량화된 신속대응군'으로 재편한다는 소위 전략적 유연성(Strategic Flexibility)을 추구하는 미국의 이해관계가 맞아떨어지면서 실현될 수 있었다. 전시 작전통제권의 전환과 그에 따른 '한국 방위의 한국

---

44) 실제로 2008년 8월, 처음 한국군의 주도 아래 실시된 을지 프리덤가디언(UFG: Ulchi Freedom Guardian) 한미 연합훈련에서도 양국이 개별적인 사령부를 구성하다 보니 각 사령부가 서로 다른 데서 수집한 정보로 다른 결론을 도출하는 사례가 있거나, 훈련 초반에는 임무 분담 등에 대한 절차가 마련되지 않아 혼란이 생기는 등 전쟁 수행 기능별로 보완할 요소가 적지 않게 노출된 것으로 나타났다. 이에 따라 양 국군 간 정보 공유체계의 미비, 임무 분담의 혼란 등의 문제점을 보완하는 것이 다음 UFG 훈련의 과제로 제시되었다. 유현민, "가능성, 한계 동시에 보여준 한미 을지연습", 「연합뉴스」, 2008년 8월 24일자.

화'는 단지 시간의 문제일 뿐, 그 자체를 거스를 수는 없을 것이다. 한미 동맹의 복원, 강화를 강조하는 이명박 행정부조차도 전시 작전통제권의 전환을 백지화하거나 재협상을 이끌어내지는 못했으며, 단지 전환 시기를 늦춘 것으로 만족할 수밖에 없었던 점에서 명백히 드러난다.

전시 작전통제권의 전환을 계기로 출범할 한미 공동방위체제는 한국군이 북한에 대한 전쟁억지, 승리와 직결되는 주요 군사임무를 주도하는 가운데, 주한미군과 미 증원전력은 어디까지나 한국군의 전투력 가운데 부족한 일부분을 보완하는 '한국군 주도, 미군 지원' 구조로 운영될 것이 분명하다. 그동안 한미 양국의 유사시 한반도 방위전략으로 알려진 '작전계획(OPLAN) 5027'[45]을 대신할 새로운 공동작전계획도 한국군 주도로 작성될 것임은 물론이다.[46] 이는 필연적으로 첨단무기의 획득뿐만 아니라 한국군의 독자적인 전쟁기획 및 지도 능력의 대대적인 확충을 요구한다. 군 상부구조 차원에서의 새로운 중대 도전임에

---

45) 작전계획 5027은 지난 1974년 당시 주한미군의 주력 부대였던 미 육군 제8군사령부가 미 태평양사령부(PACOM)의 지령에 따라 수립한 한반도에서의 전면전 대비 군사전략에서 유래한 것이다. 1978년 11월 이후 한국군의 전시 작전통제권은 한미 연합사령부로 이양되었고, 이때부터 작전계획 5027은 한미 연합사령부에 계승되어 2년마다 재검토와 수정이 이루어져 왔다. 주요 내용은 북한의 전면침략으로 한반도에서 전쟁이 일어날 경우, 우선 한국군과 주한미군으로 구성된 한미 연합군이 휴전선 남쪽으로부터 40km 이내의 수도권에 대한 방어선을 유지하고, 이후 미군 증원병력이 도착하면 휴전선을 돌파하여 북한군의 핵심 침공부대를 격멸시킴과 동시에 휴전선 이북으로의 북진을 계속하여 한국이 주도하는 통일을 완성시킨다는 것이다. 여기서 미군의 병력 증원규모는 육군 2개 군단, 해군 6개 항공모함 전단(군함 160척 포함), 공군 8개 전투비행단과 4개 폭격비행단(항공기 2,000여 대 포함), 그리고 해병대 2개 원정군(군단급) 등 최대 69만 명이다. 그러나 전시 작전통제권의 전환 이후에는 이 가운데 상당 규모가 감축될 것이라는 전망이 지배적이다. 유현민, "美 증원전력 어떻게 전개되나", 「연합뉴스」, 2008년 10월 18일자.

46) 한미 양국은 이미 기존의 STP에 의거하여 작전계획 5027을 대체하는 새로운 대북(對北) 전쟁수행전략, 즉 '작전계획 5012'를 작성한 바 있으며, 향후 2015년의 전시 작전통제권 전환을 반영하여 보완, 수정된 '신(新) 작전계획 5015'를 수립할 예정이다. 또한 2010년 10월 8일의 제42차 SCM에서는 전시 작전통제권의 전환 이후 한반도 유사시에 적용될 군사대비계획의 수립, 발전방향을 제시하는 '전략기획지침'(SPG: Strategic Planning Guidance)을 승인, 서명했다. 이에 따라 신 작전계획 5015는 전략기획지침에 의거하여 작성될 전망이다.

틀림없다.

## 4. 민간인력의 국방 분야 참여, 기여 확대

일반적으로 국방 분야는 군인만의 전유물이라고 생각되기 쉽다. 하지만 경제, 외교, 치안 등과 마찬가지로 국방 역시 그 자체가 배타적으로 존재하는 것이 아니라 국가 행정을 구성하는 여러 기능들 가운데 하나이며, 따라서 민간인이 다수를 차지하는 정부 및 국회의 정책 심의, 결정에 따라 큰 영향을 받을 수밖에 없다. 국방정책에 있어서 직업군인 중심의 군부는 자신들의 전문적 지식을 바탕으로 군의 입장을 설명, 이해시킴으로써 정책 심의 및 결정권을 갖는 민간 엘리트들이 올바른 결정을 도출할 수 있도록 해주는 역할에 충실해야 하는 것이다.[47)]

국방 분야에서 민간인력의 참여, 기여를 촉진하는 근거는 크게 2가지로 나뉜다. 먼저 오늘날 대부분의 민주주의 국가에서 국방정책의 가장 기본적 원칙으로 규정하는 문민통제(文民統制: Civilian Control)를 달성하기 위해서다. 또한 냉전 이후 세계적으로 제기되어 온 군사 부문의 지출 축소요구에 따른 국방운영의 합리화 및 경제성 제고 필요성이다.

민주주의 국가의 군대는 1차적으로 직업군인들의 지위, 이익에 앞서 국민의 안전을 위해 존재하므로 마땅히 민간인 우위의 체제 아래서, 민(民)의 필요에 근거하여 유지되는 군이어야 한다. 이는 민간인이 군통수권자나 국방부 장관의 직책을 차지하는 정도로 달성되는 것이 아니다. 국방부 본부를 비롯하여 주요 국방정책의 수립, 결정, 관리, 집행을 책임지는 주요 국방 담당 행정부처의 구성인력 자체가 민간인들을 중심으로 충원되어야 비로소 가능해진다. 만약 해당 기관의 직위에 현

47) 조영갑, 『민군관계와 국가안보』(서울: 북코리아, 2005), pp. 203-207.

역 군인들이 보직된다면, 불가피하게 자신들이 소속된 군의 이해관계에 얽매여 중립적이고 균형적인 업무 수행을 어렵게 할 것이 분명하다.[48] 이 점에서 민간인 출신 인력에 의한 국방정책 담당은 각 군에 대하여 보다 객관적이고 균형된 시각에서 관련 정책을 수립, 결정, 관리, 집행하도록 보장해줄 수 있다.

냉전이 막을 내린 1990년대를 기점으로 세계 각국에서는 소위 '평화배당금'이라는 이름 아래, 군사 분야에 대한 정부지출을 경제 및 사회복지 분야 등으로 전환해야 한다는 요구가 힘을 얻게 되었다. 국방 당국의 입장에서는 냉전 이후에 나타난 새로운 위협, 즉 테러리즘과 국외지역분쟁, 대량살상무기 확산의 등장과 동시에 국방 분야가 국가 재정지출 내에서 그 비중이 점차 감소되는 2중고를 맞이하게 된 것이다. 이에 따라 민간인력의 참여, 기여 확대가 국방운영의 합리화 및 경제성을 제고하기 위한 대안으로 각광받게 되었다.

국방 행정 분야에서 민간인력 활용이 갖는 장점은 다음과 같다.[49] 첫째, 현역 군인의 경우 전투수행이라는 특수기능 수행을 위해 많은 양성비용이 소요되지만, 민간 전문인력을 채용할 때는 양성비용의 부담이 거의 없다. 둘째, 보직관리의 특성상 부대 이동이 잦은 현역군인에 비해 장기적으로 재직할 수 있으므로 정책 및 관리행정, 연구개발 등 상당 수준의 전문지식이 요구되는 업무 수행에서의 전문성을 향상시키는 데 유리하다. 셋째, 국방 분야 지출의 감소 추세는 불가피하게 병력의 감축으로 이어질 것이며, 비전투 지원 분야의 경우 민간인력이 대체역할을 할 수 있다. 그리고 넷째, 전역자들의 국방 분야 활용 기회를 확대시켜 군 출신 인력의 원활한 유출 계기를 마련하고, 그 결과

48) 비유를 하자면 일선 경찰관이나 의사에게 치안, 의료정책 수립에 관한 결정권을 맡기는 것이 곤란한 것과 같은 이치라고 할 수 있다. David Chuter, *Defense Transformation: A Short Guide to the Issues*(South Africa: Institute for Security Studies, 2000), p. 14.

49) 이종인 등, 『지식정보 시대의 국방인력 발전방향』(서울: 한국국방연구원, 2003), pp. 52-54.

적정 병력구조를 유지하는 데 기여한다.

## 5. 결론

본 장에서 논의된 내용을 토대로 한 군 상부구조의 재구축 및 개선의 구체적인 내용은 다음과 같이 요약될 수 있다. 첫째, 첨단 정보화 전쟁에 바탕을 두는 미래전에서는 육 · 해 · 공 3군의 상호연동, 결합이 촉진되면서 서로 다른 군종들이 중첩되는 공간 내에서 함께 임무를 수행하는 합동성의 중요성이 보다 강조될 것이다. 따라서 각 군의 역할과 임무를 조정할 수 있으며, 총괄적인 작전지휘권을 행사할 수 있는 최상위 전투사령부 및 참모조직이 필요하다.

둘째, 오늘날의 안보위협은 전통적인 국가 간 전면전쟁을 위한 재래식 군사력뿐만 아니라 대량살상무기, 테러리즘, 국외 지역분쟁, 사이버 전쟁 등으로 다양화되고 있다. 한국도 점차 이들 위협에 대한 취약성이 높아지고 있으므로 여기에 대응할 수 있는 새로운 방위역량의 확보는 물론, 이들을 전략 차원에서 운용하는 기능사령부의 창설이 요구된다.

셋째, 전시 작전통제권의 전환으로 한미 동맹군사구조가 기존의 '연합' 방위체제에서 '공동' 방위체제로 바뀌면서 이제 한반도에서의 평시 전쟁억지, 전시 승리 임무는 한국이 주도해야 한다. 그러므로 한국군의 독자적인 전쟁기획 및 지도, 수행 능력을 뒷받침할 수 있도록 군 상부구조가 재편 및 보강되어야 한다.

그리고 넷째, 문민통제 원칙의 달성과 국방운영의 합리화 및 경제성 제고에 대한 필요성을 충복시킬 수 있도록, 국방 담당 행정부처를 중심으로 민간인력의 참여, 기여를 활성화하는 형태의 군 상부구조 개선이 필요하다.

# 제3장

## 주요 국가들의 사례

# 1. 미국

오늘날 미국은 세계 2위인 130만 명 이상의 정규군을 보유하고 있을 뿐만 아니라, 전 세계 군사비지출의 절반 가까이를 독차지하는 등 의심할 여지가 없는 최강의 군사력을 갖춘 국가다. 이처럼 거대한 미국 군사력의 상부구조는 국방성(省) 본부를 중심으로 육 · 해 · 공군성이 군정 분야를, 그리고 합참과 9개 지역 · 기능별 전투사령부가 군령 분야를 각각 담당하도록 구성된다.

미국 국방정책의 주무 부처인 국방성은 민간인으로 임명되는 장관과 부(副)장관을 수장으로 한다. 국방성 장관의 임무는 국방에 관하여 미국의 군 통수권자인 대통령을 보좌 · 자문하고, 군정 군령권을 총괄하는 것이다. 이를 위해 국방성 본부는 5개(정보, 재정, 정책, 인력 및 준비태세, 획득 · 기술 · 군수)의 전문기능 담당 차관과 차관보, 보좌관, 국장, 그리고 16개의 직할기관 등으로 구성되어 있다. 총 36개나 되는 이들 부서는 모두 국방성 장관의 조정과 통제를 받는다.[1)]

각 군의 본부에 해당하는 육 · 해 · 공군성은 국방성의 예하 기관으로 해당 군종이 필요로 하는 군정 기능을 관장하고 있다. 구체적으로는 부대 작전태세 유지를 위한 장비 및 인력, 보급물자의 준비, 각 군 예산의 편성 · 제출, 주요 전투사령부에 할당되는 병력과 장비의 획득, 예하 부대와 기지에 대한 행정 및 군수지원 제공, 그리고 훈련 및 교육 등이 포함된다.[2)] 역시 민간인으로 임명되는 장관이 각 군성의 업무를 관장하며, 현역 4성장군인 각 군 참모총장은 장관의 군사참모 역할을 한다.

각 군성의 구성은 장관을 보좌하는 사무국, 그리고 참모총장을 중심으로 한 참모조직으로 다시 구분된다. 사무국은 차관, 주요 분야(예: 시

---

1) 공군본부, 『외국 군구조 편람 2007』(대전: 공군본부, 2007), pp. 37-38.

2) 공군본부, 2007, p. 44.

설 및 군수, 민사, 공보, 감찰, 연구개발, 인력, 입법 등)별 차관보 및 담당관으로 구성되어 관련 행정기능의 기본정책, 인사관리를 담당한다. 군 참모조직도 세분화된 분야[예: 작전, 정보, 의무(醫務), 법무, 인사, 군수, 시험평가 등]별 참모부와 실(室), 국(局)을 설치하는 구조를 채택하며, 해당 연구, 기획, 소요, 개발에 관한 업무를 관장한다.[3)]

실전부대를 지휘통제하는 군령 기능의 경우, 미국은 130만 명이 넘는 정규군 전체를 총괄 지휘하는 단일 전투사령부가 없다. 대신 6개의 지역별, 3개의 기능별 사령부를 통해 주요 전투부대들을 운용하고 있다. 지역별 사령부는 아랍과 남아시아를 관할하는 중부사령부(CENTCOM), 동아시아와 태평양 일대를 관할하는 태평양사령부(PACOM), 유럽대륙을 관할하는 유럽사령부(EUCOM), 중남미 지역을 관할하는 남부사령부(SOUTHCOM), 미국 본토와 캐나다 등지의 방어를 담당하기 위해 지난 2001년 9 · 11 테러 직후 창설된 북부사령부(NORTHCOM), 그리고 2008년 10월부터 정식 활동을 시작한 아프리카사령부(AFRICOM)가 있다.[4)] 기능별 사령부는 핵무기와 우주 군사력의 운용을 담당하는 전략사령부(STRATCOM), 각 군별 특수전부대의 운용을 총괄하는 특수전사령부(SOCOM), 그리고 원거리 군사력의 투사 및 운송을 담당하는 수송사령부(TRANSCOM)로 구분된다.[5)] 지난 1999년에는 3군 합동 전투력의 발

3) 인력개발연구센터 편저, 『세계 국방인력편람 2003-2004』(서울: 한국국방연구원, 2005), pp. 32-35.

4) 미국의 아프리카사령부 창설은 고질적인 빈곤, 내전에 허덕이는 아프리카 내의 여러 국가들이 알카에다를 위시한 초국가적 테러리즘 집단의 근거지로 악용될 가능성에 대응하고, 최근 석유 등 주요 에너지자원 산지로서 아프리카 지역의 가치를 재평가한 데서 배경을 두고 있다. 다만 아프리카 국가들의 반대 때문에 아프리카사령부의 본부는 독일에 위치하고 있다. 2011년 3월 17일 UN 안전보장이사회가 리비아의 자국민 학살을 저지하기 위한 결의안 제1973호를 통과시킨 직후, 아프리카사령부는 리비아에 대한 비행금지구역(No-Fly Zone) 집행을 목적으로 하는 다국적 군사작전, 즉 '오디세이 새벽'(Operation Odyssey Dawn)에 참전 중이다. 이로써 아프리카사령부는 창설 3년 만에 처음으로 실전을 수행하게 되었다.

5) 이규열 등, 『2007-2008 동북아 군사력』(서울: 한국국방연구원, 2008), pp. 227-228.

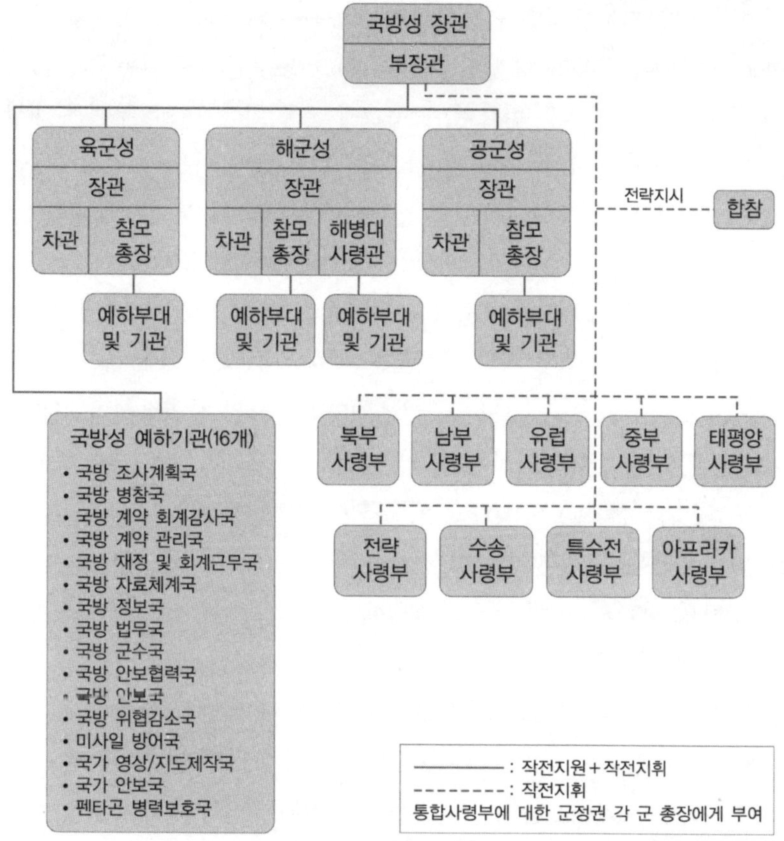


미국의 군 상부구조 현황

출처: 공군본부, 『외국 군구조 편람 2007』(대전: 공군본부, 2007), p. 36.

전, 기획, 훈련 그리고 유사시 각 지역별 사령부에 대한 합동 전투부대의 제공 기능을 담당하는 합동전력사령부(JFCOM)가 창설되었다. 하지만 2010년 8월 미 국방성이 발표한 1,000억 달러 규모의 예산절감 계획에 따라 합동전력사령부는 2011년 8월 4일을 기하여 폐지, 해체되었다.[6)]

6) 그동안 합동전력사령부가 수행해 온 임무들은 미 합참본부와 나머지 지역·기능별 전투사령부로 분산, 이관될 예정이다. John T. Bennett, "After U.S. JFCOM, What's Next?",

이들 9개 전투사령부는 통합사령부(Unified Command)의 형태를 채택하고 있다. 이에 따라 유사시 미군의 최고 통수권자인 대통령과 국방성 장관의 직접 지휘를 받으며, 모두 2개 군종 이상의 전투부대를 대상으로 군령권을 행사할 수 있는 권한을 갖는 것이다. 또한 전투부대들은 일반적으로 각 지역 · 기능별 전투사령부 예하에 설치된 군종별 구성사령부(Component Command)에 의하여 지휘통제된다.

미 합참의장(Chairman of the Joint Chiefs of Staff)은 1986년에 제정된 『골드워터-니콜스 국방성 재편령 603조』(Section 603 of the Goldwater-Nichols Department of Defense Reorganization Act)에 따라 최고위 선임장성의 지위를 차지한다.[7] 먼저 합참의장은 합참본부 내의 8개(인사, 작전, 군수, 정보, 전략기획, 군 구조 평가 등) 국(局)별로 구분되는 기획 및 정책의 평가, 입안, 조정을 총괄한다. 또한 군사력 건설을 위한 소요계획 및 예산 등에 관한 국방성 장관의 자문, 3군 합동성에 입각한 교리발전, 교육, 훈련계획의 수립을 비롯한 중 · 장기적 차원의 군사기획을 관장한다. 그리고 합참의장은 미 국가안보회의(NSC)에서 대통령과 국방성 장관에게 주요 군사현안에 관하여 직접 보좌하는 수석 군사자문의 역할을 담당한다. 말하자면 군부를 대표하여 민간인들로 구성된 국방정책 수뇌부에 직업군인의 전문적인 식견을 전달하고, 대통령 · 국방성 장관과 주요 작전부대 사이의 의사소통을 중재하는 것이다.

육 · 해 · 공군 참모총장, 해병대사령관 등 6명으로 구성되는 합동참모회의를 주재하는 것도 합참의장의 주요 임무다. 합동참모회의를 통해 미군 내부의 모든 군사 문제를 논의하고, 대통령 · 국방성 장관에게

---

*Defense News*, August 16, 2010.

7) 『골드워터-니콜스 국방성 재편령 603조』는 배리 골드워터, 윌리엄 니콜스 두 상원의원의 주도로 제정되었다. 주요 내용은 합참의장의 역할 강화, 지역 · 기능별 전투사령관의 권한 및 책임 강화, 합참 소속 합동참모의 역할 강화, 문민통제의 강화 및 보장, 국방조직 진단의 제도화 등을 포함한다. 최수동, "미국의 Goldwater-Nichols 국방개혁 법률과 시사점", 「週刊國防論壇」, 제1366호, (2011. 6. 27).

조언할 내용이 협의되기 때문이다. 이러한 합참의장의 임무를 뒷받침하기 위해, 『골드워터-니콜스 국방성 재편령 603조』의 제정 직후인 1987년부터는 합참 부(副)의장(Vice Chairman of the Joint Chiefs of Staff)이 신설되었다. 합참 부의장은 미군 내에서 합참의장의 뒤를 잇는 서열 2위의 고위 장성이며, 합참의장 등과 더불어 합동참모회의를 구성하는 일원이다.[8] 합참의장 부재시에는 합참 부의장이 합동참모회의를 주재한다.

미군의 지휘계통 상으로 합참의장 · 부의장에게는 전투사령부에 대한 직접적인 지휘통제권이 없다.[9] 다만 합참 차원에서 수립된 중 · 장기 군사 전략계획에 의거하여 각 지역 · 기능별 전투사령부에 전략지시를 하달하고, 대통령과 국방성 장관의 지휘통제 관련 보좌, 조언을 제공하는 간접적인 방식으로 참여하는 것은 인정된다.

이처럼 미국의 군 상부구조는 민간인 관료가 주도하는 문민통제 원칙이 군정 분야에서 확고히 적용되는 가운데,[10] 군령 분야는 자문형 합참의장과 지역 · 기능별 통합사령부가 예하 육 · 해 · 공군 전투부대들을 지휘통제하는 형태가 공존하고 있다. 이는 오늘날 유일하게 세계 전체를 자국의 군사작전 영역 내에 두는 미국의 군사적 위상을 반영한 것이며, 동시에 전 군사력을 단일 사령부나 최고사령관 1인의 지휘 하에 두지 않고서도 3군 전투력의 유기적인 결합, 상승효과를 달성할 수 있게 하였다. 미국의 군 상부구조가 '넓은 의미에서의 합동군 체제'임을 보여준다.

8) 합참 부의장은 합참의장과는 다른 군 소속이어야 하며, 대통령이 미 의회(구체적으로는 상원)의 건의 및 동의를 거쳐 임명한다.

9) 『골드워터-니콜스 국방성 재편령 603조』의 제정을 앞둔 1980년대 중반 미군 내에서는 작전지휘의 효율성 제고를 위해 합참의장을 지휘계선에 포함시키는 방안이 제기되기도 했다. 하지만 미 의회는 "군 장성 1인에게 모든 병력의 작전지휘권을 부여하는 것은 미국의 헌법정신과 문민통제 원칙에 어긋난다."는 이유를 들어서 거부했다.

10) 미국은 국방성의 장관과 부장관, 정책 · 획득 담당차관에 전역한 지 10년 이내의 퇴역 군인을 임명할 수 없도록 하고 있다. 각 군성의 장관은 상당수가 민간기업이나 방위산업체의 경영자 출신이었다.

## 2. 러시아

냉전시대의 구 소련은 전체 군사력을 5개의 군종으로 구성하는 5군 체제를 채택하였다. 일반적인 육 · 해 · 공 3군에 더하여 '방공(防空)군',[11] 그리고 대륙간 탄도미사일(ICBM: Inter-Continental Ballistic Missile)을 운용하는 '전략로켓군'이 추가되는 형태였다. 또한 총참모부는 전 · 평시를 망라한 소련군의 작전통제권 행사와 더불어 군정 분야에 해당하는 인사, 예산 관련 권한까지 보유하여 사실상 국방부와 동급의 지위를 차지했다. 소련 해체 이후의 러시아에서도 총참모부는 여전히 '러시아군에 대한 주요 지휘통제기관'으로서의 막강한 권한을 유지했으며, 5군 체제도 계속되었다. 소련 시절과 큰 차이가 없는 통합군 체제의 군 상부구조였던 것이다.

러시아의 군 상부구조에 본격적인 변화가 이루어진 것은 지난 2000년 블라디미르 푸친(현재 러시아 국무총리)이 대통령에 취임하면서부터다. 푸친은 2001년 3월 자신이 한때 국장으로 재직했던 정보기관 연방보안국(FSB) 부국장 출신의 세르게이 이바노프를 국방부 장관으로 임명했는데, 이는 소련 출범 이후 현역 장성이 국방부 장관을 맡아 온 수십 년 동안의 관행을 깬 것이었다. 비록 총참모부를 중심으로 한 군부와의 갈등이 불가피해졌지만, 이바노프는 러시아 군 개혁에 대한 푸친의 정치적 의지를 구현하기 위한 조치에 착수하였다. 그 결과 2001년 6월 '국방부 장관의 군정 · 군령권 총괄 행사', '국방부와 총참모부 기능을 각각 군정, 군령 분야로 구분'을 골자로 하는 군 지휘구조 개편이 발표되었다.[12]

---

11) 구 소련 방공군은 공군과는 별개 군종으로 지상 배치 방공부대(지대공미사일, 지상 레이더)뿐만 아니라 대규모의 공대공 요격기까지 보유했다. 그 결과 소련 공군은 주로 지상군의 화력 지원을 위한 폭격기와 공격기, 그리고 수송기 중심으로 편성되었다. 김병륜, "러시아 군종체제", 「국방일보」, 2006년 5월 15일자.

12) 공군본부, 2007, p. 144.

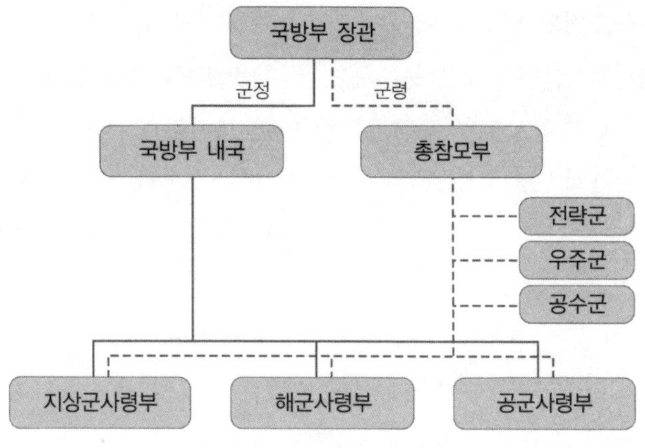


러시아의 군 상부구조 현황
출처: 공군본부, 2007, p. 145.

2004년 6월에 러시아 의회를 통과한 「국방법」 개정안은 더욱 큰 변화를 가져왔다. 총참모부를 국방부의 예하 기구로 명시하고, 그동안 총참모부에 주어졌던 인사, 예산 관련 권한을 대부분 국방부로 이양시킨 것이 주요 내용이었다.13) 한편으로는 기존 방공군이 지난 1990년대 말에서 2000년대 초 사이에 공군에 통폐합되고, 지난 2003년부터는 전략로켓군도 공군에 흡수시킨다는 계획을 추진하는 등 육 · 해 · 공 3군 구조로 재편하기 위한 노력이 이루어지고 있다. 이로써 러시아의 군 상부구조는 '통합군에서 합동군 체제'로 전환된 것이다.

러시아 국방부는 국방부 장관과 제1차관 2명(1명은 총참모장이 겸임), 일반차관 2명 이상, 그리고 4개(기술 및 수출통제, 군사기술협력, 방위소요, 특수건설) 국(局) · 청(廳)으로 구성되어 군정 분야를 담당한다. 또한 건설국 · 재정국 · 인사국 · 교육국을 인사교육부, 재정부, 건설부로 통합하고, 국방부 장관 직속으로 국방사무국을 신설하여 정보 및 사무 관련 업무를 담당하도록 하는 구조개편도 이루어졌다.14) 지난 2005년에는

13) 김병륜, "러시아 국방부와 총참모부", 「국방일보」, 2006년 4월 17일자.

무기의 소요제기 및 획득과정이 각 군 관할에서 국방부 산하의 방위소요국 관할로 일원화시켜 문민통제 원칙을 더욱 강화했다.

러시아군 총참모부는 총참모장과 이를 보좌하는 제1차장, 일반차장, 그리고 예하의 7개 국으로 이루어진다. 이들 7개의 국은 다시 4개(작전, 전자전, 군복무 안전, 군사지형학) 총국과 3개(정보, 조직동원, 통신) 일반국으로 나뉜다.15) 오늘날 총참모부는 그 권한이 전략기획업무로 축소되었는데, 이는 미군 합참본부와 유사하다. 다만 직속부대인 전략로켓군, 우주군, 그리고 공수군에 대한 작전통제권은 그대로 유지하여 이들 부대의 전략적인 운용을 가능하도록 하고 있다.16)

총참모부의 권한이 대폭 축소된 이후 러시아 육 · 해 · 공군은 국방부 장관의 직접 지휘통제 하에 놓여 있다. 각 군의 사령부는 내부의 기능(예: 작전, 교육훈련)별 국(局)과 예하의 지역 기준 구성사령부를 보유하는데, 육군과 공군의 6개(모스크바, 레닌그라드, 볼가-우랄, 북코카서스, 시베리아, 극동) 군관구 그리고 해군의 4개(북양, 태평양, 발트, 흑해) 함대로 구분된다. 최근 러시아는 이들 군관구와 함대를 4개(동부, 서부, 남부, 중앙)의 전략사령부로 재편하는 국방개혁 계획을 확정, 발표했다.17) 이는 미군의 6개 지역별 전투사령부처럼, 러시아군이 해당 지역 내에서 육 ·

---

14) 공군본부, 2007, p. 154.

15) 작전총국의 국장은 총참모부 제1차장이 겸임하며, 총참모부 일반차장은 3개 일반국장을 겸임한다. 공군본부, 2007, p. 148.

16) 러시아 우주군은 인공위성 등 우주배치 군사자산의 종합관리, 외부 세력의 핵공격에 대한 조기경보를 담당하는 준(準) 독립군종으로 소련 시절에는 방공군 산하 부대였으나 소련 해체 직후인 1992년 독립하였고, 한때 전략로켓군에 통폐합되기도 했다. 러시아 공수군은 소련 시절인 1928년 창설된 역사상 최초의 낙하산부대로 지금도 4개 사단, 1개 여단을 보유한 세계 최대 규모를 자랑한다.

17) 동부 전략사령부는 극동 군관구와 태평양함대, 서부 전략사령부는 모스크바 · 레닌그라드 군관구와 발트 · 북양함대, 남부 전략사령부는 북코카서스 군관구와 흑해함대, 그리고 중앙 전략사령부는 볼가-우랄 군관구를 각각 포함한다. 시베리아 군관구의 경우 동 · 서부로 나누어 각각 동부, 중앙 전략사령부 소속으로 통합될 예정이다. 배영경, “러시아, 軍관구 6개 → 4개 통합”, 「연합뉴스」, 2010년 7월 15일자.

해 · 공군 전력 운용의 합동성을 강화하는 데 크게 기여할 것으로 기대된다.

## 3. 유 럽

### 1) 영국

영국은 섬나라라는 지리적 특징 때문에 전통적으로 육군보다 해군을 발전시켰으며, 제1차 세계대전 중이었던 1918년 세계 최초로 공군을 독립 군종으로 승격시켰다. 제2차 세계대전 말에는 미국과 함께 유럽 탈환을 위한 수차례의 육 · 해 · 공 합동작전에서 주도적인 역할을 담당했다. 이처럼 영국의 군 상부구조는 어느 나라보다도 오랜 합동성의 전통을 갖고 있으며, 오늘날까지 반영되어 있다.

영국 국방성의 장관과 차관 5명(군무, 획득, 정무, 사무 1 · 2)은 모두 현역 국회의원을 겸하는 민간인이 임명된다. 국방성의 주요 내부 기관으로는 2개(정보, 획득지원) 본부와 중앙참모부(Central Staff)가 설치되어 있다. 그 가운데서도 핵심인 중앙참모부는 장비, 정책, 정보, 인사, 시설, 방위산업 · 수출, 의료, 해외군사활동, 예산, 재정 등을 담당하는 실(室) · 부(部)를 갖추어 국방성 장관에 대한 군정 보좌, 군정 관련 업무의 중앙통제 강화와 더불어 합동군 체제에 입각한 참모기능을 수행한다. 이러한 국방성의 인적 · 제도적 구성은 민간인과 현역 군인의 기능을 각각 군정, 군령 분야로 양분하여 철저한 문민통제 원칙의 적용을 가능토록 해주고 있다.[18)]

영국군의 최고 선임장성은 다른 나라의 합참의장에 해당하는 국방참

18) 공군본부, 2007, pp. 167-168.

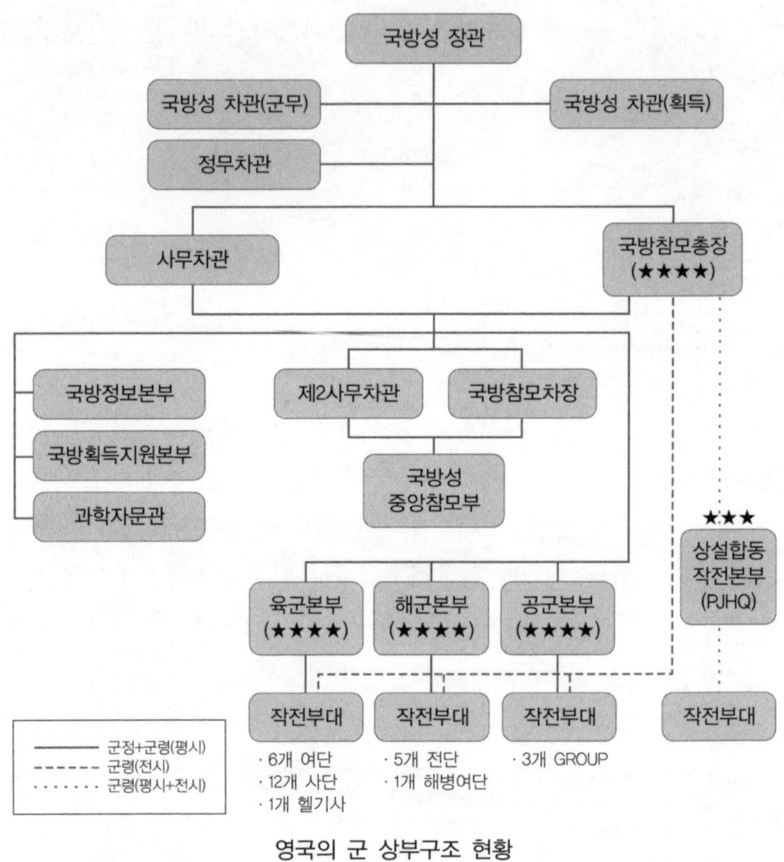


영국의 군 상부구조 현황

출처: 공군본부, 2007, p. 165.

모총장(Chief of Defence Staff)으로 국방성 장관에 대한 군부의 최고 보좌관이며, 각 군 참모총장들로 구성되는 국방참모위원회(Chiefs of Staff Committee) 의장을 담당하여 결정사항을 국방성 장관에게 보고한다. 또 영국 육·해·공군에 군사 기본작전 명령을 하달하는 역할도 국방참모총장의 권한에 포함된다. 특정 군이 군사력 운용의 주도권을 장기적, 독점적으로 행사하는 것을 예방하기 위해 국방참모총장은 3군에서 순환 보직하도록 되어 있다.

영국군 국방참모총장의 직접 지휘 아래에 있는 군 조직으로는 지난

1996년 4월에 상설합동작전본부(PJHQ: Permanent Joint HeadQuarters)가 창설된 바 있다. 국내외의 긴급한 군사적 돌발사태, 특히 해외군사활동 수행에 필요한 신속대응 및 원정전력을 상시(常侍) 지휘통제하는 것이 바로 상설합동작전본부의 임무다. 이를 위해 상설합동작전본부는 본부장과 2명(작전지휘, 작전지원 담당)의 부(副)본부장 예하에 9개(인사, 정보, 작전, 군수 · 의무, 기획, 통신, 합동훈련, 자원, 정책 · 법률 · 공보)의 기능별 지원부서, 그리고 실전부대의 직접 운용을 담당하는 합동군본부(JFHQ: Joint Force HeadQuarters)를 둔다.[19] 상설합동작전본부의 상시 지휘통제를 받는 신속대응전력은 해병대 중심의 여단급 상륙부대와 이를 지원하는 해군의 항공모함, 수상전투함, 핵추진잠수함(순항미사일 탑재), 지원함정, 그리고 12개 비행전대 규모의 공군 혼성비행단(전투기 및 정찰기, 공중 조기경보통제기, 공중급유기 포함) 등으로 구성되는 육 · 해 · 공 합동부대다.[20]

냉전 직후까지만 해도 영국 육 · 해 · 공군은 참모총장 예하에 작전, 군수, 인사 · 교육 등의 3개 사령부를 두었다. 그러나 1999년과 2000년 국방획득본부(Defence Procurement Agency), 국방군수본부(Defence Logistics Organisation)의 설치로 군수 기능이 국방성의 관할 아래로 흡수 · 통합되면서 각 군별 군수사령부는 폐지되었다.[21] 그리고 2007년과 2008년에는 공군, 해군이 인사 · 교육사령부와 야전군급 작전사령부를 통폐합시켜 실전에서의 작전지휘 및 수행에 충실한 조직구조를 구축했다. 육군의 경우 지상사령부(Headquarters Land Forces)에서 군단급의 야전부대(Field Army: 사단급 기갑, 기계화부대 보유)와 지역부대(Regional Forces: 국내 주요 지역 배치), 해외주둔 육군 부대의 지휘권을 행사한다. 해군은 해양작전사령부(Navy Command Headquarters) 예하의 해양기동부대, 5개(전투 3개, 항

---

19) 공군본부, 2007, p. 169.

20) 공군본부, 2007, p. 166.

21) 국방획득본부는 무기가 야전에 배치되기 이전까지의 조달 기능을, 국방군수본부는 무기가 야전에 배치된 이후의 지원 기능을 각각 담당했다. 2007년 4월부터는 이들 두 기구를 통합한 국방획득지원본부(Defense Equipment & Support)가 운영되고 있다.

공, 지원) 전단, 해병여단을 지휘한다. 그리고 공군은 항공사령부(Air Command)가 3개(전투, 수송, 정보·지원)의 기능별 비행단을 지휘한다.[22] 각 군 주요 작전부대에 대한 지휘통제는 평시의 경우 각 군 본부를 통해 간접적으로 이루어지지만, 일단 전시에는 국방참모총장이 직접 작전권을 행사하도록 되어 있다.

## 2) 프랑스

프랑스의 군 상부구조에서 최고위직인 국방부 장관은 국무총리의 지휘 아래 국방정책상의 조직, 관리 및 운용, 동원 등에 관한 시행을 총괄한다. 또한 각 군 주요장성들의 임명 동의를 행정부에 상정하고, 매월 합동참모회의를 주재하는 역할도 담당하고 있다. 이를 위해 군정 분야의 경우 국방부 장관의 지도·감독하에 있는 행정본부(SGA: Secretariat General de l'Administration), 병기본부(DGA: Délégation Générale pour l'Armement)가 설치되며, 군령 분야는 합동참모본부(EMA: État-Major des Armées)와 각 군 본부를 통해 집행이 이루어진다.[23]

행정본부는 일반지원, 인사, 재정, 법무, 보훈, 모병, 시설 등을 담당하는 국(局), 실(室)급의 기관들을 보유하여 군정 분야에 해당하는 거의 대부분의 국방 행정업무를 수행하고 있다. 병기본부는 프랑스 군의 방위력 건설, 발전을 위한 무기개발 및 획득 기능을 담당한다. 기능별로는 방위산업지원센터와 4개(병기계획, 국제협력, 통신지원, 감찰) 부(部), 그리고 6개(지상, 군함, 항공기, 유도무기 및 우주, 전자정보, 연구조사기술) 국으로 나뉘어져 있다.[24]

합참의장(Chef d'État-Major des Armées)은 프랑스 군의 최고위 선임장성

---

22) 공군본부, 2007, pp. 171-174.
23) 공군본부, 2007, pp. 213-214.
24) 인력개발연구센터 편저, 2005, p. 283.

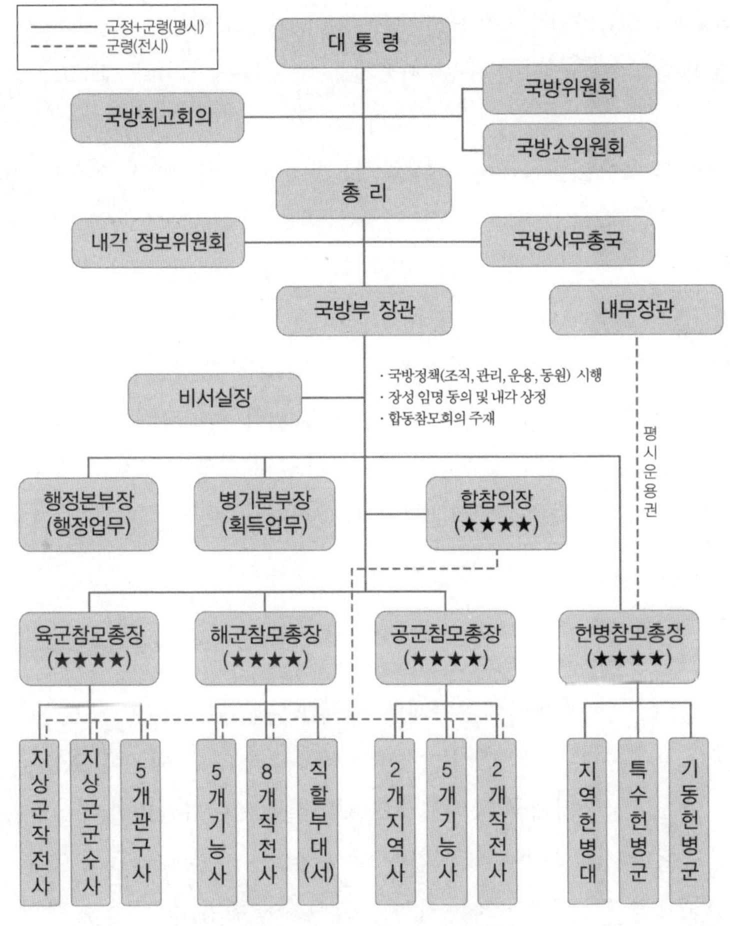


프랑스의 군 상부구조 현황

출처: 공군본부, 2007, p. 165.

으로 정부의 군사고문일 뿐만 아니라 전시에 3군과 예하의 주요 전투부대를 직접 지휘통제하는 권한을 갖는다. 또한 평시에는 방위태세 유지, 각 군에 대한 감찰권 행사, 장성 임명에 관하여 장관에 의견 제시, 군사외교, 그리고 중기(中期) 국방계획 수립을 담당한다. 합참의장의 직무를 보좌하기 위해 프랑스 합참본부는 특수전사령부, 합동기획부, 정보본부, 기획본부(전력기획, 평가 담당), 작전본부(합동작전, 핵무기 운용 등 담당), 조직본부(군수지원, 인적자원 및 조직 담당), 국제협력본부(주요 지역, 무기통제 담당) 등을 두며, 각 본부는 기능별로 세분화된 센터와 부(部)를 운영한다.[25)]

프랑스 육 · 해 · 공군 본부는 각 군의 수장인 참모총장 예하에 기능별(예: 작전, 기획, 재정, 군수 등) 참모기구와 주요 사령부를 보유하도록 구성되어 있다. 특이한 것은 평시의 경우 각 군 참모총장이 예하 전투부대에 대한 군정권뿐만 아니라 군령권도 행사할 수 있도록 보장받고 있다는 점이다.[26)] 다만 해외주둔 병력에 대한 지휘통제 권한은 전 · 평시 모두 합참의장에게 주어진다. 국내 치안지원을 위한 무장병력인 약 10만 명 규모의 헌병군(Gendarmerie Nationale)도 국방부 소속의 군종으로 평시에는 내무부의 통제 하에 있지만, 전시에 국방부의 지휘통제를 받는다.

### 3) 독 일

독일은 지난 20세기에 2차례의 세계대전을 일으켜 한때 전범(戰犯)국가의 오명을 쓴 바 있었다. 이러한 역사상의 경험 때문에 오늘날 독일의 안보 · 국방정책은 북대서양조약기구(NATO), 유럽연합(EU)이 주도하는 공동방위체제 참여에 근간을 두고 있다. 다른 나라들의 경우 각 군마다 개별적으로 보유하는 군수지원, 통신, 헌병, 의무(醫務) 담당 부대들을 통합한 합동지원군(Streitkräftebasis), 의무군(Zentraler Sanitätsdienst)이 지난 2000년부터 육 · 해 · 공군과 대등한 독립군종으로 편성되는 5군 병립체제를 채택하고 있는 것도 독일군의 특색이다.

독일 국방부 장관은 국방 관련 행정의 수장으로서 중 · 장기적 국방목표의 설정, 국방정책의 최종결정을 담당하는 한편으로 평시 독일군에 대한 통수권, 군정 · 군령권을 총괄 행사하는 권한을 갖고 있다. 하

25) 공군본부, 2007, p. 215.
26) 김병륜, "프랑스 지휘 구조", 「국방일보」, 2006년 8월 28일자.

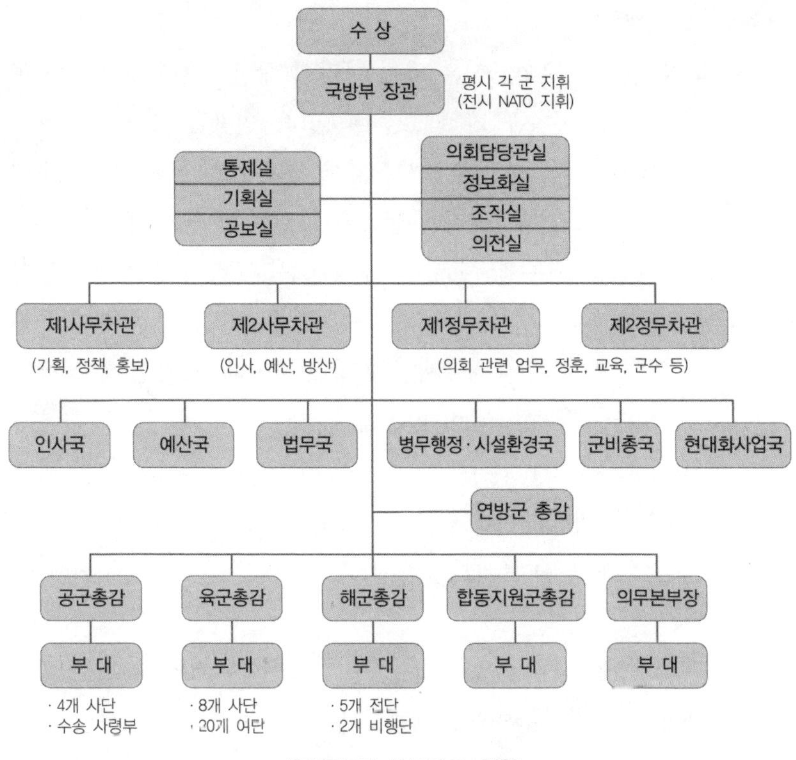


독일의 군 상부구조 현황
출처: 공군본부, 2007, p. 188.

지만 전시에는 수상에게 군 통수권이 넘어가며, 국방부 장관의 역할은 수상의 전쟁지도 보좌로 바뀌게 된다.[27] 국방부 장관 직속 기관으로는 7개(의회담당관, 통제, 기획, 공보, 정보화, 의전, 조직)의 실(室)이 있다. 국방차관은 4명이 임명되며, 이들은 다시 제1사무차관(기획, 정책, 공보 담당)과 제2사무차관(인사, 예산, 방위산업 담당), 그리고 제1·2정무차관(의회관련 업무, 정훈, 교육, 군수 등 담당)으로 각각 구분된다. 국방부 내에는 6개(인사, 예산, 법무, 병무행정 및 시설환경, 군비, 현대화사업) 국(局)이 군정 분야의 업무를 수

27) 독일 수상은 전시에 독일군의 작전통제권을 NATO 사령관에게 이양하도록 되어 있다. 공군본부, 2007, p. 186.

행하고 있다.[28)]

독일군의 최고위 선임장성은 다른 나라의 합참의장에 해당하는 연방군 총감(Generalinspekteur der Bundeswehr)이다. 연방군 총감은 군부를 대표하여 국방부 장관, 정부에 군사문제를 자문하고, 방위개념의 수립과 기획을 책임지고 있다. 하지만 전·평시 모두 각 군 사령부와 예하 작전부대에 대한 지휘통제권은 보유하지 않는다. 다시 말해서 자문형 합참의장제를 채택하고 있는 것이다. 연방군 총감의 군령권 부여는 평시 해외파병부대의 지휘에 대해서만 인정될 뿐이다. 연방군 총감 예하에는 2명의 연방군 부(副)총감이 있는데, 각각 예비군 특명관과 합동지원군 총감(Inspekteur: 다른 나라의 각 군 참모총장에 해당)을 겸임한다. 현재 독일군 합참본부 내에는 7개(정훈·인사·교육, 정보, 작전·파병, 기획, 군사정책·군비통제, 군수대량살상무기 방호, 조직·주둔·시설)의 국(局)이 설치되어 있다.[29)]

독일 육군과 해군, 공군, 합동지원군, 그리고 의무군은 각 본부 예하에 작전사령부, 군별 청(廳)을 조직하는데, 이를 통해 야전에서의 작전 수행과 행정관리 업무를 분리시키고 있다. 전자의 경우 해당 군의 주요 전투부대를, 후자는 주로 교육 및 연구, 정비담당 기관을 보유한다.[30)]

지난 2004년 1월, 독일 국방부는 육·해·공군을 중심으로 한 기존의 5개 군종 구조를 임무효과 기준의 3개 합동군종 구조로 전환한다는 혁신적인 군 개편계획을 발표하였다. 냉전 이후 독일 영토를 겨냥하는 국가 차원의 위협이 크게 약화되었고, 대신 국외 지역분쟁과 초국가적 테러리즘이 새로운 안보 위협으로 부각되는 안보환경 변화를 반영한 것이다. 이에 따라 독일군은 투입군(Eingreifkräfte: 3만 5,000명), 안정화군(Stabilisierungskräfte: 7만 명), 지원군(Unterstützungskräfte: 14만 7,500명)이라는

28) 공군본부, 2007, pp. 188-189.
29) 공군본부, 2007, pp. 190-191.
30) 공군본부, 2007, pp. 192-196.

새로운 형태의 군종으로 재편성될 전망이다.[31)]

우선 투입군은 국경지역과 해외에서 발생하는 고강도의 무력 분쟁에 재빨리 투입 가능한 신속대응부대로 육군의 기갑, 기계화, 공수, 특수전부대와 해군의 주력 군함, 공군의 전폭기 운용부대를 포함할 전망이다. 안정화군은 해외에서의 평화유지 및 재건 지원을 비롯한 장기간에 걸친 저강도 분쟁 대응을 주로 담당할 것이다. 그리고 지원군은 독일 영토의 직접 방위책임과 더불어 투입군 및 안정화군의 임무 수행을 지원하는 데 필요한 교육, 군수 기능을 제공한다.

## 4. 이스라엘

이스라엘은 1948년에 건국된 이래 줄곧 영토, 인구 기준으로 압도적으로 우세한 주변의 아랍 이슬람권 국가들에 포위되어 있는 불리한 안보환경에 놓여 있다. 그럼에도 지난 60년이 넘도록 4차례의 대규모 전쟁을 비롯한 크고 작은 군사분쟁 속에서 줄곧 생존을 쟁취하는 기적을 이뤄냈다. 심지어는 규모 면에서 자신들을 능가하는 주변 국가들의 군사력을 상대로 압도적인 승리를 거두기도 했다. 1967년 6월의 '6일 전쟁'에서 기습적 선제공습과 지상부대의 신속한 진격으로 불과 6일 만에 본래 영토의 3배가 넘는 지역을 점령하고, 1982년 레바논 침공 당시 공중전에서 이렇다 할 손실 없이 시리아 전투기 80여 대를 격추시키는 완승을 거둔 것이 그 본보기다.

이처럼 경이적인 이스라엘의 군사적 성과를 가능하게 해준 요소는 다음과 같다. 첫째, 과거 약 2000년에 걸쳐 세계 각지로 흩어져야 했던 선조들의 고난, 제2차 세계대전 당시 600만 명에 달했던 유태인 대학

31) 김용주, 『독일 연방군 총서』(서울: 육군사관학교 화랑대연구소, 2003), pp. 103-105.

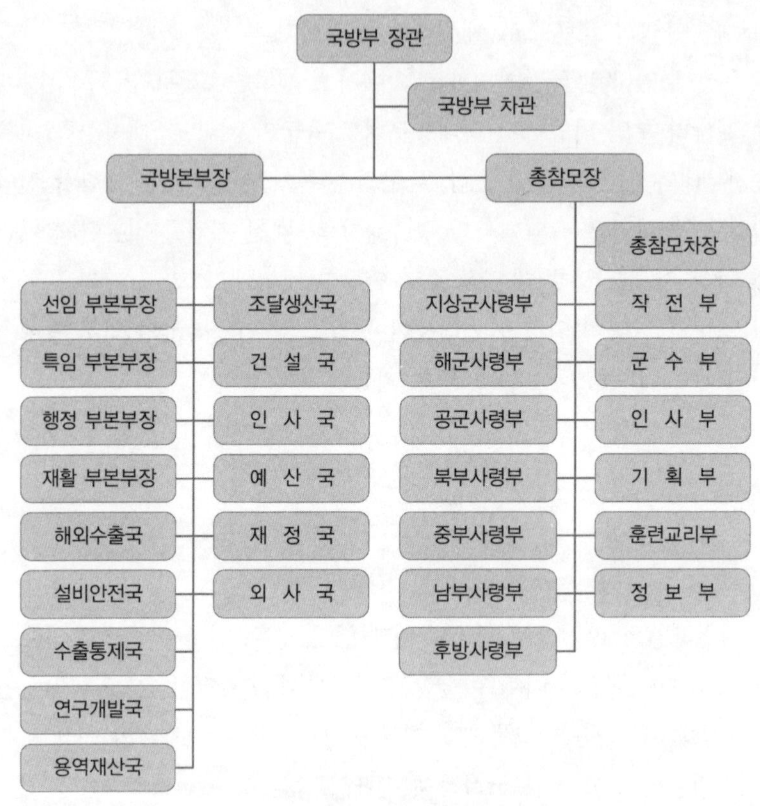


이스라엘의 군 상부구조 현황
출처: 공군본부, 2007, p. 286.

살과 같은 역사적 경험에 바탕을 둔 국민들의 결연한 안보의지다. 둘째, 세계적으로 그 우수성을 인정받고 있는 첨단무기와 방위산업 역량이다. 셋째, 자국 영토의 피해 최소화 및 전쟁에서의 신속한 주도권 확보를 추구하는 공세 중심의 적극적인 방위전략이다. 그리고 넷째, 이들 유·무형적 요소를 효과적으로 조직화하여 국방역량을 극대화시킬 수 있는 군 상부구조다.

이스라엘의 국방부 장관은 군정과 군령 분야를 각각 총괄 담당하는 국방본부장(민간인 관료), 총참모장을 통해 업무를 수행한다. 국방차관은

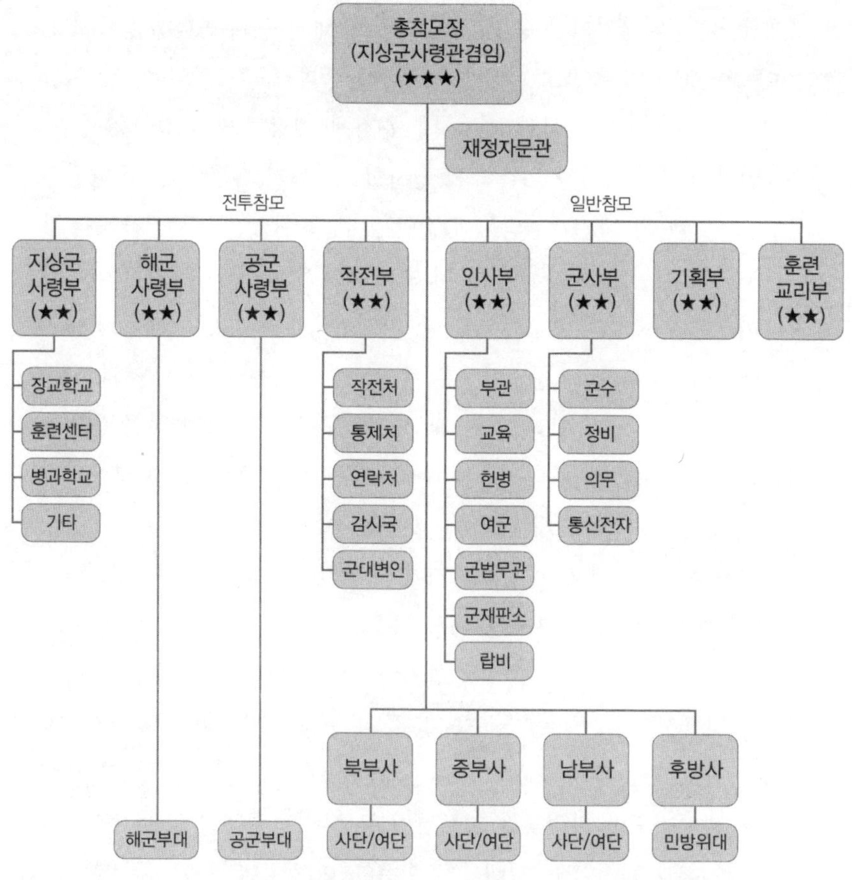


이스라엘 군 총참모부와 주요 사령부의 지휘통제 구조

출처: 공군본부, 2007, p. 287.

대(對) 정부, 의회관계를 비롯한 정무 기능에 해당하는 업무를 맡고 있다. 군정 분야의 핵심기관인 국방본부 내부에는 4명(선임, 특임, 행정, 재활)의 부(副)본부장이 재직하며, 그리고 11개(인사, 건설, 재정, 예산, 외사, 조달생산, 용역재산, 설비안전, 해외수출, 연구개발, 수출통제)의 국(局)이 설치되어 있다.[32] 국방본부장의 업무는 주로 국방예산의 획득, 군사력 건설, 연

32) 공군본부, 2007, p. 286.

구개발 및 방위산업의 운용 · 관리, 그리고 해외 무기수출에 집중된다.

이스라엘 군의 총참모장은 매우 강력한 권한을 갖고 있다. 군 최고위 선임장성으로서 군사력 건설 및 유지에 해당하는 군정권은 물론, 군령권까지 전 · 평시를 막론하여 행사할 수 있기 때문이다. 군령권의 경우 군사전략과 작전개념의 수립뿐만 아니라 주요 전투부대들을 직접 작전통제할 권한도 포함하며, 특히 최대 군종인 육군의 사령관까지 겸임하여 3개(북부, 중부, 남부)의 군단급 지역사령부와 후방사령부(예비전력 담당)를 직접 지휘한다. 참모차장은 총참모장에 대한 보좌 임무와 더불어, 총참모장의 위임 아래 기획 및 작전임무에 대한 전반적인 운영을 책임진다.[33] 이를 위해 이스라엘 총참모부는 내부에 4개(인사, 군수, 기획, 훈련)의 일반참모부와 4개(작전, 육 · 해 · 공군 사령부)의 전투참모부를 갖추고 있다. 통합군 체제의 지휘구조에 해당한다.

이에 따라 이스라엘 3군의 사령부는 공식적으로 총참모부 소속 전투참모로서의 지위를 차지한다. 하지만 이스라엘 해군과 공군의 사령관은 해당 군에 대한 훈련, 군수지원 등의 군정권뿐만 아니라 총참모장의 전투참모로서 예하 부대의 지휘통제권을 보장받고 있다. 덕분에 이스라엘 해 · 공군의 사령부는 전투부대 운용에 필수적인 작전, 정보 참모조직까지 보유한다.[34] 최대 군종인 육군의 사령부가 인사, 기획, 훈련 등 비전투 참모조직만을 갖춘 채 예하 전투부대에 대한 지휘계선에서 제외되어 있는 것과는 대조적이다.

위와 같이 이스라엘 군은 군령 기능에 있어서 총참모부와 그 수장인 총참모장의 권한을 최대한 부여하여 단순화 · 일원화된 지휘통제구조를 운용하고 있다. 이는 협소한 국토면적과 적은 인구에 따른 불리함을 극복하기 위해 유사시 정규군과 예비전력의 신속한 동원을 가능토록 한다는 취지에 따른 것이다.[35] 그러면서도 해군과 공군의 독자적인

---

33) 공군본부, 2007, p. 288.

34) 공군본부, 2007, pp. 289-293.

군령권을 보장하여 실전 수행에서 해당 군의 고유기능, 전문성을 잘 발휘할 수 있도록 하였다. 이스라엘이 거둔 주요 승리에서 항상 공군력의 적극적인 운용이 결정적인 기여를 할 수 있었던 배경도 바로 여기에 있다. 요컨대 이스라엘의 군 상부구조는 외형적으로 통합군 체제지만, 실질적으로는 합동군 체제라고 할 수 있다.

## 5. 일 본

일본은 제2차 세계대전에서 패망한 지 9년, 6·25전쟁이 발발한 지 4년 만인 지난 1954년에 방위청(防衛廳)과 '사실상의 군대'인 자위대(自衛隊)를 창설함으로써 재무장의 길로 들어섰다. 그동안 일본 국가방위의 주무부처 역할을 해온 방위청은 수상 예하의 내각실에 소속된 차관급의 외청 기관에 지나지 않았다. 육상·해상·항공 자위대는 방위청장관의 지시에 따라 각 자위대의 막료장(幕僚長: 다른 나라의 육·해·공군 참모총장에 해당)이 예하 전투부대를 개별적으로 지휘통제하였다. 3개 자위대의 임무수행 및 활동을 총괄적으로 지도·조정하는 상위 사령부나 참모조직은 없었으며, 단지 각 자위대의 대표인 막료장들로 구성되는 통합막료회의(統合幕僚會議)가 있을 뿐이었다. 통합막료회의를 주재하는 통합막료의장(統合幕僚議長)의 역할은 내각에 대한 군사문제 자문에 국한되었다.

그러나 냉전이 막을 내린 1990년대 이후 소위 '보통국가'(普通國家)로의 복귀'를 지지하는 세력들이 일본 정치의 주도세력으로 등장하였다. 이들은 제2차 세계대전 직후에 제정된 현행 「평화헌법」(平和憲法)의 '정

35) 이스라엘 군은 16만 명 이상의 정규군과 더불어 40만 명이 넘는 예비전력을 보유하며, 24시간 내에 예비전력의 80% 그리고 72시간 내에는 100% 동원이 가능하도록 되어 있다. 공군본부, 2007, pp. 284-285.

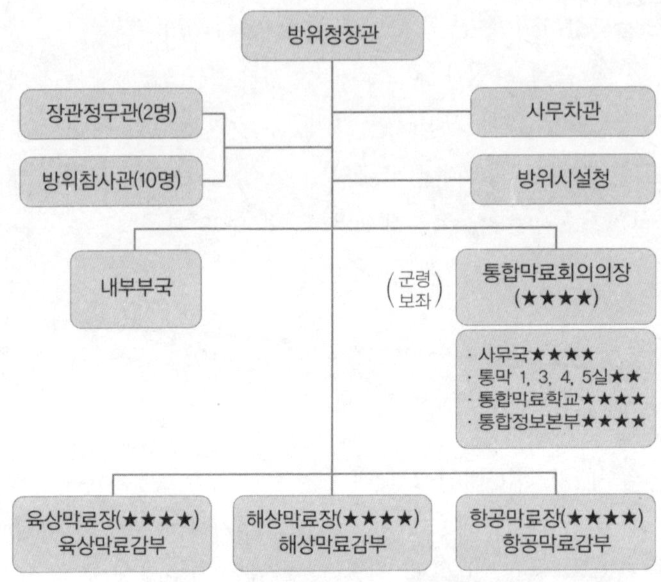


지난 2005년까지의 일본 군 상부구조

출처: 공군본부, 2007, p. 107.

책수단으로서의 전쟁', '군사력의 보유' 그리고 '교전권'의 포기 규정이 "주권국가의 당연한 권리를 침해하는 것"이라고 주장하며, 일본이 세계 2위 · 아시아 최대의 경제대국에 걸맞은 정치 · 외교대국 지위를 뒷받침할 수 있는 군사력을 갖춰야 한다고 역설했다. 전후 일본 방위전략의 기본 원칙이었던 전수방위(專守防衛)[36]의 틀을 넘어 일본 영토 이외의 지역에서도 활동할 수 있는, 공세적인 성격의 임무수행까지 가능한 군사력을 요구한 것이다. 여기에 1980년대 말부터 꾸준히 군비를 팽창하고 있는 중국, 자국 영토를 공격할 수 있는 탄도미사일을 개발한 북한이 새로운 안보위협으로 부각되면서 일본의 방위력 강화를 지지하는 주장은 더욱 힘을 얻었다. 그 결과 기존 군 상부구조의 변화 역시 불가

36) 지난 1969년 사토 에이사쿠(佐藤榮作) 당시 일본 수상에 의해 천명된 것으로 "외부 세력의 무력공격을 받았을 때 비로소 방위력을 행사하고, 방위력 행사의 범위와 형태도 자체방어를 위한 필요 최소한도로, 일본 영토 내부만을 대상으로 제한한다."는 뜻이다.

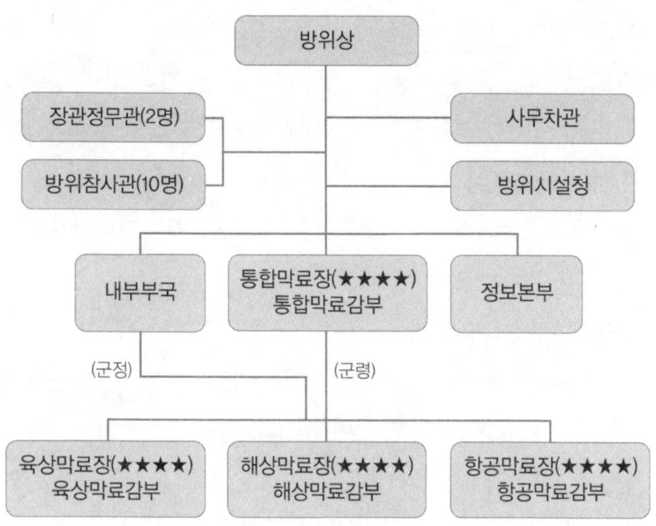


현재의 일본 군 상부구조

출처: 공군본부, 2007, p. 108.

피해졌다.

일본은 지난 2007년 1월을 기하여 방위청을 창설 53년 만에 장관급인 방위성(防衛省)으로 승격시켰고, 방위청장관도 방위상으로 지위가 격상되었다. 독립된 중앙 정부부처로서 수상을 거치지 않고서도 독자적으로 법률안 등의 주요 안건을 각료회의에 제출하고, 주요 안건의 발생시 각료회의 소집을 요구할 수 있으며, 예산을 직접 요구 및 집행할 수도 있게 된 것이다.[37] 기존 방위력의 정비, 인사관리 등 관리 기능을 주로 담당했던 방위청 시절보다 정책의 기획 · 입안기능이 크게 강화했음을 알 수 있다.

방위상 직속으로는 사무차관과 2명의 정무관, 9명(국제, 정보통신, 기술 등 담당)의 방위참사관이 재직하고 있다. 군정 분야의 핵심조직인 방위성 내국은 관방(官房: 공보 담당)부서와 5개(방위정책, 운용기획, 인사교육, 경리

37) 공군본부, 2007, pp. 105-106.

장비, 지방협력) 국(局)으로 구성된다. 이외에도 13개(정보본부, 방위대학교, 방위연구소, 기술연구본부, 장비시설본부, 지방방위국 등)의 기관들이 방위성 직할 기관으로 운영 중이다. 특히 지난 2006년부터 통합막료회의에서 방위성(당시 방위청) 소속으로 변경된 정보본부는 산하에 6개(통합정보, 총무, 계획, 분석, 전파, 화상지리) 부서를 두어 일본의 군사 정보역량 강화에 큰 역할을 담당하고 있다.[38)]

지난 2006년 3월, 자위대는 기존의 통합막료회의를 폐지하고, 이를 대신하는 통합막료감부(統合幕僚監部)를 신설했다. 상설 합참본부라고 할 수 있는 통합막료감부는 통합방위를 위한 계획을 작성 및 조정하고, 육상 · 해상 · 항공 자위대에 대한 지휘명령의 기본적 · 통합적인 조정 권한을 보유한 것이 특징이다. 이로써 자위대는 평시부터 기획된 작전 구상에 의거하여 각 자위대의 전투력을 유기적으로 제휴 · 통합시키고, 보다 신속 · 효과적인 임무 수행에 적합하도록 일원화된 지휘통제체제를 확립하게 되었다. 말하자면 '3군 병립체제에서 합동군 체제로의 전환'이 이루어진 것이다.[39)] 통합막료의장도 통합막료장(統合幕僚長)으로 명칭이 바뀌어 3개 자위대의 막료장들을 통해 육 · 해 · 공 전투부대에 대한 통합적 군령권을 행사하도록 권한이 대폭 강화되었다.

통합막료감부의 본부 내에는 3개(방위계획, 총무, 운용)의 부(部)가 운영 중이다. 2008년 3월 26일에는 지휘통신시스템대(隊)가 통합막료감부 직속으로 창설되어 주목받은 바 있다. 이 부대는 외부 세력의 사이버 공격으로부터 자위대의 주요 $C^4I$ 체계를 관리 · 방어하는 사이버전쟁 전담 부대이며, 육상 · 해상 · 항공 자위대의 예하 전투부대 출신 인력으로 충원된 자위대 최초의 상설 합동부대다.[40)] 지난 2007년 방위상 직속부대로 창설된 육상자위대의 여단급 중앙즉응집단(中央卽應集團)은

---

38) 공군본부, 2007, p. 87.
39) 권태영 등, 『동북아 전략균형 2007』(서울: 한국전략문제연구소, 2007), pp. 152-153.
40) 김병륜, "일 자위대 대규모 편제 개편", 「국방일보」, 2008년 4월 3일자.

예하에 경보병, 대(對) 테러 특수전, 항공, 공수, 대량살상무기 방호, 해외파병 교육 등을 담당하는 부대를 편성하여 국내 신속대응과 해외군사활동 능력을 겸비한다.[41] 이는 일본도 테러리즘과 사이버전쟁, 국외지역분쟁 등의 새로운 안보위협에 맞설 수 있도록 전략 차원에서 운용가능한 합동부대의 본격 운용에 착수했다는 점에서 큰 의미를 갖는다.

3개 자위대의 본부, 즉 막료감부(幕僚監部)는 산하에 각 기능별(예: 장비, 기술, 인사 및 교육 등) 부서와 야전군급 작전사령부,[42] 그리고 다수의 직할부대를 관할하고 있다. 그동안 각 자위대의 막료감부가 보유해 온 작전운용 관련 조직들은 대부분 통합막료감부로 이양되었으며, 이에 따라 막료감부의 담당 기능 역시 군정 분야로 축소되었다. 2007년 이후 활발히 논의되어 온 방위성의 조직개편에서는 ① 방위참사관 폐지, ② 방위상과 방위성 내국의 민간관료, 현역 자위관 간부 등으로 구성되는 방위회의 신설, ③ 방위상 보좌관 신설, ④ 방위성 운용기획국의 폐지 및 통합막료감부로의 관련 기능 이양, 그리고 ⑤ 육상 · 해상 · 항공 자위대의 예하 전투부대 운용기능을 완전 총괄하는 작전국(作戰局) 설치 등의 방안이 포함되어 주목되고 있다.[43] 이는 일본 방위정책의 수립 · 결정 과정에서 현역 자위관이 문민관료들과 대등한 지위에서 참여할 수 있도록 보장하고, 부대운용 기능을 통합막료감부 중심으로 전문화시켜 자위대의 군사적 전문성을 더욱 강화한다는 의미를 갖는다.

---

41) 공군본부, 2007, pp. 108-109.

42) 해상자위대의 자위함대(自衛艦隊), 항공자위대의 항공총대(航空総隊)가 여기에 해당한다. 다만 육상자위대의 지휘통제체계는 5개(북부, 동북부, 동부, 중부, 서부)의 지역별 방면대(方面隊: 군단급)로 분산되어 있으며, 이들 5개 방면대를 총괄 지휘할 야전군급 사령부로서 방면총대(方面総隊) 또는 육상총대(陸上総隊)의 창설이 검토된 바 있다.

43) 이 경우 작전국은 통합막료감부 산하에 설치되어 일종의 상설 합동사령부 역할을 수행할 전망이다. 그러나 육상 · 해상 · 항공 자위대의 막료감부가 전투부대의 지휘계선에서 제외됨에 따라 각 자위대의 독자성이 훼손될 수 있다는 점에서 강한 반발 가능성도 예상된다. 권태영 등, 『동북아 전략균형 2008』(서울: 한국전략문제연구소, 2008), pp. 124-126.

## 6. 결론

지금까지 살펴본 미국, 러시아, 유럽, 이스라엘, 그리고 일본 등 주요 군사선진국들의 군 상부구조 현황과 발전 과정이 시사하는 바는 다음과 같이 요약할 수 있다.

첫째, 주요 전투부대들에 대한 군령권이 육·해·공군별로 분산된 형태보다 단일 사령부의 지휘통제 아래 일원화시키는 것을 강조한다. 다만 이 경우에도 통합군 체제보다는 각 군의 전문성과 독자성을 유지·발휘하는 데 유리한 합동군 체제가 선호되고 있다. 둘째, 재래식 군사력 중심의 전통적 위협과는 성격이 다른 새로운 안보위협에 보다 효과적으로 대응하고, 외교안보정책 전반을 지원하기 위해서 전략무기, 신속대응, 특수전, 해외군사활동 등의 임무는 특정 군이 아닌 상위 기능사령부나 합동부대 차원에서 운용된다. 그리고 셋째, 군 상부구조 내에서 민간인과 현역 군인의 역할은 각각 군정, 군령 분야로 전문화되는 것이 보편적인 추세로 자리 잡고 있다.

# 제4장

## 한국 군 상부구조의 현황, 문제점들

# 1. 한국 군 상부구조의 변천과정

## 1) 건군(建軍) 시기

1948년 7월 17일 대한민국 헌법(憲法)과 「정부조직법」(법률 제1호)이 공포되었다. 이 가운데 「정부조직법」의 제14조에는 국가방위의 주무 부처인 국방부(國防部)의 설치가 포함되어 있었다. 그리하여 1948년 8월 15일, 대한민국 정부의 수립과 함께 국방부가 공식 발족되었다. 초대 국방부 장관에는 1920년 김좌진, 홍범도와 더불어 청산리대첩을 승리로 이끌었으며, 광복군(光復軍)의 참모장을 역임했던 이범석 장군이 취임했다. 초대 국방차관에는 역시 광복군 출신인 최용덕이 임명되었다.[1)]

국방부가 창설되면서 지난 3년 동안 미 군정(軍政)의 산하로 활동하던 '조선경비대', '조선해안경비대'는 9월 1일 정식으로 국군에 편입되었으며,[2)] 9월 5일 이들의 명칭도 각각 육군과 해군으로 정식 개칭되었다. 초대 육군 총참모장에는 이응준 대령이 임명되었고, 초대 해군 총참모장은 조선해안경비대의 손원일 총사령관이 그대로 보직했다.

1948년 11월 30일에는 「국군조직법」(법률 제9호)이 국회를 통과했고, 같은 해 12월 7일에는 「국방부 직제」(대통령령 제37호)가 공포되었다. 이에 따라 국방부와 육·해군 본부를 포함하는 군 상부구조의 조직 편성이 이루어졌다. 우선 국방부는 국방부 장관, 차관 휘하에 비서실과 5개

---

1) 이범석은 국방부 장관에 취임할 당시 초대 국무총리를 겸직하고 있었으며, 최용덕은 이후 제2대 공군총참모장으로 재직하였다.

2) 당초 미 군정은 1945년 9월, 한반도 이남에 진주한 직후 '국방사령부'를 설치하고, 예하에 '남조선 국방경비대'를 창설하여 실질적인 군대로 육성할 계획이었다. 그러나 이듬해 개최된 미소공동위원회에서 소련 측이 '국방'이라는 용어에 강력히 문제를 제기했으며, 이후 국방사령부는 국내경비부, 일명[통위부(統衛部)]로 명칭이 바뀌었다. 남조선 국방경비대의 명칭도 '조선경비대'로 바뀌어 정규군보다는 경찰 예비부대의 성격으로 육성되었다.

(군무, 정훈, 관리, 정보, 항공)의 기능별 국(局)을 설치했다.[3]

또한 국방부 직속의 비상설기구로서 '연합참모회의'를 설치했으며, 채병덕 대령이 초대 국방참모총장으로 임명되었다. 연합참모회의는 국방참모총장을 의장으로 하여 참모차장, 육군과 해군의 총참모장 및 참모부장, 국방부의 각 국장, 그리고 국방부 장관이 지정하는 육·해군 장교 등으로 구성되었다. 육군과 해군의 작전, 병력운용, 훈련 등에 관한 중요 사항들을 심의하는 것이 주요 기능이었다. 특히 국방참모총장은 연합참모회의 의장인 동시에, 육군과 해군에 대한 총괄적인 지휘권을 행사할 수 있는 강력한 권한을 보유했다.

하지만 1949년 3월 21일에 취임한 제2대 국방부 장관 신성모는 '국방기구의 간소화'를 내세워 5월 9일 주요 국방기구에 대한 조직 개편을 단행했으며, 이에 따라 국방참모총장과 연합참모회의가 폐지되었다. 이에 따라 군의 지휘체계는 국방부 장관이 직접 육군, 해군 총참모장을 통솔하도록 바뀌었다. 5월 12일에는 각 군별로 1명씩이었던 참모부장을 작전참모부장, 행정참모부장으로 나누어 임명하게 되었다.

건군 당시 육군본부의 구조는 총참모장을 수장으로 작전참모부장, 행정참모부장이 관할하는 총 2개(헌병, 포병)의 사령부, 4개(인사, 정보, 작전교육, 군수)의 국(局), 고급부관실, 그리고 10개(재무, 법무, 감찰, 정훈, 후생, 의무, 병기, 병참, 공병, 통신)의 감실(監室)로 이루어졌다.[4] 해군본부는 역시 총참모장과 작전참모부장, 행정참모부장을 중심으로 5개(작전, 함정, 경리, 인사, 호군)의 국(局), 총무실, 10개(정보, 통신, 병기, 교육, 법무, 감찰, 헌병, 정훈, 의무, 시설)의 감실로 구성되었다.[5] 또한 해군은 1948년 10월에 발

---

3) 백기인, "한국 국방체제의 형성과 조정, 1945-1970", 「軍史」 제68호(2008. 8).

4) 이들 가운데 4개의 국(局), 고급부관실은 작전참모부장, 나머지 조직들은 행정참모부장의 관할 아래에 있었다. 국방군사연구소, 『建軍 50年史』(서울: 국방군사연구소, 1998), p. 47.

5) 작전·함정국, 정보·통신·병기감실은 작전참모부장, 나머지 조직들은 행정참모부장이 관할했다. 국방군사연구소, 1998, p. 50.

생한 여수 · 순천 제14연대 반란사건 당시의 경험을 계기로 상륙작전을 전담하는 해병대를 창설하였고, 1949년 4월 15일부터 해병대사령부를 설치했다.

1949년 10월 1일에는 「공군본부 직제」(대통령령 제254호)에 따라 공군이 정식으로 창설되었다. 육군 소속의 항공사령부를 모체로, 국방부 내의 항공국을 통합하여 육 · 해군과 대등한 지위를 차지하는 독립 군종으로 분리시킨 것이다.[6] 창설 당시 공군본부는 총참모장과 참모부장, 그리고 4개(인사, 작전, 정보, 군수)의 국, 3개(고급부관, 재무, 법무)의 감 · 실로 구성되는 형태를 채택했다.[7] 이로써 육군과 해군, 공군의 3군 병립체제가 정립되었다.

## 2) 6 · 25전쟁과 휴전 직후

1950년 6월 25일, 북한의 기습 남침으로 한반도는 3년 동안 전쟁에 휘말렸다. 당시 한국군의 병력 규모는 불과 10만 명 정도에 불과했으며, 육군의 경우 전체 8개 사단 가운데 절반만이 38선 일대의 전방지역에 배치되고 있을 뿐이었다.[8] 수적으로 약 2배인 19만 명의 병력뿐만 아니라 한국군이 갖추지 못했던 탱크, 장갑차 등을 다수 보유하여 무장능력이 월등했던 북한군보다 양적, 질적으로 모두 불리했던 것이다. 그

6) 건군 당시 국군 내의 항공간부들은 공군의 독립 필요성을 강력히 주장했으며, 국방부 장관을 포함한 정부 고위층에서도 이에 대한 공감대가 형성되어 있었다. 하지만 주한미 군사고문단과 육군의 일부 지휘층이 부정적인 태도를 나타내면서 공군의 즉각적인 창설로 이어지지는 못했고, 대신 「국군조직법」의 제23조에 "육군의 항공병을 필요한 시기에 공군으로 독립할 수 있도록 한다."는 유보조항을 두어 향후 공군이 독립적인 군종으로 창설될 수 있는 여지를 남겼다. 이명환, "공군의 창설과 발전", 「軍史」 제68호 (2008. 8).

7) 국방군사연구소, 1998, p. 54.

8) 나머지 4개 사단은 서울과 대전, 대구, 광주에 배치되어 후방지역에서 준동하는 공산 게릴라들을 진압, 소탕하는 작전에 투입되었다. 노병천, 『이것이 한국전쟁이다』(서울: 21세기 군사연구소, 2000), p. 272.

결과 개전 3일 만에 수도 서울이 함락당했고, 30여 일 후에는 38선 이남의 90%가 북한군의 점령 하에 놓이는 절체절명의 위기에 놓였다. 다행히 미국이 주도하는 UN군의 참전이 본격화되면서 한국군은 낙동강 방어선을 성공적으로 사수했으며, 9월 15일 인천상륙작전이 대성공을 거두면서 개전 3개월이 되던 9월 28일, 마침내 서울을 수복했다.

비록 1950년 말부터 시작된 중국의 참전으로 북진통일의 숙원은 좌절되었지만, 6 · 25전쟁을 치르면서 한국군은 전력 수준을 획기적으로 강화하는 계기를 마련했다. 특히 1952년부터 본격화된 '20개 사단 확장계획'으로 1953년 7월 말의 휴전 당시를 기준으로 한국 육군은 3개 군단, 18개 사단을 포함한 총 55만 명의 병력을 보유하게 되었다. 또한 해군과 공군도 미국으로부터 군함 30여 척, 항공기 110여 대를 제공받으면서 급속한 전력 확대를 달성할 수 있었다.[9)]

이에 따라 한국은 급성장한 전력을 효과적으로 운용할 수 있도록 군 상부구조를 정비, 재편할 필요성이 제기되었다. 이미 국방부는 전쟁 기간 동안에 소폭의 증 · 개편을 거듭했으며, 특히 1952년 8월 23일에는 전쟁이 발발하기 1년 전에 폐지된 연합참모회의와 유사한 '임시합동참모회의'가 설치되었다. 각 군의 전력을 효과적으로 운용하기 위해서 합동 참모기구의 존재가 필요하다는 점이 재인식된 결과였다. 임시합동참모회의는 대통령 직속의 비상설 기구로서 육 · 해 · 공군의 총참모장을 위원으로 구성되었으며, 각 군의 총참모장이 2개월마다 윤번제로 의장 직무를 수행했다.[10)]

군 상부구조의 본격적인 개편이 이루어진 것은 휴전 직후인 1953년 7월 28일이었다. 대통령령 제814호에 의거하여 「국방부 직제」가 개정되면서 8월 5일 국방부의 구조가 3개(총무, 보도, 회계감사)의 과(課), 5개(육 · 해 · 공군, 병무, 관리)의 국(局)을 중심으로 재편성된 것이다. 육 · 해 ·

---

9) 백기인, 2008년 8월.

10) 합동참모본부, 『合參 60年史: 역사는 말한다』(서울: 합동참모본부, 2008), p. 16.

공 3군의 업무를 국방부 본부의 국별로 규정한 것이 최대 특징이었다.[11] 임시합동참모회의는 국방부 소속으로 전환되어 각 군의 작전, 병력운용, 훈련에 관한 중요 사항을 협의하고, 이에 관한 정책을 수립하는 기능을 담당하게 되었다. 또한 4개(총무, 정보, 작전, 군수)의 부(部)를 보유하는 '임시합동참모본부'를 설치했다. 처음으로 육 · 해 · 공군의 회의체를 넘어, 독자적인 조직을 갖춘 형태의 합동 참모기구가 세워진 것이었다.

휴전 이듬해인 1954년 2월 17일에는 대통령령 제873호인 「합동참모회의 규정」에 의거하여, 대통령 직속의 상설기구인 '합동참모회의'가 설치되었다. 합동참모회의는 군 통수권자인 대통령에게 직접 군사에 관한 자문, 국방정책 및 계획의 건의, 그리고 국군의 작전 · 훈련 · 보급 등의 사항을 논의하게 되어 있었다. 이후 합동참모회의는 상설화된 육 · 해 · 공군 합동의 참모기구 설치를 이승만 당시 대통령에게 건의했으며, 마침내 5월 3일 대통령령 제895호로 '연합참모본부'를 역시 대통령 직속으로 설치했다. 연합참모본부가 신설되면서 합동참모회의의 명칭은 '연합참모회의'로 바뀌었다.

연합참모회의는 국무회의의 의결을 거쳐 대통령이 임명한 연합참모본부 총장을 의장으로 하는 가운데, 각 군 참모총장들로 구성되었다. 주요 기능으로는 군의 전략방침과 계획 등 군령에 관하여 대통령을 보좌하고, 육 · 해 · 공군의 통합전력 운용 방침과 계획, 그리고 기타 중요 사항을 심리하는 것이었다.[12] 연합참모본부는 연합참모회의의 업무 집행기관으로서 설치되었으며, 총 3개(총무, 정보, 작전)의 부(部)로 구성되어 있었다. 한국의 군 상부구조 역사상 최초의 상설화된 합동 참모기구였던 것이다.

1955년 2월 7일 「정부조직법」이 개정되면서 「국방부 직제」에 대해

11) 국방군사연구소, 1998, p. 147.
12) 백기인, 2008년 8월.

서도 상당한 폭의 개정이 이루어졌다. 그 결과 국방부의 구조는 종전의 육·해·공군별로 지정되었던 3개의 국(局)이 폐지되고, 대신 총무과와 5개(총무, 정훈, 관리, 병무, 경리)의 기능별 국(局)들로 조정·재편성되었다.[13] 이로써 각 군 본부의 업무가 국방부 본부의 직제에서 분리되었다. 1960년 7월 1일에는 종전까지 1명만을 임명했던 국방차관을 정무(政務), 사무(事務)를 각각 담당하는 2명으로 늘렸으며, 차관보 역시 동원(動員)과 이재(理財)를 담당하도록 2명을 임명했다.

이듬해인 1956년 2월 20일부터는 대통령령 제1129호, 제1130호, 제1131호에 의거하여 육·해·공 3군의 본부 직제가 독립적인 형태로 정착되었다. 이때부터 각 군의 최고 선임장교인 총참모장은 참모총장으로 개칭되었으며, 각 군별로 2명씩을 임명했던 참모부장은 참모차장으로 명칭이 바뀌는 동시에 1명으로 줄었다. 또한 각 군 본부의 내부 조직들도 확대되어 작전 및 기획, 정책, 행정업무의 수행 능력 향상을 꾀하였다. 1961년 초까지의 육·해·공군 본부 구성은 다음과 같다.[14]

육군본부

- 참모부: 5개(관리, 인사, 정보, 작전, 군수)
- 실(室): 3개(본부사령실, 일반참모비서실, 기획통제실)
- 국(局): 4개(보도, 병기, 군사발전, 민사군정)
- 감실: 19개(법무, 감찰, 군종, 정훈, 헌병, 특수전, 항공, 공병, 병기, 병참, 의무, 통신, 화학, 수송, 조달 등)
- 기타: 회계감사단

해군본부

- 참모부: 3개(작전, 행정, 후방)
- 부(部): 3개(기획, 관리, 감찰)
- 실(室): 3개(본부사령실, 비서실, 행정실)

13) 국방군사연구소, 1998, p. 148.
14) 국방군사연구소, 1998, pp. 150-154.

- 국(局): 4개(정보, 인사, 경리, 함정)
- 감실: 8개(통신, 정훈, 법무, 헌병, 군종, 시설, 병기, 의무)

공군본부

- 참모부: 1개
- 실(室): 3개(본부사령실, 일반참모비서실, 기획실)
- 국(局): 5개(인사, 정보, 작전, 군수, 관리)
- 감실: 8개(행정, 감찰, 법무, 정훈, 안전, 의무, 통신, 시설)

각 군별 본부와는 별개로 전투부대들에 대한 작전지휘를 전문적으로 담당하는 야전군급의 작전사령부도 설치 · 운용되기 시작했다. 먼저 육군이 휴전 직후인 1953년 12월 5일 최초의 야전군사령부인 제1군사령부를 창설했고, 이듬해 10월 31일 예비전력의 동원 및 교육을 담당하는 제2군 사령부를 창설하였다. 1961년 7월 1일에는 공군이 육군 이외의 군종으로는 처음으로 작전사령부를 창설했다.[15]

### 3) 1960~1970년대

1961년의 5 · 16 군사정변 직후 한국의 군 상부구조는 다시 한 번 대폭적인 개편을 맞이했다. 우선 10월 2일의 「정부조직법」 개편으로 국방부는 2명씩 임명되었던 국방차관 · 차관보를 각 1명으로 축소했고, 기획조정관을 신설했으며, 내부 부서들은 총무과와 6개(군무, 정훈, 병무, 군수, 관리, 연합참모)의 국(局)으로 조정되었다.[16] 이후 1962년 2월 18일에 다시 국방차관보를 운영(運營), 이재(理財)로 나누어 2명씩 임명했고, 기획조정관은 기획조정실로 부서화했다. 1963년 12월 16일에는 개정된 「국방부 직제」에 따라 국방부는 3명(관리, 인력, 군수)의 차관보, 총무과,

15) 이명환, 2008년 8월.

16) 국방군사연구소, 1998, p. 175.

그리고 7개(기획, 재정, 병무, 인사, 군수, 시설, 정훈)의 국(局)으로 이루어지게 되었다.[17)]

합동 참모기구의 경우, 3년 동안의 군사정부(즉 국가재건최고회의) 기간 동안 상당한 부침(浮沈)을 겪었다. 대통령 직속의 군사 자문기구였던 연합참모본부가 5 · 16 군사정변이 발발한 지 5개월 만인 1961년 10월 2일 폐지되고, 관련 기능을 국방부 내부의 '연합참모국'으로 흡수시키는 축소 개편이 이루어진 것이다. 이후 1962년 6월 23일, 국방부 장관의 자문에 응하며 군사 관련 사항을 심의하는 연합참모회의가 재설치되었다. 하지만 국방부 본부의 일개 국(局)급 부서에 불과했던 연합참모국으로는 군령과 군정의 업무 처리 과정에서 각 군 간의 업무협조 및 조정이 어려웠으며, 특히 중 · 장기적인 국방 전략이나 목표, 능력을 기획 및 수립하는 과정에서는 이러한 문제점이 더욱 현저하게 드러났다.[18)]

이에 따라 1963년 5월 20일, 공포된 개정 「국군조직법」에 의거하여 6월 1일 '합동참모회의'와 '합동참모본부'가 국방부 소속으로 설치되어 이전의 연합참모회의, 연합참모국을 대체했다. 합동참모회의는 합동참모회의 의장과 3군의 참모총장으로 구성되어 군의 전략지침, 전략계획 및 작전, 전력운용 등에 관한 사항과 국방부 장관이 정하는 주요 군사사항들을 심의하는 기능을 담당했다. 또한 합동참모본부는 합동참모회의의 사무를 관장하기 위해 설치되었으며, 창설 당시 본부장 예하에 행정실, 4개(인사기획, 전략정보, 작전기획, 군수기획)의 국(局)을 두었다.[19)] 이로써 현재 운영되고 있는 근대적인 합동 참모기구의 토대가 마련된 것이다.

한편 육 · 해 · 공 3군의 본부들도 전 · 평시의 모든 상황에서 효율적인 임무 수행능력을 갖추기 위한 노력으로 내부의 작전 및 기획, 행정

---

17) 7개의 국(局)들 가운데 기획 · 재정국은 관리차관보, 병무 · 인사국은 인력차관보, 그리고 군수 · 시설국은 군수차관보가 관장했다. 국방군사연구소, 1998, p. 176.

18) 국방군사연구소, 1998, p. 177.

19) 합동참모본부, 2008, p. 22.

부처들을 지속적으로 확대 · 재편성했다. 특히 해군과 공군은 그동안 국(局)급으로 편성되었던 인사, 정보, 군수 기능을 수행하는 기능별 참모부를 신설했다. 1971년 말을 기준으로 한 육 · 해 · 공군의 본부 구성은 다음과 같다.20)

육군본부

- 참모부: 6개(기획관리, 인사, 정보, 작전, 군수, 예비군)
- 실(室): 4개(본부사령실, 비서실, 보도실, 군사연구실)
- 감실: 14개(경리, 인사운영, 부관, 헌병, 군종, 정훈, 민사군정, 공병, 통신, 화학, 병기, 병참, 수송, 의무)

해군본부

- 참모부: 5개(기획관리, 인사, 정보, 작전, 군수)
- 실(室): 2개(본부사령실, 비서실)
- 감실: 13개(감찰, 행정, 정훈, 헌병, 법무, 군종, 통신, 특수전, 보급, 함정, 시설, 병기, 의무, 경리)

공군본부

- 참모부: 4개(기획관리, 인사, 작전, 군수)
- 부(部): 1개(정보)
- 실(室): 2개(본부사령실, 비서실)
- 감실: 8개(행정, 감찰, 법무, 정훈, 안전, 의무, 통신, 시설)

1968년 1 · 21 청와대 습격 미수사태를 시작으로 본격화된 북한의 군사 모험주의, 1971년 주한 미 육군 제7사단의 철수를 비롯한 안보환경의 급변은 한국의 군 상부구조에도 적지 않은 변화를 일으켰다. 국방부 본부에는 비상계획담당관, 예비군국(局)이 각각 관리 · 인력차관보 소관으로 신설되어 북한에 의한 후방 침투 대응을 위한 계획, 업무수행

---

20) 국방군사연구소, 1998, pp. 181-185.

을 담당했다.[21] 1 · 21 사태 직후인 2월 1일에는 합동참모본부에 '대(對) 간첩 대책본부'가 창설되었다. 대책본부장은 합동참모본부의 본부장이 맡았으며, 예하에는 2개(작전기획, 통신전자)의 국(局)을 설치했다.[22]

또한 주한미군의 감축에 따른 대안으로서 자주국방(自主國防)의 필요성이 커지면서 이를 뒷받침할 수 있는 기능 확충도 이루어졌다. 1971년 12월 15일에는 국방부 장관 직속으로 정책기획관을 임명하여 국방정책의 수립 및 연구와 제반계획의 효율적인 수행을 꾀했고, 방위산업의 육성과 국방과학기술의 연구개발 중요성이 강조되면서 군수국 및 방위산업담당관이 수행해 온 관련 업무들은 군수차관보가 직접 관장하게 되었다.

한편으로 육군은 주한 미 육군 제7사단의 철수 이후 중 · 서부지역의 방어를 담당하기 위한 새로운 야전군사령부의 신설을 추진했으며, 베트남에서 철수한 주월(駐越) 한국군사령부를 모체로 1973년 7월 1일, 제3군 사령부를 창설했다. 해군은 같은 해 10월 10일 '경제적인 군 운용'이라는 명분 아래 해병대사령부와 예하의 해병대 소속 전투 및 교육, 군수지원 부대들을 해체하여 해군본부와 통폐합했고, 참모차장을 2명으로 늘려 해상 · 상륙작전 임무를 관장하도록 했다.

그러나 14년 후인 1987년 11월 1일 해병대사령부는 재창설되었고, 상륙 및 도서방어, 상륙작전 교육훈련 등의 기능들도 해군본부에서 다시 분리되었다. 이보다 앞선 1986년 2월에는 해군 작전사령부가 창설되어 동해와 서해, 남해의 제1 · 2 · 3 해역함대를 지휘하기 시작했다.[23] 육 · 해 · 공 3군 가운데 해군이 가장 늦게 야전군급의 작전사령부를 설치한 것이다.

---

21) 예비군국(局)은 1968년 7월 24일에 설치되었고, 비상계획담당관은 국방부 본부 내의 정책 및 기획기능 강화를 위해 담당관 제도가 도입되면서 1970년 2월 28일 관리제도 · 인력관리 · 군수관리 · 방위산업담당관 등과 함께 신설되었다. 국방군사연구소, 1998, p. 176.

22) 국방군사연구소, 1998, p. 178.

23) 김주식, "해군의 창설과 발전", 「軍史」 제68호(2008. 8).

### 4) 1990년대 이후

1948년 건군 당시 육군과 해군의 2개 군종으로 시작한 한국의 군 상부구조는 1949년 공군이 창설되면서 군 전체에 대한 총괄적인 지휘 및 통제기구 없이, 육 · 해 · 공군이 각자 독립적으로 작전을 수행하는 방식으로 운영되었다. 한국군은 이러한 '3군 병립체제'의 군 상부구조 하에서 6 · 25전쟁을 치렀으며, 이후 40년 동안 3군 병립체제를 유지했다. 그러나 각 군종별로 지휘통제 권한이 분산되는 3군 병립체제로는 유사시에 전체 군사력을 신속하고 유기적으로 운용하기가 어렵다는 지적을 받아왔다.[24] 특히 수도권에서 불과 약 40km 밖의 휴전선에 전진 배치되어 있는 북한의 기습 위협을 고려할 때, 이는 결코 간과할 수 없는 문제였다.

이에 따라 육 · 해 · 공군 전체의 전투력을 보다 효과적 · 효율적으로 운용하는 데 적합하도록 군 상부구조를 개편해야 한다는 주장이 제기되기 시작했다. 당시 군 상부구조 개편에 관한 논의에서 핵심적인 쟁점은 '합동 참모기구의 위상 강화'였다. 건군 이래 한국군의 합동 참모기구는 여러 차례의 부침(浮沈)을 거듭해 왔으며, 지난 1963년 합동참모본부가 「국군조직법」상의 군령기관으로 설치되면서 비로소 그 존재가 제도적으로 정착되었다. 하지만 그동안의 3군 병립체제에서 합동 참모기구의 역할과 권한은 제한적일 수밖에 없었다. 합동참모본부는 군령에 관한 자문, 보좌기능만을 수행했을 뿐, 육 · 해 · 공 3군의 주요 전투부대를 대상으로 하는 지휘통제 계선에서는 줄곧 제외되어 있었던 것이다.

한국에서 군 상부구조 개편을 위한 논의가 처음 제기된 것은 지난 1970년이었다. 당시 한국은 미국의 안보공약 약화 가능성에 따른 대응책으로 자주국방의 필요성을 본격 강조하기 시작했고, 그 연장선상에

---

24) 국방군사연구소, 1998, p. 370.

서 기존 전력구조의 개선 및 합리화가 연구, 검토되었던 것이다. 국방부의 군 특명검열단은 ① 지휘통제의 용이성과 능률성, ② 전투력의 통합적인 발휘, ③ 경제적인 체제 및 운용, 그리고 ④ 북한의 군사전략 · 전술에 대한 적응성 등 박정희 대통령이 하달한 기본지침에 의거하여 국방체제의 개편 연구에 착수했다.

그 결과 1970년 말에는 군 특명검열단의 국방체제 개편 시안이 박 대통령에게 보고되었다. 주요 내용은 다음과 같다.[25] 첫째, 국방부 장관의 군정 및 군령참모로서 군정차관, 국방참모총장을 각각 임명한다. 둘째, 군정차관과 국방참모총장 예하의 직할기관은 각 군별로 유사 · 중복되는 기능을 가진 기구들을 통폐합, 단일화시켜 군정 유관기관은 국정차관의, 군령 유관기관은 국군참모총장의 지휘를 받도록 한다. 그리고 셋째, 기존의 육 · 해 · 공 3군의 사령부 외에 전략군사령부, 후방군사령부를 신설하고, 이들을 총괄적으로 지휘통제하는 '국방참모본부'를 설치하여 국방참모총장의 지휘 아래에 둔다.

요약하자면 3군 병립체제의 기존 군 상부구조를 일종의 통합군 체제로 개편한다는 것이었다. 그러나 실제로는 각 군 예하의 보안 · 방첩부대와 의무(醫務)기구, 병원 등을 대상으로 하는 부분적인 기구통합 및 개편이 이루어졌을 뿐, 3군 간의 이해관계가 상충하여 보다 근본적인 개혁으로 연결되지는 못했다. 1980년 10월에는 '군 구조 연구위원회'가 구성되어 각 군별 유사기능 및 기구에 대한 통폐합 사업을 시행하는 한편으로,[26] 통합군 체제를 지향하는 군 상부구조 연구가 재추진되었지만 1988년까지 가시적인 진전을 거두지 못했다.

1988년 노태우 행정부가 출범하면서 군 상부구조의 개편 문제는 군

---

25) 이선호, 「國防組織의 當面課題와 3軍 均衡發展方向」(국회의원 유삼남 의원실, 2001. 6. 5), pp. 25-26.

26) 이후 군 구조 연구위원회는 1981년 3월 '군 구조 분과위원회'로 개칭되었다. 국방군사연구소, 1998, p. 367.

과 정부 차원에서 본격적으로 공론화되었다. 그해 5월 6일 국방부의 청와대 업무보고 당시 탈(脫)냉전의 가시화에 따른 국제정세의 화해 · 협력 추세를 반영하여 '미래 전략환경에 부응하는 전략개념의 정립', '공세적인 군사력의 건설', '한정된 국방자원을 효율적으로 사용할 수 있는 군 구조' 등에 대한 종합적인 검토 필요성이 제기된 것이다.[27] 이에 따라 국방 당국은 『장기(長期) 국방태세 발전방향 연구계획』(이하 818 계획)에 착수했으며, 7월 14일 연구위원회가 조직되었다.[28]

818 계획의 연구사업은 총 3단계에 걸쳐서 진행되었다. 먼저 제1단계인 '기본방향 정립' 연구는 1988년 9월 1일부터 12월 31일까지 합동참모본부가 주관하는 실무추진위원회가 담당했다. 주요 연구과제는 군사전략, 군사력 건설, 그리고 군 구조개선 등 3개였으며, 실무추진위원회 내부에 각 과제별 연구를 담당할 분과위원회를 구성했다. 이듬해인 1989년 2월부터는 제1단계에서 도출된 기본방향의 연구결과에 대한 '보완 및 수정작업'에 초점을 두는 제2단계 연구에 돌입했다. 그동안 합동참모본부가 주관했던 추진위원회는 이상훈 국방부 장관을 위원장으로 하여 확대 · 편성되었으며, 이는 다시 제1 · 2 실무추진위원회로 나뉘어 운영되었다.[29] 그 결과 11월 16일 818 계획의 최종 연구안이 노태우 대통령의 승인을 받았다.

818 계획에 포함된 3개 과제들 가운데 군 구조개선 측면의 연구에

---

27) 국방군사연구소, 『國防政策變遷史: 1945-1994』(서울: 국방군사연구소, 1995), pp. 312-313.

28) 818 계획이라는 별칭은 노태우 당시 대통령이 '장기 국방태세 발전방향 연구계획'을 처음 승인한 날짜(1988년 8월 18일)에서 유래했다. 공교롭게도 이 날은 1976년 북한이 자행한 판문점 도끼만행 사건과 같은 날짜다.

29) 최세창 합동참모본부 의장을 위원장으로 하는 제1실무추진위원회는 국방참모본부와 국군정보사령부, 국군통신사령부, 국방참모대학 담당 분과위원회, 각 군별 연구위원회로 편성되었다. 그리고 제2실무추진위원회는 임헌표 국방차관을 위원장으로 하여 국방부와 국군군수사령부, 국군사관학교 담당 분과위원회를 각각 운영했다. 국방군사연구소, 1995, p. 315.

서는 기존 3군 병립체제의 군 상부구조에서 지적되어 온 문제점을 해소할 수 있는 대안으로 합동군 체제를 바탕으로 하는 '국방참모총장 제도'가 제시되었다. 문민통제의 원칙 아래에서 통합적인 전투력의 운용, 발휘를 보장하고, 제한된 국방자원 관리의 효율성을 증진시킨다는 취지였다. 구체적인 내용은 다음과 같다.[30)]

- 국방부는 국방정책의 수립, 집행, 통제, 그리고 국방자원의 획득 및 배분을 담당한다.
- 국방참모본부는 군사력의 운용, 건설 및 소요결정을 담당하며, 국방참모총장의 지휘를 받는다.
- 국방참모본부의 편성은 기존 합동참모본부를 모체로, 각 군별 본부의 정보 및 작전기능을 축소 조정하여 인원을 충원한다.
- 국방참모본부에서 필요로 하는 인재를 집중 양성하기 위해 국방참모대학을 신설한다.
- 국방참모본부에 부여된 통합 작전권한을 뒷받침하기 위해 군의 기존 조직과 기능들을 통폐합하여 국군정보사령부, 국군통신사령부, 국군심리전단 등을 국방참모총장의 직속 기구로 둔다.
- 각 군별 본부는 군사력의 건설 및 유지, 발전과 행정, 군수지원 기능을 담당한다.

818 계획의 최종적인 연구안 내용이 승인되면서, 1989년 말부터는 이를 법적 · 제도적으로 뒷받침하기 위한 제3단계 연구가 시작되었다. 여기에는 818 계획에 의거한 군 상부구조 개편이 포함된 「국군조직법」의 개정안을 작성하고, 동시에 관련 조직 · 기능의 개편을 계속 추진하는 것이 핵심 과업으로 포함되어 있었다. 1990년 1월에는 해당 업무를 수행할 '818 계획 기획단 및 사업단'이 국방부 장관 직속으로 편성되었다.

그러나 「국군조직법」의 개정 문제는 군 내부뿐만 아니라, 야당의 거센 문제제기로 인해 국회 내에서도 상당한 논란과 진통을 겪었다. 「국

---

30) 국방군사연구소, 1995, pp. 316-317.

군조직법」 개정안에 대한 야당의 비판은 크게 2가지로 요약되었다.[31] 첫째, 국방참모총장 1인에게 군령권이 집중되면서 문민통제 원칙이 훼손되며, 군의 정치개입이 우려된다. 둘째, '국방참모총장'이라는 명칭은 합동참모의장의 명칭을 명시한 현행 헌법 제89조 16호("합동참모의장과 각 군 참모총장의 임명은 국무회의 심의사항")와 조화되지 않으며, 따라서 위헌의 소지가 있다. 당시 한국은 1987년의 6월 민주항쟁을 통해 대통령 직선제에 입각한 민주 헌정체제로 진입한 지 불과 3년밖에 안되었으며, 노태우 대통령과 군 수뇌부의 다수는 여전히 1980년대의 전두환 행정부 시절 무소불위의 권력을 휘둘렀던 소위 '신군부' 출신이었다. 때문에 야당의 「국군조직법」 개정안 비판은 적지 않은 설득력을 갖고 있었다.

결국 위와 같은 비판, 우려를 반영하여 「국군조직법」 개정안의 일부 내용이 수정되기에 이른다. 국방참모본부와 국방참모총장이라는 명칭은 각각 '합동참모본부', '합동참모의장'으로, 국방참모차장 2인을 군을 달리 하는 3인 이내의 '합동참모차장'으로 바꾼다는 것이 수정안의 주요 내용이었다.[32] 새 「국군조직법」의 시행일자도 1990년 7월 1일에서 같은 해 10월 1일로 바뀌었다. 수정된 「국군조직법」 개정안은 1990년 7월의 제150회 임시국회에 상정되어 7월 12일 국회 국방위원회를 통과했고, 7월 14일 국회 본회의에서도 통과되어 8월 1일 법률 제4249호로 공포되었다.

그 결과 1990년 10월 1일을 기하여 합동참모본부가 한국군의 군령분야 최고사령부로서 신규 창설되었다. 건군 이래 40여 년 동안 계속되어 온 3군 병립체제의 군 상부구조가 합동군 체제로 전환된 것이다. 또한 합동참모본부의 수장인 합동참모의장은 종전의 국방부 장관 보좌

31) 김동한, "역대 정부의 군구조 개편 계획과 정책적 함의", 「국가전략」, 제17권 제1호 (2011. 봄).

32) 또한 합동참모의장은 평시에 독립 전투여단급 이상 규모의 부대를 이동시키려 할 경우, 국방부 장관의 사전 승인을 받도록 규정했다. 이는 군부의 쿠데타 가능성에 대한 우려를 불식시키기 위한 것이었다. 김동한, 2011. 봄.

1990년 10월 5일, 합동참모본부의 창설식 거행모습. 이상훈 국방부 장관이 정호근 합동참모의장에게 부대기를 수여하고 있다.

기능뿐만 아니라 육 · 해 · 공 3군의 작전부대를 작전지휘하고, 합동참모본부 직속의 합동부대를 지휘감독하며, 계엄사령관 임무를 수행하도록 권한이 대폭 강화되었다.

10월 10일에는 국방참모대학(현재 국방대학교 합동참모대학), 그리고 11월 1일에는 합동참모본부 직속의 합동부대로서 국군정보사령부, 국군통신사령부가 각각 창설되었다. 당초 합동참모본부의 조직은 4개(전략, 작전, 정보, 지원) 본부를 중심으로 편성될 계획이었지만, 이후 3개(전략기획, 작전기획, 정보) 본부와 4개(인사기획, 군수기획, 지휘통제 · 통신, 민사심리전) 참모부 중심의 조직구조를 채택, 1991년 3월 28일부로 시행되었다.

합동참모본부가 최고 군령기관으로 격상 · 강화되면서 각 군별 본부의 정보, 작전, 기획 기능은 대폭 축소되었고, 교육훈련과 현용 전투발전 관련 업무를 수행하는 데 중점을 두도록 편성되기 시작했다. 이때부터 정보 · 작전을 비롯한 군령 기능은 합동참모본부를 통해, 인사 · 군수를 포함하는 군정 기능은 각 군 본부를 통해 수행되는 현재의 군 상부구조가 정착된 것이다.

## 2. 현행 군 상부구조의 특징들

### 1) 국방부

국방부는 군사 · 국방정책의 주무 부처로서 군정 및 군령을 포함하는 군사 관련 사무를 담당하며, 이를 위해 국방부를 중심으로 합참본부와 육 · 해 · 공군, 그리고 다수의 관련 국방기관을 관할하고 있다. 특히 수장인 국방부 장관은 국가원수인 대통령의 국군통수를 보좌하고, 군정 및 군령에 관한 사무를 총괄적으로 관장하며, 합참의장과 각 군 참모총장을 지휘 · 감독하는 권한을 갖는다.

국방부 장관 직속으로는 2명(군사, 정책)의 보좌관과 대변인, 국방개혁실이 편성된다. 이 가운데 국방개혁실은 전임 노무현 행정부 시절에 수립된 「국방개혁 2020」의 지속적인 추진을 뒷받침하기 위해 지난 2007년부터 운영 중이며, 예하에 2명(군 구조개혁, 국방운영개혁)의 관(官)을 둔다. 국방차관은 2명(법무관리, 감사)의 관을 직속으로 두고 있다.

국방부의 하부조직은 기획조정실, 국방정책실, 인사복지실, 그리고 전력자원관리실 등 4개의 실(室)을 중심으로 편성된다. 각 실 예하에는 3명의 기능별 관이 있으며, 이들은 다시 3~6개의 과(課)급 기구를 보유한다. 요컨대 현재의 국방부는 '5실, 18관, 70과' 체제라고 할 수 있다. 이는 종전의 '4본부, 1실, 18관, 74팀' 체제가 지난 2008년 초 개편된 것에 따른 결과다.[33]

---

33) 구체적으로는 혁신기획본부 → 기획조정실, 정책홍보본부 → 국방정책실, 인사복지본부 → 인사복지실, 자원관리본부 → 전력자원관리실로 각각 개편되었다.

국방부의 조직구조

출처: 국방부 홈페이지.

## 2) 합동참모본부

오늘날 합참은 한국군의 최고 군령기관이다. 이는 군령에 관해 국방부 장관을 보좌하는 것과 더불어 각 군의 전투부대, 그리고 합동작전 수행을 위해 설치된 합동부대를 지휘·감독하여 합동 및 연합작전을 수행하는 임무를 포함한다. 여기에 해당하는 기능들은 구체적으로 다음과 같다.[34] 첫째, 장기 군사전략의 기획, 단기 군사전략과 전략지침의 하달을 통한 '군사전략 수립 및 발전'이다. 둘째, 육·해·공 3군의 작전부대에 대한 작전지휘, 합동부대[35]의 지휘, 연합 및 합동훈련, 군사연습 관장 등을 포함하는 '군사력 운용'이다. 셋째, 전력증강을 위한 소요, 군 구조, 부대 등의 기획을 통한 '군사력 건설 소요의 설정·제기'다. 그리고 넷째, 합동참모회의 운영, 민사심리전, 전·평시의 계엄 임무 등의 '기타 군사관련 임무의 수행'이다.

합참의 수장인 합참의장이 행사하는 권한들은 다음과 같다. 첫째, 국방부 장관의 최고 군사조언자로서 군령에 관하여 국방부 장관을 보좌한다. 둘째, 국가안전보장회의에서의 출석 및 발언을 통해 대통령 등에 대한 군사 관련 자문기능을 수행한다. 셋째, ① 군사정보의 수집 및 운용 ② 군사전략기획 및 군사력 건설의 소요 결정, ③ 군사작전의 기획 및 운용, ④ 자원소요 판단 및 기획, ⑤ 민사심리전, ⑥ 지휘통신 업무 등 합참의 제반 군사기능들을 관장한다. 넷째, 유사시 통합방위본부장과 계엄사령관으로서 임무를 수행한다.

그리고 다섯째, 합참의장은 지난 1990년 7월 개정된 현행 「국군조직법」의 제2장 '군사권한'에 규정된 제9조 2·3항에 의거하여 한국군의

34) 합동참모본부, 2008, pp. 6-7.

35) 현재 국방부 및 합참의 직접적인 지휘를 받는 합동부대는 국군기무사령부, 국군수송사령부, 국군심리전단, 국군의무사령부, 국군지휘통신사령부, 국군화생방 방호사령부, 그리고 국방정보본부 등이 있다.

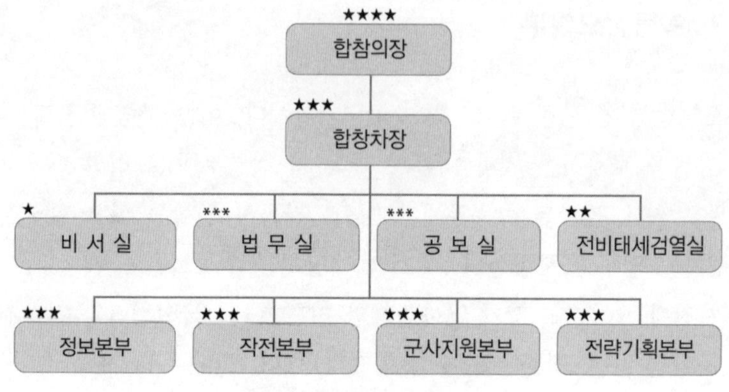


현재의 합참본부 조직도
출처: 합동참모본부 홈페이지.

최고위 작전지휘관 임무를 수행한다. 다시 말해서 국방부 장관의 명을 받아 전투를 주 임무로 하는 각 군의 작전부대를 작전지휘 · 감독하고, 합동작전의 수행을 위해 설치된 합동부대를 지휘 · 감독하는 것이다.

현재 한국군 합참은 2011년 1월을 기하여 '4본부, 13(참모)부' 체제로 운영되고 있다. 핵심 기구라고 할 수 있는 4개 본부들 가운데 주요 전투부대에 대한 작전지휘 기능은 '작전본부'가 수행한다. 작전본부는 4개(작전, 작전기획, 공병, 교리연습)의 참모부를 편성, 보유하여 현행작전과 장차작전, 장차계획 업무를 수행한다. 정보본부의 본부장은 국방정보본부장(국방부 직속)이 겸직하여 합참에 대한 정보지원을 강화하도록 했다.

작전 · 정보본부가 주요 전투부대에 대한 군사력 운용의 핵심이라면, '전략기획본부'와 '군사지원본부'는 군사력의 원활한 운용을 보장하기 위한 중 · 장기적인 기획, 지원을 담당하는 양대 축이라고 할 수 있다. 전략기획본부의 주요 기능은 군사전략의 수립, 군사력 건설 소요의 결정, 부대기획, 동원소요의 판단 등이다. 이들 임무의 수행을 위해 3개(전략기획, 전력기획, 전력발전)의 부(部)를 보유하고 있다. 군사지원본부는 인사, 군수 기능을 중심으로 하는 현행 작전의 효율성 향상과 더불어

① 합동개념의 발전, ② 합동실험, ③ 군사요구능력의 도출 등 미래 군사위협에 대비하기 위한 합동작전 능력의 개발, 발전을 담당한다. 내부에는 5개(인사, 군수, 지휘통신, 합동실험분석, 민군심리전)의 부를 둔다.

### 3) 육 · 해 · 공군 본부

1990년 이후 합참이 한국군의 최고 군령기관으로 격상, 강화되면서 육 · 해 · 공 3군의 본부가 수행하는 임무 및 기능들은 인사, 교육 · 훈련, 군수, 전력기획, 편성, 군사력 건설 소요제기 등을 비롯한 군정 분야로 축소되었다. 각 군의 수장인 참모총장들도 자군(自軍) 소속의 전투부대들에 대한 지휘통제 개선에서는 제외된 채, 비전투 행정 · 지원부대에 대한 지휘 · 감독 권한만을 갖고 있을 뿐이다.

그리고 각 군 본부의 하부조직은 7+α개의 실(室)로 구성된다. 이들 가운데 공군본부는 7개(정책, 법무, 감찰, 군종, 정훈공보, 비서, 정보화기획)만을 보유하며, 육군본부는 여기에 2개(육군개혁, 동원전력), 해군본부는 1개(해병보좌관)의 실을 추가로 운영 중이다.

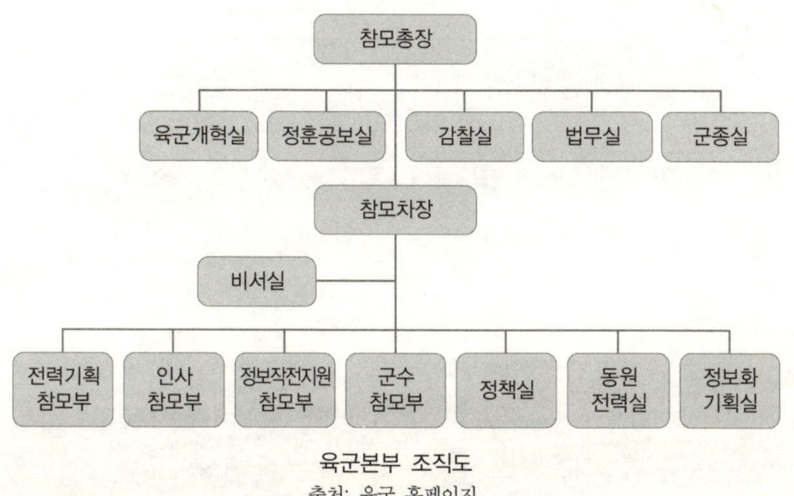


육군본부 조직도
출처: 육군 홈페이지.

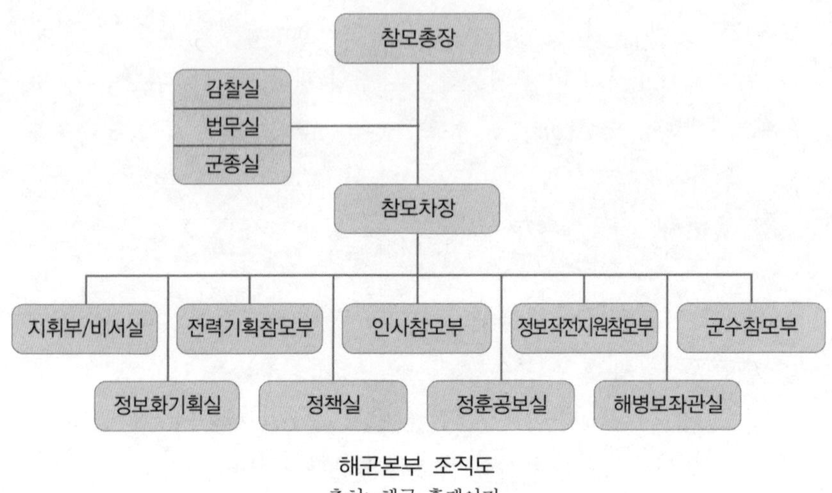


해군본부 조직도
출처: 해군 홈페이지.

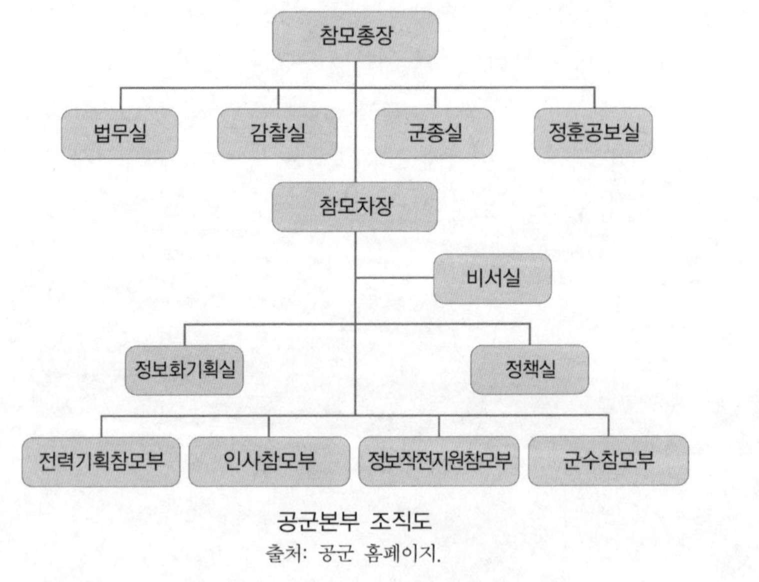


공군본부 조직도
출처: 공군 홈페이지.

오늘날 육 · 해 · 공군 본부는 공통적으로 4개(전력기획, 정보작전 지원, 인사, 군수)의 참모부를 보유한다. 과거의 3군 병립체제 시절에는 정보, 작전 기능을 담당하는 참모부서도 각 군 본부에 편성되었지만, 합참을 최고 군령기구로 격상시킨 지난 1990년의 「국군조직법」 개정에 따라 해당 기능들은 모두 합참으로 이관되었다.36)

## 3. 현행 군 상부구조의 문제점들

### 1) 합참 구조의 3군 불균형

앞서 설명한 바와 같이, 항공력과 고성능 정보수집 자산, 정밀유도 무기, 그리고 개별 전투단위들을 하나의 지휘통제 체계 아래에 결합시키는 $C^4I$ 체계 등의 군사기술 발전은 전쟁의 수행 과정에서 발생하는 시간적 · 공간적인 거리를 급속하게 좁히고 있다. 이는 앞으로의 전쟁에서 육 · 해 · 공 3군의 전투력을 유기적으로 운용할 수 있는 능력, 즉 합동성의 중요성을 강조하는 주요 근거라고 할 수 있다.

한국의 전장 환경도 합동성에 입각한 군사력 운용능력을 요구한다. 주지하듯이 한반도는 동 · 서 · 남쪽의 3면이 바다로 둘러싸여 대륙과 해양의 위협이 동시에 존재한다. 뿐만 아니라 국토의 총면적은 휴전선 이남을 기준으로 10만$km^2$ 미만일 정도로 협소하며, 남북 방향의 거리는 약 500km 이내에 불과하다. 한국은 지난 60년 동안 수도권에서 불과 40km 밖에 위치하는 휴전선을 경계로 북한과 정치 · 군사적으로 대치 중이며, 중국과 일본, 러시아 등 주변 강대국들과도 반경 500~1,000km 이내의 위치에 놓여 있다. 이는 비행속도 마하 1 내외의 항공기로 서울까지 1시간 내지 1시간 30분 만에 도달할 정도의 짧은 거리다. 그 결과 한국은 유사시 외부 적성세력의 기습 침공에 따른 전 국토

---

36) 육 · 해 · 공군 본부의 '정보작전 지원참모부'는 정보 및 작전상황의 유지와 전파, 군사보안, 대외정보교류, 부대편성, 교육훈련 등의 업무에 관한 사항을 관장하며, 실전에서의 정보 및 작전임무 수행과는 무관하다.

한반도 유사시 주요작전들과 합동전력의 운용

| 구분 | 주요작전 | 대응개념 | 작전유형 | 비 고 |
|---|---|---|---|---|
| 개전 및 방어 | 초기 생존성 보장 (전방 주요기지, 수도권 및 후방지역) | 감시정찰/조기경보/ 주요기지 및 시설 국지방어 | 합동작전 | • 육군: 포병사격, 주요기지 방어<br>• 해군: 기지방어<br>• 공군: 공중공격, 방공 |
| | 대(對) 화력전 | 감시정찰/대화력전 | 합동작전 | • 육군: 포병사격<br>• 해군: 유도탄 타격<br>• 공군: 공중공격 |
| | 전선돌파 방어 | 감시정찰/근접전투 | 합동작전 | • 육군: 근접전투<br>• 해군: 지상작전 지원<br>• 공군: 근접항공지원 |
| | 근접항공지원 | 정찰 및 타격 | 합동작전 | • 육군: 육군 소속 항공전력 동원<br>• 공군: 근접항공지원 |
| | 후방지역 침투 방어 | 침투 전·침투 중 격멸/후방지역 전투 | 합동작전 | • 육군: 지상근접 및 상륙 시 타격<br>• 해군: 해상작전<br>• 공군: 공중공격 |
| | 항만방어 | 탐지 및 격멸 | 합동작전 | • 육군: 기지방어 지원<br>• 해군: 해상 및 수중작전 |
| | 대(對) 잠수함전 | 수중세력 탐지 및 격멸 | (해군작전) | • 해군: 대(對) 잠수함전 |
| | 대(對) 수상함전 | 탐지 및 격멸 | 합동작전 | • 해군: 대(對) 수상함전<br>• 공군: 공중공격 |
| | 공중우세 확보 | 탐지 및 격멸 | (공군작전) | • 공군: 공중공격 |
| | 종심작전 | 정찰 및 타격 | 합동작전 | • 육군: 유도탄 사격<br>• 해군: 유도탄 사격<br>• 공군: 공중공격 |
| 반격 및 격멸 | 공격 | 다차원적 공세 기동전 | 합동작전 | • 육군: 포병 및 기동부대 공격<br>• 해군: 지상 작전 지원<br>• 공군: 근접항공지원, 종심작전 |
| | 상륙작전 | 단독 및 연합상륙작전 | 합동작전 | • 해군: 해병대 상륙<br>• 공군: 공중 화력지원 |
| 안정화 | 안정화 작전 | 적 지역 점령/ 치안확보 | (육군작전) | • 육군: 안정화 작전 |

출처: 김정익, 『한국의 미래 전쟁양상과 한국군의 합동작전개념』(서울: 한국국방연구원, 2010), pp. 152-155.

의 동시 전장화 위험성이 매우 높다.

따라서 한국이 현재와 미래에 직면할 수 있는 군사적 도전은 육군과 해군, 공군 가운데 어느 하나가 아닌, 2개 이상의 군종이 하나의 팀으로서 임무를 수행하는 방식으로 대처해야 할 가능성이 매우 크다. 이러한 합동전력 차원의 대응은 한반도에서 무력충돌의 강도, 시 · 공간적인 범위가 확대될수록 그 중요성이 더욱 커질 것이다. 위의 도표에서도 나타나듯이, 한반도 유사시에는 육군의 '안정화 작전', 해군의 '대(對) 잠수함전', 그리고 공군의 '공중우세 확보'를 제외한 대다수의 군사작전이 육 · 해 · 공 3군의 전력이 함께 동원되는 합동작전의 형태로 수행될 전망이다.[37)]

이러한 합동작전을 성공적으로 수행하기 위해서는, 군 상부구조의 측면에서 크게 2가지의 전제조건을 충족시킬 수 있어야 한다. 첫째, 서로 다른 각 군이 수행하는 작전의 내용, 조건 및 환경, 그리고 해당 전투력 수단들의 특징 등을 잘 이해해야 한다. 그리고 둘째, 특정 군의 관점이나 이해관계에 구속받지 않고 오로지 전 · 평시의 군사 임무들을 가장 효과적으로 수행하는 데 충실해야 한다. 이는 '타군(他軍)에 대한 이해', '자군(自軍) 중심주의 탈피'로 요약될 수 있다.

그렇다면 과연 한국의 현행 군 상부구조는 실전에서 합동성을 발휘하는 데 적합한 편성과 역량을 갖추고 있는 것일까? 유감스럽게도 이 질문에 관한 대답은 긍정적이지 못한 실정이다. 한국군의 최고 군령기관으로서 합동작전의 지휘 및 통제, 수행의 총사령탑이라고 할 수 있는 합참의 인적 구성이 지나칠 정도로 특정 군, 즉 육군에 편중되어 있기 때문이다.

우선 합참의 수장인 합참의장은 지난 1954년의 초대 이형근 의장부터 2010년 7월 취임한 현재의 제36대 한민구 의장에 이르기까지 절대

---

37) 김정익, 『한국의 미래 전쟁양상과 한국군의 합동작전개념』(서울: 한국국방연구원, 2010), pp. 151-156.

주요 국가들의 역대 합참의장 출신 군과 최근 20년 동안의 임명추세

| | 육 · 해 · 공군별 비율 | 최근 20년 동안의 임명추세 |
|---|---|---|
| 미국 | 9 : 4 : 1(해병) : 4 | 육 → 육 → 육 → 공 → 해병 → 해 → 육 |
| 영국 | 8 : 6 : 7 | 육 → 공 → 육 → 육 → 해 → 육 → 공 → 육 |
| 프랑스 | 14 : 2 : 5 | 해 → 공 → 육 → 육 → 해 |
| 독일 | 11 : 2 : 2 | 육 → 육 → 육 → 공 → 육 → 육 |
| 캐나다 | 8 : 3 : 6 | 해 → 육 → 공 → 해 → 육 → 공 → 육 → 육 |
| 호주 | 8 : 5 : 3 | 해 → 육 → 해 → 육 → 공 |
| 일본 | 14 : 8 : 6 | 육 → 해 → 육 → 공 → 해 → 육 → 공 → 해 → 육 → 해 → 육 |
| 대만 | 9 : 6 : 6 | 해 → 육 → 공 → 육 → 해 → 공 → 육 → 해 |

다수가 육군 출신의 대장(大將: 4성장군)으로 임명되었다.[38] 유일한 예외는 공군 출신으로 지난 1993~1994년에 재직했던 제25대 이양호 의장뿐이다. 미국, 영국, 캐나다, 호주, 일본, 대만을 비롯한 세계 주요 국가의 군에서도 가장 많은 합참의장을 배출한 군종은 육군이지만, 그 수는 역대 합참의장의 절반 내외일 뿐이다. 육군 출신이 합참의장의 과반수를 차지한 국가는 프랑스와 독일이 대표적이다. 그러나 한국만큼 육군 출신의 독점 현상이 심각하지는 않다.

군 상부구조상의 3군 불균형은 합참 내부의 조직구성에서도 극명하게 나타나고 있다. 천안함 피격사건 직후인 2010년 5월 31일 당시 합참은 2009년 4월에 수립된 '3본부, 13부, 10실 · 처, 94과' 체제였다. 문제는 3개(합동작전, 전략기획, 전력발전)[39] 본부의 본부장(중장급)이 모두 육군 출신이었으며, 예하에 편성된 13개 부를 관할하는 부장(소장급)들 가

38) 다만 제3대 유재흥(1957~1959년), 제5대 최영희(1960년) 의장은 예외적으로 중장(中將: 3성장군) 계급으로 합참의장직을 수행했다.

39) 합동작전본부는 7개(작전, 정보, 인사, 군수, 작전기획, 지휘통제, 공병)의 참모부, 전략기획본부는 3개(군사기획, 전략기획, 전력기획)의 부, 그리고 전력발전본부는 3개(전력발전, 교리연습, 합동실험분석)의 부를 보유했다.

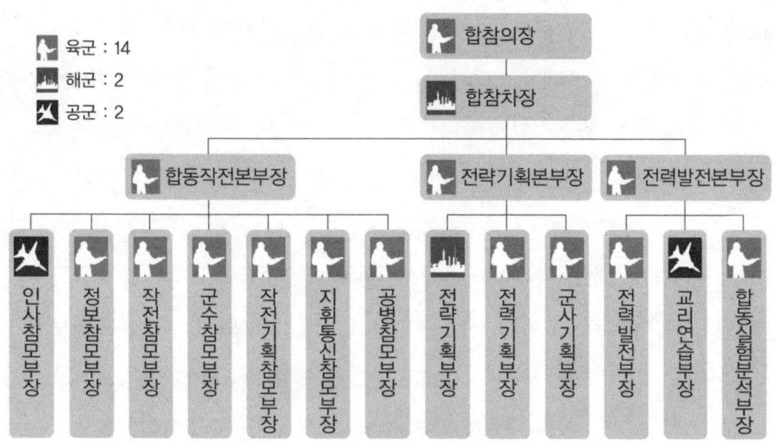


천안함 피격사건 당시 합참의 군종별 직책 구성(2010년 5월 31일 기준)
출처: 「중앙일보」, 2010년 6월 21일자.

운데서도 10명이 육군 출신으로 충원되어 있었다는 점이다. 특히 실전에서의 작전지휘를 관장하는 합동작전본부 소속의 7개 참모부 가운데 비(非)육군 출신이 부장으로 임명된 것은 인사참모부(공군 출신) 하나뿐이었다.[40] 말이 합참이지, 실질적으로는 또 다른 육군본부 내지는 육군 소속의 일개 사령부나 다름없는 편성이었던 것이다.

그뿐만이 아니다. 현재 군 당국은 합참과 예하 합동부대, 그리고 한미 연합사령부 소속으로 총 560개의 합동직위를 운영 중이다.[41] 이들은 ① 임무의 성격상 특정 군 출신에게만 보직을 지정하는 '필수직위' 23개(중장급 1개, 소장급 3개, 준장급 3개, 대령급 16개), 그리고 ② 육 · 해 · 공군 출신 모두가 보직될 수 있는 '공통직위' 469개(장성급 26개, 대령급 103

40) 김민석 등, "군 개혁 10년 프로그램 짜자: ① 육 · 해 · 공 3군 균형 체제 만들자", 「중앙일보」, 2010년 6월 21일자.

41) 구체적으로는 합참 소속이 386개 직위, 한미 연합사령부 소속은 158개 직위, 그리고 합동부대 소속으로는 16개 직위를 운영하고 있다. 김효재, "한국군의 합동성: 문제점과 대안", 「한국의 국방개혁: 어떻게 할 것인가?」(서울: 한국국방안보포럼(KODEF), 2010년 9월 15일), p. 166.

개, 중령급 이하 340개)를 포함한다. 하지만 필수직위의 경우 장성급(본부장, 부장, 처장) 7개 가운데 5개, 대령급(과장) 16개 가운데 10개가 육군의 몫으로 지정되어 있는 실정이다.42)

특히 합동작전본부(현재의 작전본부) 내에서는 작전계통의 핵심이라고 할 수 있는 본부장과 정보·작전참모부장, 작전처장, 작전계획과장, 그리고 합동작전과장 등 6개 보직이 모두 육군의 필수직위로 지정된 상태였다. 다시 말해서 육군 출신이 합참의장 이하의 본부장→참모부장→처장→과장으로 이어지는 작전수행 체계를 독차지하도록 보장하고 있는 것이다. 이와 같은 작전수행 체계에서는 작전의 계획, 수립, 상황판단, 결정, 그리고 실행에 이르기까지의 모든 과정이 육군 중심으로 진행될 수밖에 없다.

이러한 문제는 공통직위의 편성에서도 드러난다. 지난 2006년 말에 통과된 「국방개혁에 관한 법률」(통칭 「국방개혁법」. 법률 제8097호)의 제29조 3항에 따르면 합참 내부의 공통직위는 육·해·공군 출신이 2:1:1의 비율로 보직하고, 장성급 직위는 각 군 간에 순환하여 보직하는 것을 원칙으로 하도록 규정되어 있다. 하지만 실제로는 장성급의 경우 총 26명 가운데 육군 출신이 14명, 해군과 공군 출신은 각 6명으로 2.3:1:1의 비율을 나타낸다. 총 443명의 영관급 공통직위는 그 격차가 더욱 벌어진다. 103명의 대령급 공통직위는 육군 출신이 57명, 해·공군 출신은 각 23명으로 2.5:1:1의 비율이며, 340명의 중·소령급 공통직위는 육군 출신이 202명, 해군 출신은 70명, 그리고 공군 출신은 68명으로 2.9:1:1의 비율인 것이다.43)

군 당국은 천안함 피격사건이 발생한지 3개월 만인 2010년 6월 23

42) 반면 해군과 공군에게는 각 1개(정보작전처장, 화력처장)의 장성급, 각 3개(해군·공군 분석과장, 해상·공중 작전과장, 해상·공군 전력과장)의 대령급 필수직위만이 지정되어 있을 뿐이다. 박계향, "합동작전을 위한 합참 직위 보직 조절되어야", 「軍事世界」, 2010년 5월호.

43) 박계향, 2010년 5월호.

일 단행된 장성 27명의 승진인사에서 김경식 해군소장과 김정두 해군중장을 합참의 합동작전참모부장, 전력발전본부장으로 각각 임명했다. 해당 직위가 그동안 육군 출신이 전통적으로 임명되어 온 필수 · 공통 직위였다는 점을 고려할 때, 매우 이례적인 조치였다. 당시 군 내외에서는 이를 계기로 합참 내부의 육군 편중구조가 해소될 가능성에 주목하는 시각도 있었다. 그러나 연평도 포격전 직후인 2010년 12월 합참 작전참모부장은 약 5개월 만에 육군 출신으로 교체되었다. 현재 합참 작전본부의 주요 보직은 4개 참모부장 가운데 3명(작전, 작전기획, 교리연습)이 육군 소장이며, 27개 과장 가운데 18명은 육군 대령이다.[44]

혹자는 육군이 타 군종들보다 병력 규모가 훨씬 크다는 점을 내세워 합참의 인적 구성에서 나타나는 육군 편중 실태를 합리화하려 할지도 모른다. 그렇지만 한국군 최고의 군령기관이자 군사력의 건설 및 소요제기 주체로서 합참이 차지하는 위상을 고려할 때, 위와 같은 합참 인적 구성의 3군 불균형은 매우 심각한 악영향을 야기할 수밖에 없다.

첫째, 유사시 합참의장을 비롯하여 합참의 주요 보직들을 사실상 독식하고 있는 특정 군(즉 육군)이 주도하는 작전을 지원하기 위해, 나머지 군종의 전투력이 동원되는 방식으로 전쟁이 수행될 가능성이 매우 높다. 이 경우 해군과 공군은 작전수행상의 자율성과 전문성이 제약된 채, 전방지역에서 육군 부대를 지원하기 위한 전투력의 동원에만 급급할 것이다. 자신들의 독보적인 강점이라고 할 수 있는 '장거리 신속기동 · 타격 능력'을 통해 전쟁의 억지, 결정적인 승리에 기여하는 전략 차원의 전투력을 발휘하는 데 어려움을 겪을 것임은 물론이다.

또한 둘째, 군사력 건설을 위한 기획, 소요제기에서도 총체적인 방위

44) 다만 작전본부 소속의 5개 처장(준장급)에는 작전 1처장과 작전 2처장, 작전기획처장은 육 · 해 · 공군 준장이, 작전 3처장은 공군 준장, 작전계획처장은 육군 준장이 각각 맡고 있다. 즉, 육군이 2명, 해군이 1명, 공군은 2명인 것이다. 김귀근, "합참 작전라인 육군 '보강' … 조직개편도 단행", 「연합뉴스」, 2011년 1월 5일자.

력 개선 및 확충보다는 육군의 필요가 최우선적으로 반영되면서 한국군의 중 · 장기적인 전력 발전, 강화 방향을 왜곡시킬 우려가 크다. 이 점은 지난 1970년대 중반부터 1990년대 초반까지 진행된 독자적인 방위력 확충사업, 즉 '율곡사업'에서도 나타났다. 1차 율곡사업(1974~1981)의 경우 육군은 전력투자비의 43%를 차지했으며, 해군은 16%, 공군은 22%의 비중을 차지했다. 2차 율곡사업(1982~1986)에서는 육군의 전력투자비 점유율이 50%에 달했고, 해군과 공군은 각각 21%, 24%에 그쳤다. 그리고 3차 율곡사업(1987~1992)에서 육군이 전력투자비의 49%를 차지했던 반면, 해군은 21%, 공군은 22%에 불과했다.[45]

이처럼 육 · 해 · 공 3군의 균형을 전제로 하지 않는 합동성은 아무런 의미가 없다. 만약 특정 군이 자신들의 독점적 · 패권적인 지위 유지를 합리화하기 위한 대의명분으로 합동성을 악용하려 든다면, 그것은 '합동성에 대한 모독'일 뿐이다.

### 2) 군정 · 군령기능 분리의 문제점

지난 1990년의 818 계획 이후 20년 동안 유지되고 있는 한국의 현행 군 상부구조는 명목상으로 '합동군 체제'다. 이는 합참이 최고 군령기관으로서 육 · 해 · 공 3군의 주요 전투부대들에 대한 작전통제 권한을 행사하면서도, 동시에 각 군을 대표하는 본부를 존속시켜 군정 기능을 수행하고 있다는 점을 근거로 한다.

하지만 합동군 체제를 채택한 국가들의 대부분이 평시의 경우 전투부대의 작전통제 권한을 각 군 본부에게 위임하고 있는 것과는 달리, 한국은 전 · 평시를 막론하고 합참이 주요 전투부대의 작전통제권을 행사하도록 되어 있다. 특히 합참의장은 최고 작전지휘관으로서, 각 군의

---

45) 최명상, "한국의 국방개혁과 군 구조 개편의 과제", 김기정 · 이성훈 · 김순태 편, 『세계적 국방개혁 추세와 한국의 선택』(서울: 오름, 2006), pp. 220-221.

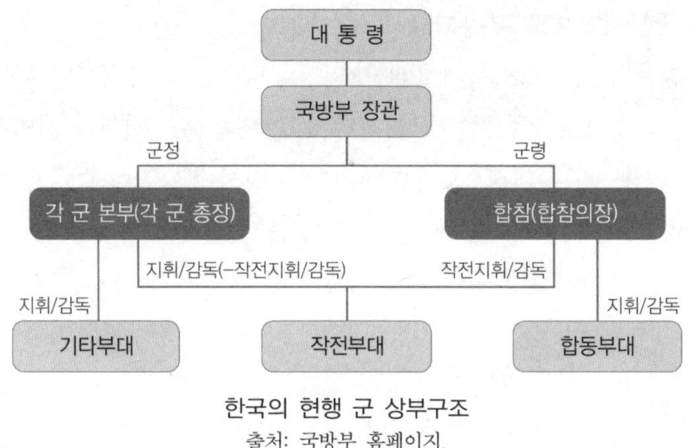


한국의 현행 군 상부구조
출처: 국방부 홈페이지.

대표격인 참모총장의 의견 수렴을 거치지 않고서도 배타적으로 군령권을 행사할 수 있는 권한을 갖는다. 여기에 앞서 살펴본 합참 구성의 3군 불균형 및 육군 편중현상을 고려한다면, 오늘날 한국의 군 상부구조는 사실상 '육군 중심의 통합군 체제'라고 평가하는 것이 보다 정확하다.

그렇다면 합참과 육 · 해 · 공군별 본부를 중심으로 각각 분리되어 있는 현재의 군령, 군정기능 구조는 과연 한국군이 군사적 역량을 효과적으로 발휘 · 개발하는 데 적합한 것일까? 안타깝게도 그렇지 못하다. 다시 말해서 전투부대의 군령권이 합참보다 해당 군의 본부를 통해 행사되는 편이 보다 효과적인 경우가 있고, 군정 기능들 가운데서도 합참이 보유할 필요가 있는 것이 분명 존재하기 때문이다.

1950년의 6 · 25전쟁 이래, 지난 60년 동안 한국군이 최우선적으로 경계해 온 군사위협은 '북한에 의한 전면전쟁' 가능성이었다. 하지만 남북한 양측의 극심한 국력격차, 북한 재래식 군사력의 질적 낙후성 등을 고려할 때, 장기간의 재래식전쟁 수행 능력을 전제로 하는 북한의 전면전쟁 도발 가능성은 시간이 지날수록 낮아지고 있다는 평가가 지배적이다. 오히려 육 · 해 · 공 재래식 군사력의 전진 배치를 앞세운 기습, 소규모 국지도발 등의 '저강도 무력충돌'이 북한에 의한 가장 실재적인 군사위협으로 부각되고 있는 실정이다.

휴전선 인근, 서해 북방한계선(NLL: Northern Limit Line)을 비롯한 전방 지역을 대상으로 벌어지는 국지적인 도발 또는 무력시위는 전면전쟁보다는 그 강도가 상대적으로 낮다. 하지만 평시에 북한이 한국과 국제사회를 상대로 전쟁 가능성에 대한 공포, 불안 심리를 자극하고, 그 결과 대내외적 현안에 관한 주도권을 확보하는 데 유리한 조건을 제공할 수 있다. 이는 북한 정권이 정치 · 외교적인 강압 수단으로서 저강도 무력충돌을 빈번하게 시도할 가능성이 높다는 점을 시사한다. 또한 전방지역에서의 기습 공격은 성공할 경우 개전 수시간, 혹은 수일 이내에 한국군의 방어태세를 무력화시켜 북한의 침공이 자칫 수도권을 겨냥한 제한전쟁,[46] 한국 영토 전체를 석권하기 위한 전면전쟁으로 확대되는 계기를 제공할 우려가 크다. 천안함 피격사건 직후 국방 당국이 대북(對北) 군사위협 대비의 초점을 기존의 '전면전쟁'에서 '침투 및 국지도발'로 전환한다는 방침을 세운 것도 이를 반영한 것으로 풀이된다.[47]

1999년과 2002년의 제1 · 2차 연평해전, 2009년의 대청해전, 2010년 3월 26일의 천안함 피격사건, 그리고 11월 23일 연평도 포격전에 이르기까지, 최근 10여 년 동안 벌어진 북한과의 저강도 무력충돌은 그 특성상 '치고 빠지기'(Hit and Run) 방식의 단기(短期) 기습전 양상을 나타내고 있다. 따라서 적의 도발을 적시(適時)에 인지하고, 이를 최대한 신속 · 정확하면서 결정적으로 응전 및 격퇴, 제압할 수 있는 능력이 필수적으로 요구된다. 그래야만 교전 과정에서 아군의 피해를 최소화하는

46) 최근 군 당국은 북한의 대남 침공전략이 전쟁 초기에 수도권에 전투력을 집중 투입하여 서울을 신속히 점령하는 데 초점을 두도록 바뀐 것으로 파악하고 있다. 이는 한국의 국력이 집중되어 있는 수도권을 탈취한 후 상황에 따라 남침범위를 확대하거나, 수도권을 인질화하여 자신들에게 유리한 통일 조건을 한국과 미국에게 강요하는 방향의 협상을 추구하겠다는 북한의 의도를 반영한다. 김민석, "전면 정규전 승산없다 판단…게릴라 · 기습전 등 '비대칭 전력' 강화", 「중앙일보」, 2010년 4월 27일자.

47) 김귀근 · 이상헌, "軍, 전면전→침투 · 국지전 대비책 강화", 「연합뉴스」, 2010년 5월 4일자.

가운데 임무를 성공리에 완수하고, 그에 따른 정치·외교적인 파장을 통제, 관리하는 데 기여할 수 있기 때문이다. 이를 위해서는 해당 접적(接敵) 지역에서 수행되는 작전에 관한 전문성이 뒷받침되어야 한다.

하지만 육·해·공군의 주요 전투부대에 대한 전·평시의 군령권이 모두 합참에게 독점적으로 부여되고 있는 현재의 군 상부구조로는 평시의 저강도 무력충돌, 그리고 이에 따른 위기관리에 효과적으로 대처하는 데 문제가 많다. 합참의 1차적인 기능은 서로 다른 군종들의 전력을 유기적으로 운용하는 것이며, 이에 따라 내부에는 육·해·공 3군 출신의 인원들이 함께 편성된다. 때문에 합참은 전면전쟁을 비롯한 중·장기적인 군사력 운용의 조정·통합에는 적합하지만, 국지도발과 같은 우발적 상황에 대응하기 위한 군사작전상의 신속성·전문성은 각 군의 본부보다 떨어질 수밖에 없다.

여기에 앞서 살펴본 바와 같이, 합참의 인적 구성은 육군 출신에게 편중되어 있는 실정이다. 이런 현실에서는 전시뿐만 아니라 평시의 국지도발 대응에서조차 해양, 항공작전에 관한 이해가 부족한 합참의장과 합참의 작전참모들이 바다와 하늘에서의 임무 수행을 지시하는 상황이 발생하는 것을 피하기 어렵다. 미국이 합동참모회의에 각 군의 참모총장을 출석시켜 육·해·공 3군의 전문성을 작전에 반영할 수 있도록 보장하고 있는 것과는 대조적이다.

2010년 3월 26일에 발생한 천안함 피격사건 직후의 상황들은 전·평시의 군령권을 모두 합참에 집중시키고 있는 현행 군 상부구조의 문제점을 여실히 드러냈다. 먼저 천안함의 침몰이 인지된 직후, 합참은 천안함 승조원들을 구조하기 위해 투입된 해군 고속정을 조속히 천안함 선체에 근접시킬 것을 지시했다. 하지만 이는 접근 과정에서 높은 파도를 일으켜 자칫 구조 과정에서 천안함 승조원들의 안전을 위협할 수 있는 매우 부적절한 조치였다. 게다가 서해 방어를 담당하는 해군 제2함대 사령부가 천안함의 침몰이 시작된 지 10여 분 만인 오후 9시

28분에 긴급 위기조치반을 소집하고, 오후 9시 40분에는 최고 경계태세[일명 서풍(西風)-Ⅰ]를 발령했던 반면, 공군의 전투기 편대를 서해 상공으로 출격시킨 시각은 사건이 발생한 지 무려 1시간 14분이나 지난 오후 10시 36분이었다.[48)]

이후에도 여러 문제점들이 나타났다. 사건 초기에 합참의 주요 경과 및 진행보고를 담당했던 인물은 이기식 정보작전처장(해군 준장)이었는데, 그는 직책상 합참의 작전 지휘계선에서는 분리되어 있었다. 사건의 중대성을 감안한다면 합동작전본부장 차원에서 보고가 이루어져야 했지만, 당시 합참에서 내세울 수 있는 장성급의 해양작전 전문가는 이 처장뿐이었다. 천안함의 구조, 인양이 본격화되자 공식적으로는 해군 작전부대에 대한 지휘권이 없는 김성찬 해군참모총장이 서해 현장에서 직접 작전을 지휘하고 나서는 상황도 벌어졌다.

심지어 사건 5일째가 되는 3월 30일에는 합참의 작전처장(준장급)을 역임했던 국방부의 현직 정책차장이 천안함 구조작전의 지원을 위해 합동작전본부 예하의 작전참모부로 차출되기까지 했다.[49)] 이러한 일련의 현상들은 사건 당시 합참이 육군을 제외한 타 군의 작전에 관하여 제대로 이해하지 못하고 있었을 뿐만 아니라, 육 · 해 · 공 3군의 전력을 협조적, 유기적으로 운용할 수 있는 능력을 제대로 발휘하지 못했음을 자인(自認)한 것이나 다름없었다.

물론 현행 군 상부구조의 모든 문제가 합참의 군령권 장악에만 있는 것은 아니다. 군정 관련 기능에 해당하는 권한이 각 군별 본부에 집중된 것 역시 한국군의 발전을 저해하는 요소로 지적되고 있기 때문이다. 그 가운데서도 특히 큰 문제는 각 군 본부가 독점적으로 행사하고 있는 인사권이다.

---

48) 김종대, "합동성 강화 외친 합참에 합동작전 전문가 없었다", 「D&D 포커스」, 2010년 5월호.

49) 김종대, 2010년 5월호.

현재 육 · 해 · 공군에서 근무하는 장교들의 진급심사권을 비롯한 인사 관련 권한은 각 군의 대표격인 참모총장이 갖고 있다. 다시 말해서 각 군별 본부 소속의 장교들은 물론이려니와, 국방부, 한미 연합사령부, 심지어는 합참에서 근무하는 장교들의 진급 여부도 각 군 참모총장들의 결정에 달려 있는 것이다. 이러한 인사 체계에서는 각 군의 장교들이 군령 지휘계통상의 상관인 합참의 각 부처장과 합참의장보다는 인사권을 장악하고 있는 모군(母軍) 본부, 참모총장과의 이해관계에 더욱 충실하게 행동하는 결과를 야기할 위험이 크다. 명백한 '자군 이기주의'라고 할 수 있다.

각 군 본부의 인사권 독점에 따른 자군 이기주의의 폐해(弊害)는 천안함 피격사건에서도 나타났다. 사건 직후 합참 소속의 한 해군 장교가 청와대 외교안보수석실에서 행정관으로 파견 근무 중이었던 자신의 상관(해군 대령)에게 사건의 발생 사실을 먼저 알려주었으며, 국방부 장관과 합참의장이 천안함의 침몰을 처음 보고받은 것은 사건이 발생한 지 50분이 지난 후였다. 이로 인해 국방정책의 총괄 책임자인 국방부 장관, 군의 최고위 선임장성인 합참의장이 대통령보다도 늦게 사건의 발생을 인지하는 촌극이 빚어졌다.[50] 뿐만 아니라 해군 작전사령관조차 군령상의 직속상관인 합참의장보다 인사권자인 해군참모총장에게 먼저 보고했던 것으로 드러났다.

### 3) 국방부 본부 구성의 문제점들

그동안 국방부의 인적구성에서 가장 큰 비판의 대상이 되어 온 문제

50) 천안함 피격사건이 발생한 지 40여 일 후인 2010년 5월 10일, 이상의 당시 합참의장의 주관 아래 국방부 대강당에서 합참 소속의 장교 600명을 대상으로 하는 정신교육이 실시되었다. 이날 이 의장은 "한쪽 발은 합참에, 또 다른 한쪽 발은 계룡대에 올려놓아 기회를 엿봐선 안 된다."고 훈시하며 자군 이기주의와 기회주의를 질타했다. 이상헌, "합참의장, 全간부에 '기회주의' 경고", 「연합뉴스」, 2010년 5월 14일자.

는 다름 아닌 '현역과 민간 인력의 불균형적인 편성' 현상이었다. 다시 말해서 국방인력의 양대 축이라고 할 수 있는 현역 군인, 민간 공무원 가운데 현역 군인의 비중이 압도적으로 큰 현역중심체제 하에서 국방부가 운영되어 왔음을 부인할 수 없었던 것이다. 40명의 역대 국방부 장관 가운데 절대 다수인 35명이 예비역 장성 출신이었으며,[51] 불과 수년 전까지 차관보, 국장·과장급을 비롯한 국방부 내의 고위직 대부분이 현역, 혹은 예비역 군인들의 전유물처럼 여겨져 왔다는 점이 그 증거다.

이러한 현역중심체제의 단점은 크게 3가지로 지적된다.[52] 첫째, 국방부 내에서 현역 군인과 민간 공무원이 '상호보완'적으로 협력하기보다는, '주도-보조' 성격의 관계에 따른 잠재적인 갈등이 지속되는 결과를 고착화시킬 수 있다. 이는 궁극적으로는 '군에 대한 문민통제' 원칙의 훼손으로 이어질 수 있는 문제다. 둘째, 현역 군인이 국방부의 주요 직책을 차지할 경우, 자칫 국방정책이 특정 군의 이해관계에 직접적인 영향을 받으면서 국방의 균형발전과 공정성을 해칠 위험이 높다. 그리고 셋째, 인사이동 기간이 평균 2~3년 정도로 짧은 현역 군인이 국방부의 고위직, 특히 군정 분야를 담당하는 것은 상대적으로 근속 기간이 긴 민간 공무원과 비교할 때, 업무의 전문성이 떨어진다. 아울러 잦은 인사이동으로 인해 국방정책의 일관성과 조직의 안정성에도 악영향을 줄 것이다.

이러한 문제점들은 전임 노무현 행정부 시절인 2005년부터 국방부 소속 인력의 문민화가 적극적으로 추진되는 배경이 되었다. 국방 당국

---

51) 역대 국방부 장관 가운데 순수 민간인 출신은 이승만 행정부(1948~1960)와 장면 내각(1960~1961) 시절에 임명된 5명뿐이다. 35명의 예비역 장성 출신들 가운데서도 해군 출신은 2명(제5대 손원일, 제38대 윤광웅), 해병대 출신은 1명(제15대 김성은), 공군 출신은 3명(제7대 김정렬, 제22대 주영복, 제32대 이양호)뿐이며, 과반수인 나머지 29명은 육군 출신이다.

52) 전제국, "국방문민화 과정의 재조명: 성과와 과제를 중심으로", 「국방연구」 제53권, 제2호(2010. 8).

은 지난 2006년 12월에 통과된 「국방개혁법」의 제10조, 제11조에 의거하여 현역 필수직위를 제외한 나머지 직위에 연차적으로 민간 공무원을 확대하기 시작했다. 2004년 기준으로 평균 52%인 국방부 내의 문민화 비율을 2009년까지 71%로 끌어올린다는 것이 목표였다. 그 결과 목표시한이었던 2009년 말을 기준으로 129개의 직위 가운데 87개가 민간 공무원의 직위로 전환되면서 문민화 비율이 65%로 상승하는 성과를 달성했다. 구체적으로는 국장급은 16명 가운데 11명(전체 69%), 과장급은 64명 가운데 45명(전체 70%), 그리고 담당급은 644명 가운데 411명(전체 64%)가 민간 공무원으로 충원되었다.[53] 이로써 국방부 본부는 적어도 외형상으로는 인적구성의 문민화의 기틀이 마련되었다고 할 수 있을 것이다.

하지만 외형상의 성과에 가려진 실태를 감안한다면, 국방부 인적구성의 문민화는 아직 만족할 만한 단계로 진입하지 못했다. 우선 금년 2월을 기준으로 국방부 내부의 고위직 가운데 실장급 5명은 예비역 3명, 외부 충원 2명이었다. 국장급 18명의 경우 7명은 여전히 현역이며, 예비역이 5명, 그리고 외부 충원은 1명이다. 다시 말해서 국방부 출신의 민간 공무원이 국·실장급의 고위직으로 임명되는 비율은 종전과 같은 20%를 벗어나지 못하고 있는 것이다.[54] 이는 중·장기적으로 국방부 인적구성의 문민화를 유지·확대하는 데 장애요인이 될 수밖에 없다.

국방부를 중심으로 하는 '군정·군령의 일원화' 원칙이 실질적으로는 지켜지지 못하고 있는 것도 문제다. 군정과 군령의 두 기능은 상호 보완적이고 의존적인 것이 사실이지만, '정책은 전략을 지배한다.'라는 일반적인 원칙에 따라 군정주도적으로 문민통제가 이루어지는 것이다.[55] 그 이유는 국방부는 국민투표에 의해 선출된 정부의 국가안보전

53) 전제국, 2010. 8.

54) 전제국, 2010. 8.

55) 김종하, "국방부 문민화를 위한 전제조건," 「국방일보」, 2004년 9월 4일자.

략 및 국방정책을 수행하기 위해 존재하기 때문이다. 그러나 아직까지 한국의 경우에는 선진국의 경우와는 달리 군정 · 군령 일원화가 제대로 이루어지지 않고 있다. 그 이유는 크게 두 가지 때문이다.

첫째, 그동안 한국에서는 합참의장이나 참모총장을 지낸 후 곧바로 국방부 장관이 되거나 아니면 전역 후 얼마 지나지 않아 장관으로 임용되는 경우가 많다. 또한 다른 중앙부처와는 달리 차관 · 차관보가 2 · 3인자가 아닌, 제복을 입은 군인 우위체제로 편성되어 있고, 본부의 요직을 현역 및 예비역 군인들이 차지하고 있음으로 인해 군령이 군정에 대하여 주도적인 우위를 점하고 있다. 이것은 군정 · 군령 일원화를 저해하여 군과 민간 고위 공무원 사이의 협조를 어렵게 하는 요인으로 작용하고 있다.

둘째, 국방부 본부 요원 가운데 현역군인들이 많은 수를 차지하고 있다. 최근 들어와 민간 공무원들이 확대되고 있는 추세에 있기는 하지만, 여전히 선진국 국방부에 비해서는 현역 군인들 숫자가 많은 것이 사실이다. 이처럼 현역군인들이 많이 있으면 순환보직으로 인한 장기 근무의 어려움이 발생할 수밖에 없고, 이는 국방정책의 일관성을 저해하는 요인으로 작용하게 된다. 그리고 육 · 해 · 공 현역군인들은 자군 중심의 사고속성 때문에 주요 의사결정 시 중용을 견지하지 못하는 문제를 발생시킬 가능성도 있다.

# 제5장

## 한국 군 상부구조의 개선, 발전 방향

지금까지 살펴보았듯이, 한국의 현행 군 상부구조는 지난 1990년 818 계획을 통해 구축된 명목상의 '합동군 체제'를 채택하고 있다. 다시 말해서 군령, 군정 기능을 각각 합참과 육·해·공군 본부 중심으로 분리시켜 놓은 것이다. 하지만 전·평시를 막론하는 합참의 독점적인 군령권 행사, 육군 출신에 편중되어 온 합참의 조직 및 인적구성을 고려할 때, 오히려 '육군 주도의 통합군 체제'에 가깝다는 평가가 보다 정확할 것이다. 그동안 국방부와 합참을 두고 '육방부', '육참'이라는 비판이 계속되어 온 것도 이와 결코 무관하지 않다.

이러한 군 상부구조로는 평시의 저강도 무력충돌이나 위기관리, 전면전쟁에 이르는 광범위한 군사적 분쟁 양상에서 신속·정확하고 효과적으로 대응하고, 육·해·공 3군의 전투력을 유기적, 통합적으로 운용·발휘하는 데 많은 문제점이 발생할 수밖에 없는 실정이다. 2010년 3월 천안함 피격사건에서 드러난 군 당국의 미숙한 대응은 이를 여실히 입증해 주었다. 뿐만 아니라 중·장기적인 군사력의 건설 과정에서 요구되는 국방자원의 기획, 소요, 배분 등을 총체적인 전력발전이 아닌 특정 군의 이해관계 중심으로 왜곡시키는 결과를 야기하고 있다. 지난 수십 년 동안 한국이 천문학적인 액수의 국방예산을 투입해왔음에도 여전히 한반도 내에서의 전쟁 억지 및 승리능력을 동맹 미국의 첨단 정보수집 자산과 대규모 증원전력에 의존하고, 북한의 각종 비대칭 전력에 대한 취약성을 면치 못하는 근본 원인이 바로 여기에 있는 것이다.

이에 따라 군 상부구조 개편은 2011년 3월 8일 발표된 「국방개혁 기본계획 11-30」의 주요 내용들 가운데서도 단연 최대의 관심사이자 쟁점으로 부각되고 있다.[1] 김관진 국방부 장관이 2011년 5월 22일

---

1) 당초 이명박 행정부의 국방개혁안은 이명박 대통령에게 보고된 날짜(2011년 3월 7일)를 따서 「307 계획」으로 명명되었지만, 총 73개의 각종 개혁과제들을 '2011년에서 2030년까지 추진한다'는 의미에서 명칭을 변경했다. 유현민, "국방개혁 명칭 '기본계획 11-30'으로 변경", 「연합뉴스」, 2011년 5월 12일자.

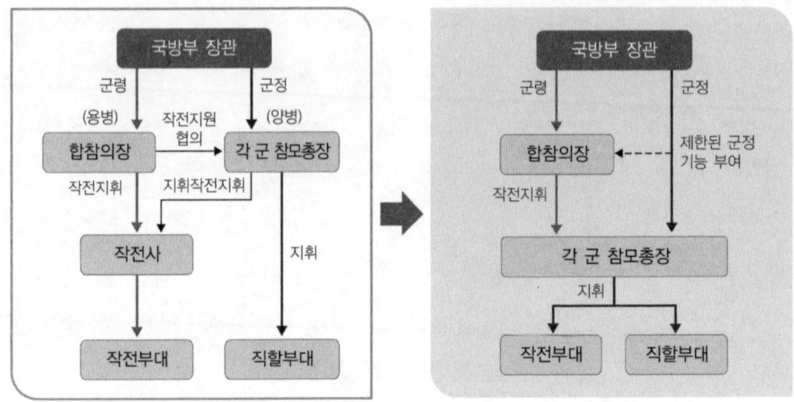


「국방개혁 기본계획 11-30」의 군 상부구조 개편안

출처: 국방부, 『「국방개혁 기본계획」 상부지휘구조 개편』(서울: 국방부, 2011), p. 18

KBS TV '일요진단'에서 "이번 국방개혁의 중심에는 군 상부 지휘구조의 개편이 있다."고 언급한 것은 군 상부구조의 개편 문제가 「국방개혁 기본계획 11-30」에서 차지하는 비중이 어느 정도인지를 단적으로 반영한다. 「국방개혁 기본계획 11-30」이 제시하는 군 상부구조의 개편안은 지난 1990년 818 계획으로 성립된 기존의 상부 지휘구조를 20여 년 만에 재구축한다는 점에서 그 의의가 매우 크다. 그동안 합참, 육·해·공군 본부를 중심으로 이원화되어 온 군정·군령 기능을 일원화시킨다는 것이 「국방개혁 기본계획 11-30」의 군 상부구조 개편안이 지향하는 핵심이다. 구체적인 내용들은 다음과 같다.[2)]

- 합참에 합동군사령부의 기능을 부여한다. 합참의장 휘하에는 작전 등 군령 기능을 담당하는 제1차장, 군정·기획기능을 담당하는 제2차장을 임명하여 합참의장을 보좌한다.
- 육·해·공군 참모총장을 각 군 작전부대의 지휘계선에 다시 포함시키고, 전·평시 모두 합참의장이 각 군 참모총장을 작전지휘한다.

2) 국방부, 『「국방개혁 기본계획」 상부지휘구조 개편』(서울: 국방부, 2011), pp. 8-15.

- 각 군의 본부를 작전사령부와 통합하고, 참모총장의 지휘를 받는 지상·해상·공중 작전지휘본부와 작전지원본부로 재편성한다.
- 합참의장에게 작전지휘를 뒷받침할 수 있는 인사, 군수, 교육, 동원기능 등의 제한적인 군정권을 부여한다.

국방당국은 「국방개혁 기본계획 11-30」의 군 상부구조 개편안이 합참과 각 군 본부를 전투지향적인 형태로 재편시키고, 그동안 주요 전투부대의 작전지휘에서 소외되어 온 육·해·공 3군의 본부가 실전에서 각자의 전문성을 발휘할 수 있도록 보장하여 한국군의 작전수행 능력을 향상시킬 수 있다고 강조한다. 다시 말해서 "싸우는 방법대로 편성·장비·훈련하고, 훈련한대로 싸운다."는 개념을 실질적으로 구현한다는 것이다.[3] 합참은 2011년 5월 30일에서 6월 1일 사이에 실시된 연례 합동 지휘소훈련(CPX: Command Post eXercise) '태극연습', 8월 16~26일의 2011년도 '을지 프리덤가디언'(UFG) 한미 연합군사훈련에서 각 군 참모총장을 작전지휘 계선에 포함하는 「국방개혁 기본계획 11-30」의 군 상부구조 개편안을 처음으로 적용한 바 있다.[4]

현재 국방당국은 4단계에 걸쳐 군 상부구조의 개편을 진행시킨다는 방침이다.[5] 우선 1단계는 올해(2011년) 안으로 군 상부구조 개편안의 내용들을 구체화하여 확정짓고, 국회 심의절차를 거쳐 「국군조직법」과 「국방개혁법」을 비롯한 관계 법령들을 제·개정하는 것이다. 2단계는 2012년까지 각 군 참모총장들을 작전지휘 계선에 포함시키고, 이를

---

3) 국방부, 2011, p. 9.

4) 국방부는 태극연습 직후인 2011년 6월 13일 국회 국방위원회에 제출한 보고자료를 통해 "군 상부구조 개편의 필요성, 효율성이 확인되었다."고 자평(自評)했다. 우선 합참의장은 직접 지휘대상이 3군의 10여개 작전사령부에서 육·해·공군 본부, 해병대사령부로 축소되어 전쟁지도 보좌, 전략상황 평가, 장차계획 수립 등의 보다 거시적인 역할에 주력할 수 있게 되었다는 것이다. 또한 각 군 참모총장들이 예하 작전부대의 군령권을 행사하면서 작전지휘의 집중도, 질적 수준이 개선된 것으로 평가되었다. 김귀근, "각군 총장 지휘권연습 어떻게 진행되나", 「연합뉴스」, 2011년 5월 31일자.

5) 국방부, 2011, p. 26.

2011년 태극연습의 화상 작전회의 모습. 「국방개혁 기본계획 11-30」의 군 상부구조 개편안에 따라, 각 군의 참모총장들이 합참의장의 지휘 아래 예하 작전부대를 작전 지휘하는 형태로 수행되었다.

뒷받침할 수 있도록 합참과 각 군 본부의 조직을 개편하는 것이다. 3단계는 2014년까지 각 군 본부와 야전군급 작전사령부의 통폐합을 완료하고, 한국군의 자체 연습 및 한미 연합군사훈련 등을 통해 군 상부구조의 개편안을 검증하는 것이다.[6] 그리고 4단계는 개편된 군 상부구조의 임무수행능력을 최종적으로 검증한 후, 이를 기반으로 2015년 12월 전시 작전통제권의 전환을 완료하는 것이다.

그러나 「국방개혁 기본계획 11-30」의 발표 이후, 군 내외에서는 다양한 비판과 반대 주장들이 제기되고 있다. "합참의장이 육 · 해 · 공군 참모총장을 지휘한다면 도리어 각 군의 전문성, 자율성을 약화시킬

6) 2013년부터는 UFG 한미 연합군사훈련에 개편된 군 상부구조, 신(新)작전계획 5015를 적용하여 그 군사적 효과를 검증, 평가할 계획이다. 구체적으로는 2013년에 기본운용능력(IOC: Initial Operational Capability)을, 2014년에 최종운용능력(FOC: Full Operational Capability)을, 그리고 2015년에 완전임무 수행능력(FMC: Fully Mission Capable)을 검증한다는 방침이다. 이주형, "2013년 UFG(을지 프리덤가디언)부터 新작전계획 적용", 「국방일보」, 2011년 6월 14일자.

것.", "육군 주도의 통합군 체제로 나아가려는 속셈.", "합참의장에게 군정권까지 부여하는 것은 문민통제 원칙에 어긋나는 일."이라는 것이 비판의 요지다.[7] 특히 해·공군 출신의 예비역 장성들이 비판의 선봉에 나서면서, 「국방개혁 기본계획 11-30」의 군 상부구조 개편안을 둘러싼 논쟁이 '육군 대 비(非)육군'의 갈등으로 비화되고 있는 것은 매우 우려스러운 일이다.

현재 「국방개혁 기본계획 11-30」의 군 상부구조 개편안에 관한 찬반 논란은 육·해·공군의 팀워크, 즉 합동성에 관한 군 내외의 합의점 도출이 제대로 이루어지지 못하고 있음을 반영한다. 다시 말해서 '지휘체계의 통일성'을 강조하는 육군, '개별 군의 자율성 및 전문성'에 초점을 두는 해·공군 양측이 좀처럼 입장 차이를 극복하지 못하고 있는 것이 문제의 본질이다. 그러나 군 상부구조의 측면에서 합동성은 양자택일이 아니라 조화의 문제다. 통합군 체제의 장점인 '지휘체계의 통일성', 3군 병립체제의 장점인 '개별 군의 자율성 및 전문성'을 함께 달성하는 것이야말로 진정한 합동성의 구현이다. 그리고 미국, 유럽 등 앞서 살펴본 주요 군사 선진국들의 군 상부구조 사례는 이것이 충분히 가능하다는 점을 보여주고 있다.

오늘날 군사분야에서 합동성은 더 이상 거스를 수 없는 대세(大勢)이자 시대적인 요구다. 군사기술의 발달은 전쟁 수행의 시·공간적 거리를 급속도로 좁혔으며, 특히 항공기와 정밀유도무기, 첨단 정보수집 자산, $C^4I$ 체계의 등장은 이를 더욱 촉진시켰다. 그 결과 오늘날의 전쟁에서는 더 이상 육·해·공군이 각자의 전장공간을 독점할 수 없으며, 오히려 이들을 유기적으로 운용하여 전방위적인 전투력 우위를 달성해야 할 필요성이 절실하다. 한국의 전장환경도 국토 면적이 협소해서 동시 전장화 위협에 노출되기 쉽고, 3면이 바다로 둘러싸여 있다는 점

7) 김귀근, "軍, '국방개혁 307 계획' 반발에 곤혹", 「연합뉴스」, 2011년 3월 28일자.

에서 합동성에 입각한 전투력 운용이 반드시 요구된다.

따라서 한국군은 통합군 체제에 가까운 기존의 군 상부구조를 '진정한 의미에서의 합동군 체제'로 전환하는 데 초점을 두어야 마땅하다. 이를 위해서는 군 상부구조에서 3군 균형의 제도적인 보장을 우선적으로 추진한 후, 이를 전제로 지휘체계의 통일성과 집중성을 강화하는 노력이 요구된다. 다시 말해서 '선(先) 3군균형 보장, 후(後) 집중' 원칙이 필요한 것이다. 이에 필자들은 구체적으로 다음의 9가지 대안을 제시하고자 한다.

## 1. 군령권의 전 · 평시 구분 행사

앞서 언급했듯이 한반도는 전장공간이 상당히 협소하며, 3면이 바다로 둘러싸여 있는 지리적 특성상 어느 나라보다도 합동성에 입각한 군사력의 운용 필요성이 절실한 조건에 놓여 있다. 다시 말해서 육 · 해 · 공군 각자의 전문성과 자율성을 보장하는 동시에, 필요할 경우 이들 3군의 전투력을 유기적, 통합적으로 조정 및 운용할 수 있는 능력이 요구되는 것이다.[8] 이러한 관점에서 볼 때, 육군 출신이 대다수를 차지하는 합참이 각 군 전투부대에 대한 전 · 평시의 군령권을 모두 행사하고, 해 · 공군의 전력을 육군 주도의 작전수행을 위한 단순 지원세력

8) 이 점에서 2010년 3월 26일(공교롭게도 천안함 피격사건이 발생한 바로 그날) 합참이 주최한 '합동성 강화 대토론회'에서 김성찬 해군참모총장이 발언한 다음의 내용은 시사하는 바가 크다.
"합동성 강화의 대의(大義)에는 찬성하지만, 한국군이 자칫 '물오리'가 되자는 뜻처럼 들린다. 물오리는 물에서 헤엄도 치고, 땅 위에서 걸으며, 공중으로 날기도 한다. 마치 이런 군이 바람직하다는 논리로 합동성이 거론되어서는 곤란하다. 물에서는 상어처럼, 땅에서는 호랑이처럼, 하늘에서는 독수리처럼 싸우는 군이어야 한다. 각 군의 전문성이 보장되어야 하는데, 합동성이라는 명분으로 다 섞어놓아서 결국 물오리가 되자는 말은 아닌지 다시 점검해야 한다."

으로 격하시키고 있는 현행 군령체계로는 결코 진정한 의미에서의 합동성을 구현할 수 없다.

군령체계상의 합동성이란 특정 군에 전체 군사력의 운용, 감독을 위한 독점적인 권한을 부여하는 가운데, 나머지 군의 전력을 그 휘하에 종속시키는 것이 결코 아니다. 오히려 주요 군사작전의 지휘통제, 의사결정, 수행 과정에서 육·해·공 3군 상호 간의 전문성을 이해 및 인정하고, 3군의 균형적인 참여를 보장해야만 달성될 수 있는 것이다. 요컨대 '3군 균형'이야말로 합동성의 구현을 위한 선결조건이자 대전제이며, '통합'과 '집중'은 그 다음의 과제라고 할 수 있다.

1999년과 2002년, 2009년 연평도 및 백령도 인근에서 벌어진 해상교전과 2010년 3월의 천안함 피격사건, 그리고 11월 23일의 연평도 포격전에서 나타났듯이, 휴전 이후의 지난 60년 동안 한국이 직면한 가장 실질적인 군사위협은 바로 '북한에 의한 저강도 무력충돌'이었다. 이들은 비교적 제한된 범위 이내의 전장공간에서, 짧은 시간 동안의 교전으로 작전의 성패 여부가 결정되었다는 공통점을 갖고 있다. 때문에 해당 작전을 성공적으로 수행하기 위해서는 무엇보다도 작전의 성격, 전장공간에 관한 전문적인 이해가 우선적으로 요구된다.

다시 말해서 전시가 아닌 평시의, 공간 및 시간적으로 제한·통제되는 상태에서 벌어지는, 접적(接敵) 지역에서의 소규모 국지도발에 보다 신속하고 효과적으로 대응하기 위해서는 합참보다는 오히려 각 군 본부 차원에서 군령권을 행사하는 편이 바람직하다. 아무리 합참이 서로 다른 군종 간의 균형을 달성할 수 있도록 구성된다고 해도, 특정 전장공간 이내의 특정 작전 수행에 관해서는 해당 군보다 전문성이 결여될 수밖에 없기 때문이다. 저강도 무력충돌의 대응 과정에서 1차적으로 요구되는 합동성은 합참에 의한 '군령체계상의 합동성'이 아니라, 각 군의 전투력 운용에서 시·공간적인 제약을 최소화시킬 수 있는 능력, 즉 '전력구조상의 합동성'이다. 구체적으로는 무인항공기(UAV)를 비롯한 정보수집 자산,[9] 육 · 해군 소속의 항공전력(예: 기동 · 공격헬기), 3군 공통으로 운용 가능한 다목적 소형 정밀유도무기[10] 등이 여기에 해당된다.

따라서 합참이 각 군 예하의 작전부대에 대한 전 · 평시 군령권을 모두 보유하는 현재의 체제를 영국, 프랑스를 비롯한 유럽 주요국가들이 채택하고 있는 '평시(平時) 각 군별 주도', '전시(戰時) 합참 주도'로 전환해야 한다. 다시 말해서 데프콘(DEFCON: DEFense Readiness CONdition)[11] 4와 3에 해당하는 평시에는 육 · 해 · 공군의 본부와 참모총장, 혹은 참모총장의 지휘 · 감독을 받는 각 군별 야전군급[12] 작전사령부의 사령관이 합참의 개입 없이, 예하 작전부대들에 대한 군령권을 직접 행사해

---

9) 현재 한국군이 운용하는 주력 UAV는 육군의 군단급 정찰용 RQ-101 '송골매', 이스라엘제 '서처'가 대표적이며, 모두 비행고도 10km 이하의 저고도 UAV다. 최근 군 당국은 기존의 송골매, 서처보다 성능이 우수한 국산 저고도 UAV 30여 대를 개발, 양산하여 2014년부터 육군의 사단급 부대들과 해병대에 배치한다는 계획이다. Jung Sung-Ki, "Seoul Backs UAV Efforts for Command Transfer", *Defense News*, May 17, 2010.

10) 최근 방위사업청은 신개념 기술시범(ACTD: Advanced Concept Technology Demonstration) 사업에 포함된 7개 과제들 가운데 하나로 '다목적 소형 저가 공대지 유도무기'를 선정한 바 있다. 이는 직경 185mm, 무게 17kg의 국산 MTJ-150 초소형 터보제트 엔진을 탑재하며, 지상 발사대와 해군 함정, 항공기 등의 다양한 탑재수단을 통해 발사 가능하다. 특히 대부분이 갱도화된 진지 내부에 배치되고 있는 휴전선 전방지역의 북한 장거리포, 해안포를 정밀타격하는 데 효과적일 것으로 기대된다. 김가영, "방사청, 신개념기술시범 7대 과제선정", 「국방일보」, 2010년 7월 2일자.

11) '전투준비태세'로 알려진 데프콘은 총 5단계로 나뉜다. 가장 낮은 단계인 데프콘 5는 '외부위협 부재(不在)' 상태를 뜻한다. 데프콘 4는 '경계태세 강화' 단계인데, 대립하고 있으나 군사개입 가능성은 없는 상태를 뜻한다. 데프콘 3은 '준비태세 강화' 단계로 전 군의 휴가, 외출이 금지되며, 즉각 출동준비 태세에 들어간다. 데프콘 2는 '준비태세 더욱 강화' 단계로 동원령 선포와 함께 전 군에 탄약이 지급되고, 부대편제 인원이 100% 충원된다. 그리고 가장 높은 단계인 데프콘 1은 '전쟁상태 돌입'을 뜻한다. 한국의 경우 1953년 휴전 이후 상시적으로 데프콘 4가 발령되어 있으며, 1976년 8월의 판문점 도끼만행 사건 당시 데프콘 2까지 발령된 바 있다.

12) 육군의 경우 현재의 제1군(동부전선), 제3군(서부전선) 사령부를 통합하는 단일 야전군사령부로서 '지상작전사령부'를 설치하는 계획이 국방개혁의 일환으로 진행 중이다. 당초 국방당국은 2010~2012년 중에 지상작전사령부를 창설할 계획이었지만, 인사와 군수, 교육훈련 등의 기능을 갖추는데 2년 가량 소요된다는 판단에 따라 지연되고 있다. 이에 따라 육군 지상작전사령부의 창설은 전시 작전통제권의 전환이 마무리되는 2015년 무렵에야 가능할 것으로 전망된다.

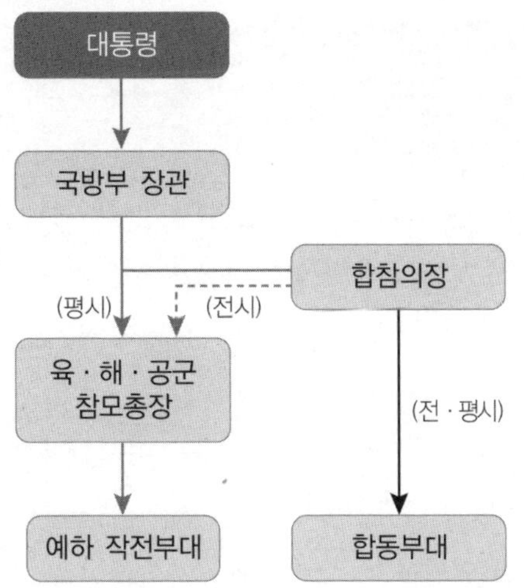


'평시 각 군별 주도', '전시 합참 주도' 형태의 군 상부구조

야 한다. 이는 천안함 피격사건, 연평도 포격전과 같은 접적(接敵) 지역에서의 기습, 국지도발에 대한 각 군의 신속하고 전문성 있는 대응능력 발휘를 보장하기 위한 것이다.

합참과 합참의장은 전면전쟁, 혹은 이에 준하는 대규모 무력충돌이 발생 및 예상되는 위기 상황(구체적으로는 데프콘 2와 1)에 한해서만 육·해·공군의 참모총장과 예하 작전사령부, 작전부대들에 대한 일원화된 군령권을 행사하여 3군 전체 군사력의 유기적, 통합적인 운용이 가능토록 해야 할 것이다. 앞으로 합참의장의 평시 임무는 대통령·국방부 장관에 대한 군사문제 자문, 중·장기 군사력 건설 계획의 수립 및 발전, 기본 군사전략 개념·지침의 정립, 하달 등에 보다 높은 비중을 두도록 바뀔 필요가 있다. 평시의 작전지휘 대상도 ① 합참 직속으로 설치되어 있는 합동부대, ② PKO를 비롯한 해외 파병부대, 그리고 ③ 후방지역의 방어, 대(對)침투 작전을 수행하는 예비전력 등으로 축소되어야 한다. 여기서 평시 및 위기상황, 전면전쟁 여부의 판단과 결정은 국방부 장관의 권한으로 규정한다.

아울러 합참의장은 합참의 수장으로서 각 군의 독자성 · 자율성을 침해하지 않는 범위 이내에서, '합참과 합동부대의 지휘감독, 운영에 필요한' 군정권을 보유할 필요가 있다. 그 가운데 하나가 합참, 합동부대 소속 장성 · 장교들에 대한 인사권이다. 천안함 피격사건 당시 합참과 해군의 지휘 및 보고체계 혼선에서도 나타났듯이, 인사권은 본질적으로 작전지휘 기능과 불가분(不可分)의 관계에 있다. 직업군인의 입장에서 장교들은 작전 지휘계선상의 상관보다 보직, 진급 및 진급추천, 징계, 배속지 결정을 비롯한 인사권자와의 이해관계에 더욱 신경을 쓸 수밖에 없기 때문이다. 군령권의 효과적인 행사를 보장하기 위해서라도 인사, 작전지휘 권한은 마땅히 동일 지휘관이 보유해야 한다. 따라서 합참, 합동부대에 소속된 장성 · 장교들의 경우, 진급 및 진급추천, 징계 등의 주요 인사권은 소속 군의 참모총장이 아닌 합참의장에게 부여해야 할 것이다.[13)]

또한 유사시에는 합참과 합참의장이 각 군의 작전부대뿐만 아니라, 군수지원 부대에 대한 지휘통제 권한까지 행사할 수 있어야 한다. 흔히 군수지원은 비전투 지원업무로 인식하기 쉽지만, 실제 합동작전에서 주요 작전부대들이 신속 · 원활하고 지속적, 안정적으로 임무를 수행할 수 있도록 보장하는 능력은 군수지원 기능이 좌우하기 때문이다. 그동안 실전에서 가용할 수 있는 군수자산이 어느 정도인지 판단하고 적재적소에 투입하는 권한은 각 군별로 분산되어 왔으며, 그로 인해 효과적인 전투 수행을 뒷받침하는 데 제약이 많았다.

앞으로는 합참의장에게 직접 군수지원 부대의 작전지휘 및 통제권을 부여하거나, 아니면 각 군 본부가 해당 역할을 수행할 수 있도록

13) 당초 국방당국은 합참 소속 장교들에 대한 진급권을 합참의장에게 부여하려 했지만, 이 경우 각 군 참모총장의 인사권이 침해될 것이라는 문제가 제기되었다. 그 결과 합참 소속 장교들의 진급권은 계속 각 군 참모총장이 행사하되, 합참의장에게는 진급추천권을 부여하는 방안이 추진 중이다.

합참의 작전지휘 계선에 입력시키는 방법이 반드시 마련되어야 한다. 장기적으로 각 군이 필수적으로 보유해야 할 군수지원 수단을 제외한 나머지는 통합 운용하여 군 자원운용의 효율성, 합동작전 수행의 효과성을 증대시킬 수 있어야 할 것이다. 특히 헬기, 수송기를 비롯한 항공 군수지원 자산은 짧은 시간 이내에 병력, 장비, 물자를 작전 현장으로 동원하는 데 유리하므로 가장 우선적인 대상이 될 수 있다.[14]

다만 「국방개혁 기본계획 11-30」에서 합참의장의 군정권 행사 범위를 '작전지휘와 관련한' 인사, 군수, 교육 등으로 규정하고 있는 내용은 재고(再考), 수정되어야 한다. 「국방개혁 기본계획 11-30」에 따라 합참의장의 지휘 대상이 '각 군의 작전부대'에서 '각 군의 본부, 작전부대'로 확대된다는 점을 고려할 때, 자칫 합참의장의 군정권이 각 군 고유의 군정 기능을 제약, 침해할 정도로 비대해질 수 있다는 비판의 소지가 충분하기 때문이다.[15] 따라서 합참의장에게 군정권을 부여할 경우, 그 범위가 합참, 합동부대로 제한될 것임을 반드시 명시해야 한다.

## 2. 합참 편성의 3군 균형 제도화

합참은 한반도 유사시에 한국의 육·해·공군 소속 전투력을 유기적, 통합적으로 운용하여 실전에서의 군사적 효과를 극대화하는 임무를 부여받고 있다. 이를 성공적으로 수행하기 위해서는 합참 내부의

14) 김종하, 2008, p. 182.

15) 인사권의 경우 합참의장이 육·해·공군 예하의 주요 작전부대 사령관(예: 육군의 사단·군단장, 해군의 함대사령관, 공군의 비행단장)에 대한 임명, 징계까지 관여할 가능성을 배제할 수 없는 것이다. 이론상으로는 육·해·공 3군의 참모총장도 작전지휘 계선을 통해 합참의장의 징계 대상에 포함된다. 이 경우 각 군 예하의 작전부대에 대한 참모총장들의 지휘권 행사가 크게 위축될 수밖에 없다. 윤상호, "합참의장에 참모총장 징계권… 각 군 참모차장 2명 임명… 갈수록 논란 커지는 국방개혁", 「동아일보」, 2011년 4월 27일자.

인적구성에서도 3군 균형이 구현될 수 있도록 하는 제도적인 보완장치가 필수적이다. 이는 합참이 전쟁, 혹은 그에 준하는 위기 상황에서 인원의 다수를 점유하는 특정 군 중심으로 전체 군사력을 지휘통제하고, 결과적으로 전투력 발휘의 상승효과(Synergy Effect)를 저하시키는 것을 막기 위해서다.

하지만 「국방개혁 기본계획 11-30」의 군 상부구조 개편안은 군령기능의 핵심을 담당하는 합참의 인적 구성에 대한 3군 균형을 보장하기 위한 노력이 상당히 부족하다. 단순히 합참 공통직위의 육 · 해 · 공군 출신 비율을 2 : 1 : 1, 합동부대의 경우 3 : 1 : 1로 보직하는 것을 원칙으로 하는, 사실상 사문화된 것이나 다름없는, 현행 「국방개혁법」의 제29조 3항과 제30조 1항을 유지하겠다는 것이 고작이다.[16] 심지어 국방선진화추진위원회가 합동성의 강화, 발전 차원에서 제안한 '합참의장의 3군 순환보직' 방안도 "국군 통수권자(즉, 대통령)의 인사권을 보장해야 한다."는 명분 아래 국방개혁안에서 제외되었다.[17]

이처럼 합참의장, 합참 내 주요기구들의 인적 구성이 육군 출신으로 편중되는 병폐(病廢)는 그대로 둔 채, 단순히 육 · 해 · 공 3군의 참모총장들을 작전지휘 계선에 포함시키는 것만으로는 실전에서 각 군의 전문성, 자율성을 보장할 수 없다는 것이 해 · 공군 출신 예비역을 비롯한 비판론자들의 지적이다. 오히려 각 군 참모총장이 육군 출신인 합참의장의 관할 아래에 종속되는 구조로 바뀌면서 개별 군의 전문성, 자율성을 제약하는 통합군으로의 변질이 명약관화(明若觀火)하다는 우려와 의

16) 국방부, 2011, p. 21.

17) 김관진 국방부 장관도 2011년 7월 20일 동북아미래포럼, 현대경제연구원이 주최한 조찬포럼에서 "합참의장을 육 · 해 · 공군 순환제로 임명하면 대통령의 인사운영권을 제한하는 문제가 있다. 대통령이 군에 대한 운영권을 믿고 맡길 수 있는 사람이어야 하는데, 육 · 해 · 공군 돌아가다 보면 다음 사람은 뻔해진다. 이렇게 하다 보면 단점만 부각될 것이다.", "대통령께서도 '이번에 육군이 했으니 다음에는 해 · 공군을 시키자'는 생각을 왜 안했겠는가? 대통령의 권한에 맡기면 된다."고 부정적인 견해를 피력했다. 김귀근, "軍, 합참의장 순환보직제 도입 않기로", 「연합뉴스」, 2011년 4월 26일자.

구심을 가중시킬 것이다. 앞으로 국방당국은 합참 내부의 인적 구성에서 3군 균형원칙을 보장하기 위한 제도적 장치를 마련하여 실전에서 합참이 본연의 임무를 효과적으로 수행할 수 있도록 뒷받침해야 할 것이다.

먼저 그동안 제대로 지켜지지 않고 있는 합참, 합동부대의 주요 직위 충원방식에 대한 육·해·공 3군 균형원칙이 충실하게 준수될 수 있도록 해야 한다. 그동안 합참과 합동부대의 내부 인적구성에 관한 논쟁은 '육·해·공 3군 출신의 비율을 각각 얼마로 할당해야 하느냐?'에 집중되어 왔다. 이론상으로는 육·해·공군 모두를 동수(同數)로 임명, 보직시키는 것이 바람직할지도 모른다. 그러나 한국군의 전체 병력 65만 명 가운데 육·해·공의 비율은 약 8 : 1 : 1이고, 장교의 경우도 4 : 1 : 1로 육군이 월등히 다수를 차지하고 있다.[18] 앞으로 추진될 국방개혁에 따라 2020년 이후 총 병력규모가 50만 명 내외로 감축되어도, 육군은 여전히 5.8 : 1 : 1의 비율로 병력 비중에서 해·공군을 크게 앞선다.

이와 같은 한국군의 현황을 고려할 때, 합참을 구성하는 각 군별 비율에 대한 숫자상의, 기계적인 균형만을 요구하는 것은 비현실적이다. 그보다는 특정 군 출신 인원의 독점을 예방할 수 있는 수준이면 충분하다. 따라서 합참과 합동부대의 내부 인적구성에 관한 3군 균형은 '육·해·공군 출신의 공동참여 보장', '특정 군 출신의 독점적 충원 배제'라는 2개 원칙에 따라 상한선을 설정하는 방식이 보다 바람직할 것이다. 다시 말해서 합참(혹은 합동부대)의 공통직위 구성에서 "육·해·공군 가운데 제외되는 군이 있어서는 안 되며, 특정 군이 전체 직위의

18) 합참 내부의 인적구성에서 각 군 출신의 동률 보직원칙을 채택하는 대표적인 국가는 미국이다. 하지만 이는 미 육·해·공 3군의 병력 비율이 1.65 : 1.06 : 1, 장교의 경우 1.37 : 1.11 : 1로 상당 수준의 균형을 이루고 있다는 점을 반영한 것이다. 따라서 육군과 해·공군 사이의 병력 규모 격차가 큰 한국에 그대로 적용하기에는 무리가 많다. 최수동, 2011. 6. 27.

50%(합동부대의 경우 60%)를 초과하여 임명될 수는 없다."라고 규정하는 방안이 가능하다.[19]

국방부는 천안함 피격사건의 발생 약 4개월 만인 2010년 7월 국방부, 합참 내부의 순환보직 대상을 기존의 장성급에서 대령급으로 확대하는 내용의 「국방개혁법」 시행령 제18조 개정안을 입법예고했으며, 10월부터 시행 중이다.[20] 이로써 특정 군 소속이 합참의 과장급 직위에 3회 이상 연속으로 임명될 수 없게 되었다. 앞으로는 여기서 더 나아가 합참 내부의 필수직위, 공통직위를 재조정하는 방안도 적극 추진할 필요가 있다. 합참에 편제되는 모든 주요 보직들을 원칙상 공통직위로 지정하고, 3군 전체에게 완전히 개방해야 할 것이다. 임무의 특성상 특정 군 출신만을 임명하는 필수직위의 수는 가능한 한 최소화하도록 한다. 구체적으로는 육·해·공군별 전력, 작전, 분석 담당부서가 여기에 해당할 것이다.

그동안 육군 출신 장성들이 독점해 온 합참의장의 임명도 3군 균형이 이루어질 수 있도록 제도화할 필요성이 절실하다. 이에 대해 일각에서는 육·해·공군 및 해병대 출신을 '육 → 해 → 공' 순서로 번갈아 임명하는 윤번제를 주장한다. 물론 윤번제는 외견상으로 이상적이지만, 적임자의 임명을 보장하기는 어렵다는 한계가 있다. 합참의장의 임무가 국가원수, 국방부 장관에 대한 군사문제의 자문·보좌뿐만 아니라 유사시에는 3군 주요 작전부대의 직접적인 작전지휘까지 포함하는 합동군 체제에서는 적합하지 않다. 그러므로 ① 동일 군 출신의 합참의장 연임을 금지하거나(예: 육 → 해 → 육 → 공), ② 연임 횟수를 1회로 제한하도록(예: 육 → 육 → 해 → 육 → 육 → 공) 법제화하는 방안이 바람직하다.

아울러 합참의 주요 보직자들은 직위별로 모두 합동성에 관한 교육

---

19) 김종하·김재엽, 『국방개혁 2020 추진방향과 입법과제』(대전: 한남대 국방전략연구소, 2005), p. 63.

20) 김호준, "합참, 순환보직 대상 대령급까지 확대", 「연합뉴스」, 2010년 7월 8일자.

이수 및 특기보유, 혹은 합참에서의 근무 경력을 필수적으로 갖추도록 요구, 규정되어야 한다. 예컨대 영관급 장교의 경우, 군의 주요 교육기관(예: 국방대 합동참모대학)에서 일정 수준의 합동성 관련 교육을 이수하거나, 그에 상응하는 합동특기를 보유해야만 합참에 보직할 수 있도록 해야 할 것이다. 장성급 역시 특정 군에서의 근무 경력만을 갖춘 인사보다는, 합참에서 근무했던 인사를 최우선적으로 임명하게끔 제도화해야 한다. 이는 합참의 주요 구성원들이 출신 군이 어디냐에 상관없이, 합참 내부에서 유사시 '합동성에 입각한 작전지휘'에 관한 이해 및 공감대를 유지, 발전시킬 수 있는 기반을 확보하는 데 의의를 갖는다.

합동참모회의의 구성도 개편될 필요가 있다. 현재 합참이 주최하는 합동참모회의에는 합참의장, 육 · 해 · 공군 참모총장을 당연직 의원으로 하는 가운데, 합참차장과 한미 연합사령부 부사령관, 해병대사령관, 그리고 합참 4개 본부의 본부장(중장급)이 공통 배석자로 참석하도록 되어있다. 특정 작전에 관한 심의를 위해서는 해당 작전사령관도 배석 가능하다.[21] 문제는 육군 출신이 독점하고 있는 합참의장과 합참의 주요 본부장의 인적 편성을 고려할 때, 합동참모회의에서 항상 육군이 다수를 차지할 수밖에 없다는 점이다. 이렇다 보니 참모총장 1명씩만 참석하는 해 · 공군의 입장은 합동참모회의를 통해 이루어지는 군의 주요 의사결정에서 제대로 반영되기 어려웠다.

앞으로 합동참모회의는 미국을 비롯한 주요 군사 선진국들의 사례를 참고하여 합참의장, 합참차장, 육 · 해 · 공군 참모총장, 그리고 해병대사령관 등 6명만으로 구성되어야 한다. 이는 각 군의 최고 대표권자들이 참석하는 회의체로서 합동참모회의의 위상과 대표성, 신뢰성을 제고하기 위한 것이다.

---

21) 김태훈, "합동참모회의 소개", 「合參」, 제30호(2007. 1).

## 3. 전략 차원 군사력의 총괄운용체계 확립

휴전 이후 약 반세기 동안 한국이 직면해 온 최대의 군사적 위협은 북한에 의한 재래식 군사력이었다. 하지만 1990년대 이후에는 수도권을 겨냥하는 1,000문 이상의 장거리포, 핵무기와 화학 · 생물무기를 비롯한 대량살상무기, 그리고 이들을 휴전선 이남의 한국 영토 대부분으로 발사할 수 있는 탄도미사일 등 북한의 비대칭 군사력이 한국의 최대 안보위협으로 부각되고 있다. 뿐만 아니라 동아시아의 전통적인 지역 강대국인 중국, 일본은 냉전 이후에도 경쟁적으로 해 · 공군력 중심의 첨단 군사력을 확충하고 있는 실정이다.

물론 한국이 위와 같은 현존, 혹은 잠재적인 군사위협들에 관하여 수수방관하고 있는 것은 아니다. 한국은 북한의 비대칭 군사위협에 직접적으로 대응하는 동시에, 중 · 장기적으로는 주변 강대국에 대해서도 상당 수준의 전쟁 억지효과를 발휘할 수 있는 다양한 무기들을 확보하는 데 상당한 노력을 기울이고 있다. 해당 전력들은 ① 광역 정보수집 자산, ② 장거리 정밀유도무기, ③ 미사일 방어체계 등을 포함한다.

우선 광역 정보수집 자산으로는 정찰위성, 중 · 고고도 무인정찰기, 공중 조기경보통제기 등이 손꼽힌다. 한국은 지난 2006년부터 해상도 1m의 전자광학 카메라를 탑재하는 다목적 실용위성 '아리랑' 2호를 운용 중이며, 2011~2012년 사이에는 아리랑 5호와 아리랑 3호, 그리고 아리랑 3A호를 차례로 발사할 예정이다.[22] 2020년까지 4기 이상의 군사 전용 정찰위성을, 독일과의 공동개발 방식으로 확보하는 방안도 추진 중이다.[23]

---

22) 아리랑 3호는 해상도가 0.7m로 향상된 전자광학 카메라를 탑재한다. 아리랑 5호는 해상도 1~3m 수준의 합성개구레이더(SAR: Synthetic Aperture Radar)를 탑재하여 악천후에도 정확한 영상 정보 수집이 가능하다. 그리고 아리랑 3A호는 아리랑 3호의 전자광학 카메라에 적외선 탐지장비를 추가하여 밤에도 해상도 7m의 영상정보를 수집할 수 있다.

또한 2015년을 전후로 비행고도 15km, 24시간 이상의 체공시간 등 미국의 MQ-1 '프레데터'와 대등한 성능을 갖추는 국산 중고도 무인정찰기를 개발하고, 비행고도 20km 이상, 최대 비행시간 약 40시간 등의 성능을 자랑하는 미국제 RQ-4 '글로벌 호크' 고고도 무인정찰기를 직도입한다는 계획이 진행 중이다. 해당 기종들은 적의 지상배치 방공전력의 요격으로부터 안전한 고도에서 지속적으로 체공하면서, 지상의 주요 군사위협(예: 대규모 기동부대, 미사일 발사대, 장거리포)들에 관한 조기경보 임무를 수행할 수 있는 것이 특징이다. 그리고 2012년 무렵까지 반경 370km 이내의 항공표적 약 3,000개를 동시에 탐지, 추적할 수 있는 미국제 E-737 '피스 아이' 공중 조기경보통제기 4대가 도입 중이다.

현재 한국군이 보유한 장거리 정밀유도무기로는 사거리 180km와 300km의 국산 '현무', 미국제 ATACMS(Army TACtical Missile System) 탄도미사일이 대표적이다. 육군은 2006년 9월 이들을 총괄 운용하는 '유도탄사령부'를 창설했다. 지난 2006년부터는 '천룡', '현무-3'이라는 별칭이 붙여진 사거리 500~1,500km 이상의 국산 순항미사일을 개

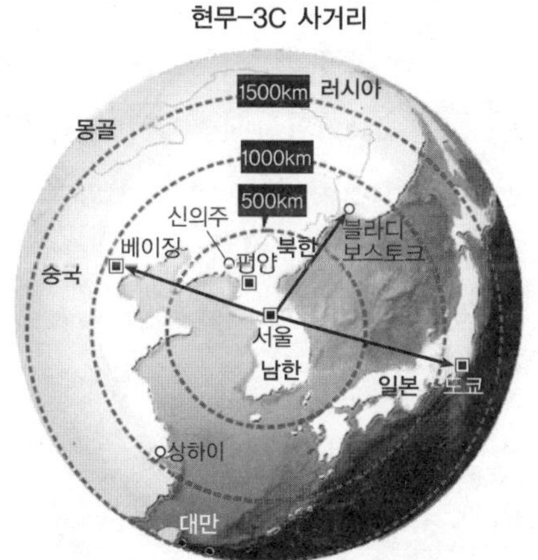

국산 순항미사일 '현무-3'의 제원과 사거리 범위
출처: 「동아일보」 2010년 7월 19일자.

23) 윤상호, "국방부, 군용 정찰위성 4기 도입 추진", 「동아일보」, 2009년 10월 21일자.

발, 실전배치 중인 것으로 알려져 있다.[24] 이로써 한국군은 유사시 북한 영토 전체뿐만 아니라, 주변 강대국들의 내륙에 위치하는 주요 정치 · 경제 · 군사적 거점까지 공격할 수 있는 능력을 확보하게 되었다.

미사일 방어체계의 경우, 북한이 보유하고 있는 탄도미사일을 요격하기 위한 '한국형 미사일방어(KAMD: Korea Air and Missile Defense) 체계'가 구축되고 있다.[25] 그 시작으로 1991년의 제1차 걸프전쟁에서 활약한 미국제 '패트리어트(PAC-2)' 지대공미사일이 2008년부터 실전 배치되기 시작했다. 2010년대 초까지 개발되는 국산 중거리 지대공미사일(M-SAM) '철매-2'도 향후 미사일 요격능력을 갖추도록 개량될 예정이다. 또한 해군의 '세종대왕'급 이지스구축함(배수량 7,700톤)은 반경 500km 이내의 해 · 공역 표적 수백개를 동시에 탐지, 추적할 수 있는 AN/SPY-1D 위상배열레이더와 더불어, 2014년 무렵까지 사거리 240km 이상의 미국제 SM-6 함대공미사일을 도입, 탑재하여 탄도미사일 요격능력을 확보한다는 계획이다.[26] 그리고 2012년까지 전력화되는 최대 탐지거리 500km의 이스라엘제 '그린파인' 조기경보레이더도 한국의 미사일 방어체계 구축에 크게 기여할 것으로 기대된다.

해당 전력들은 2015년으로 예정되어 있는 전시 작전통제권의 전환 이후, 그동안 한국이 미국에게 전적으로 의존해 온 한반도에서의 전쟁 억지, 승리 능력을 독자적으로 갖추는 데 기여할 전략무기(戰略武器: Strategic Weapon)다. 다시 말해서 외부 적성세력의 군사적 움직임과 침공징후를 미리 파악하고, 적의 정치 · 경제 · 군사적 중추시설 및 기능을 마비, 제압할 수 있는 능력을 제공함으로써 평시의 전쟁 억지, 전시의 승리를 위한 주도권을 보장하는 역할을 하는 것이다. 이번 「국방개혁 기본계획 11-30」의 주요 국방개혁 과제에도 포함된 새로운 대북(對

24) 이정훈, "본격공개! 이것이 한국군 화력이다", 「신동아」, 2007년 2월호.
25) 김귀근, "'한국형 MD체계' 어떻게 운영되나", 「연합뉴스」, 2009년 2월 15일자.
26) 김민석, "해상 요격미사일 2014년까지 도입", 「중앙일보」, 2009년 6월 29일자.

北) 억지전략 개념, 즉 '적극적 억제'의 물리적인 기반이라고 할 수 있다.[27]

약 4만 명 규모로 추산되는 육 · 해 · 공 3군의 특수전부대도 전략급의 비중을 차지하는 군사력으로 운용 가능하다. 구체적으로는 육군 특수전사령부의 7개 공수여단, 3개 특공여단, 주요 군단 사령부 직속의 7개 특공연대, 해군의 특수전(UDT/SEAL) 여단과 해난구조대(SSU), 그리고 공군의 탐색구조전대, 공정통제부대(CCT) 등이 포함된다. 해당 부대들은 일반 부대들을 능가하는 고도의 훈련 수준과 전문화된 임무수행 능력, 기동성을 통해 영토 이내에서의 신속한 방어 작전뿐만 아니라 적의 측 · 후방 지역에 위치하는 정치 · 군사적인 거점에 대한 공세적 작전까지 수행할 수 있는 것이 특징이다.

그리고 시간이 갈수록 기술적 · 군사적인 치명성이 강화되고 있는 사이버전쟁과 이에 대한 대응도 마땅히 전략 차원에서 수립, 구현될 수 있도록 해야 할 것이다. 지난 2009년 7월 국내의 주요 인터넷 웹사이트를 겨냥한 사이버 공격을 계기로 2010년 1월 11일 '사이버사령부'가 창설된 것이 그 본보기다. 사이버사령부는 준장급을 사령관으로 하며, 국방 사이버 지휘통제센터를 중심으로 인터넷 해킹 예방, 보안관제, 복구 등 각 부대 · 기관에 산재해 있는 사이버 관련 기능과 역할을 총괄적으로 지휘한다.[28]

---

27) '적극적 억제'란 북한의 침공 이후 미국의 대규모 증원전력이 제공하는 압도적인 군사적 보복에 의존해 온 기존의 '거부적 억제'와는 달리, 전쟁 초기부터 북한의 핵심 군사력 및 기지, 전쟁 지휘부 등을 적극적으로 공격 및 무력화시켜 북한의 침공역량을 신속히 분쇄하는 것을 뜻한다. 특히 북한이 대량살상무기를 사용하려는 징후가 포착될 경우, 선제공격을 통해 이를 저지하는 가능성까지 포함하는 것으로 알려져 있다. 박창권, "적극적 억제전략의 개념과 의미 그리고 추진방향", 「국방저널」, 2011년 4월호.

28) 국방부는 2011년 7월 1일을 기하여 사이버사령부를 국방정보본부 예하 부대에서 국방부 직속의 독립부대 '국군 사이버사령부'로 승격, 전환시켰다. 아울러 국군 사이버사령부 내부에 참모장, 참모부서를 신설하는 등 조직과 인력을 대폭 보강하여 전 · 평시의 사이버전 수행, 중 · 장기적인 국방 사이버전 기획 · 계획 · 시행 역량을 확충한다는 계획이다. 김귀근, "軍 사이버사령부 11일 창설", 「연합뉴스」, 2010년 1월 8일자.

이러한 전략 차원의 군사력은 그 정치 · 군사적인 중요성을 고려할 때, 육 · 해 · 공 3군별로 나누어서 지휘통제하는 것은 바람직하지 못하다. 따라서 별도의 기능사령부, 즉 '전략사령부'(Strategic Command)를 통해서 각 군의 전략급 핵심 군사력을 총괄적으로 지휘통제하는 방안이 요구된다. 전략사령부는 합참 직속의 합동부대로 설치되며, 전 · 평시의 작전지휘 권한은 모두 합참의장 또는 합참의장의 직접 지휘를 받는 사령관이 행사하도록 한다.

전략사령부의 1차적인 지휘통제 대상은 각 군이 보유하는 광역 정보수집 자산, 장거리 정밀유도무기, 미사일 방어체계 관련 전력을 포함한다. 다만 육 · 해 · 공 3군의 특수전부대, 사이버사령부를 비롯한 사이버전쟁 전문부대는 전략사령부 소속으로 편입하지 않고, 별도의 합동부대 및 기능사령부를 통해 운용하는 편이 바람직할 것이다.

## 4. 합동군사령부의 신설

지난 60년 동안 한국이 국방 · 군사 분야에서 미국에 의존해 온 것은 무기, 병력을 비롯한 하드웨어에 국한되지 않는다. 군사력의 소프트웨어라고 할 수 있는 전쟁대비 및 기획, 지도 기능에서도 그동안 한국은 높은 대미(對美) 의존도를 면치 못해왔음을 부인할 수 없기 때문이다. 건국 이후 한국이 치렀던 대규모의 전쟁은 지난 1950~1953년의 6 · 25전쟁, 1965~1973년의 베트남전쟁이 전부다. 이들 가운데 6 · 25전쟁은 미군의 작전지휘에 따라 수행되었으며, 한국군이 독자적인 지휘권을 유지한 베트남전쟁에서도 사단 · 군단급의 대부대 작전은 총 30회(군단급 4회, 사단급 26회)로 57만 회가 넘는 전체 작전수행 횟수에서 불과 0.2% 이하에 그쳤던 것이다. 나머지 절대다수의 작전은 중대급 이하의 소부대 차원에서 수행되었다.

한국은 지난 1994년 12월을 기하여 평시 작전통제권(데프콘 4 기준)을 회복하였다. 하지만 그 이후에도 전쟁대비와 기획, 지도를 위한 주요 핵심권한들은 여전히 '연합권한 위임사항'(CODA: COmbined Delegate Authority)이라는 명칭으로 평시에도 한미 연합사령관(즉 주한미군 사령관)에게 위임되어 있는 실정이다. 이들은 ① 전쟁의 억지 및 방어, 정전협정 준수를 위한 연합위기관리, ② 유사시 연합계획 수립, ③ 연합 합동교리 발전, ④ 연합훈련의 계획 및 실시, ⑤ 연합 정보관리, ⑥ $C^4I$ 상호운용성 등에 관한 권한 등을 포함한다.[29)]

때문에 합참은 한국군의 최고 군령기구임에도 불구하고 전투기획, 수행보다는 평시의 관리임무(예: 평시대비태세의 조절, 주요부대의 실전훈련 주관, 전투준비태세의 유지 및 검열, 주요부대의 이동, 해·공군의 초계활동을 비롯한 평시 경계임무 등) 위주로 운영될 수밖에 없었다. 그 결과 한국군은 오늘날까지 동아시아에서 야전군 수준을 뛰어넘는 규모의 실전 육·해·공, 그리고 합동작전을 독자적으로 계획하거나 시휘해본 경험이 없는 사실상 유일한 국가로 남아 있는 실정이다. 이는 세계 6위를 자랑하는 한국군의 군사력 규모를 고려할 때, 도저히 납득할 수 없는, 지극히 비정상적인 현상임에 틀림없다.

앞으로 한국군은 전시 작전통제권의 전환이 완료되는 2015년 이후 하드웨어뿐만 아니라, 소프트웨어 기능에서도 명실상부하게 '한국방위의 한국화', '전쟁억지 및 승리 능력의 자립'을 달성할 수 있는 군 상부구조의 역량 강화, 발전에 총력을 기울여야 한다. 여기서 핵심을 차지하는 과제 가운데 하나가 바로 '합동군사령부'의 설치, 운영이다. 이는 그동안 합참이 평시 기획, 전시 작전지휘를 모두 담당한 방식에서 벗어

---

29) 뿐만 아니라 주한미군 사령관은 데프콘의 격상 여부도 한미 연합사령관의 권한으로 결정할 수 있다. 이에 따라 데프콘 3이 발령되면 한국군 주요 전투부대들은 자동적으로 한미 연합사령부의 지휘 아래에 놓인다. 김일영·조성렬, 『주한미군: 역사·쟁점·전망』(서울: 한울 아카데미, 2003), p. 182.

나, 사령부급의 합동 작전기구가 실전에서 육·해·공군 전투부대의 작전지휘를 전담하도록 바뀌어야 한다는 의미다.

사실 한국군의 전시 작전통제권을 직접적으로 행사, 관할하는 독자적인 합동 작전기구의 창설 가능성은 한미 양국이 전시 작전통제권의 전환 일정에 처음 합의했던 지난 2007년부터 등장한 바 있었다. 그해 6월 28일, 한국군 합참과 주한미군 사령부가 서명한 「전시 작전통제권 전환의 이행을 위한 전략적 전환계획」(STP)에도 한미 연합사령부로부터 전시 작전통제권을 이양받는 주체를 '한국군 합동참모본부'로 명시하면서, 괄호 속에 '합동군사령부'(JFC: Joint Forces Command)를 포함시킨 내용이 있었던 것이다. 하지만 당시에는 합동군사령부가 합참본부와는 별개의 조직인지, 아니면 합참본부 자체가 곧 합동군사령부인지의 여부가 불분명했다.

2010년 3월의 천안함 피격사건 직후, 합동군사령부의 창설은 군 상부구조 개편에 관한 논의에서 대표적인 과제로 등장했다. 합참이 수행해 온 군사기획 및 자문, 작전지휘 기능 가운데 후자를 전담하는 합동군사령부를 신설하고, 합참의장의 작전지휘 권한을 별도의 합동군사령관에게 부여한다는 방안이었다. 이에 따라 국방선진화추진위원회는 합동군사령부의 창설을 2010년 12월 6일 이명박 대통령에게 보고한 총 71개의 국방개혁 과제에 포함시켰다. 국방부도 3주일 후인 12월 29일의 2011년도 연두업무계획 보고를 통해 '합동군사령부의 창설을 비롯한 상부 지휘구조의 개편'을 2012년까지의 단기 과제로 추진할 것임을 천명했다.[30)]

그러나 3개월 후인 2011년 3월 8일 발표된 「국방개혁 기본계획 11-30」의 총 73개 과제에서 합동군사령부의 창설은 끝내 제외되었다. 국방당국은 "헌법 제89조 16항에 국무회의 심의 대상으로 합참의장,

---

30) 김귀근, "대통령 업무보고 핵심 軍구조개혁 골자", 「연합뉴스」, 2010년 12월 29일자.

각 군 총장만이 명시되어 있으므로 합동군사령관 직책을 신설할 경우 위헌(違憲) 논란이 생길 수 있다."는 이유를 들어 합동군사령부의 창설 계획을 백지화시켰다.[31] 이는 합참본부가 평시 기획, 전시 작전지휘 임무를 모두 수행하는 기존의 체제를 유지하겠다는 의미였다.

그럼에도 불구하고 한반도 유사시 육 · 해 · 공 3군의 전력을 총괄적으로 지휘통제할 합동군사령부의 창설 필요성은 여전히 유효하다. 우선 전시의 급박한 상황 속에서 대통령 · 국방부 장관에 대한 군령보좌, 주요 전투부대들의 작전지휘를 합참의장 혼자서 책임지는 것은 물리적으로 비현실적일 뿐만 아니라, 지나친 부담이 될 수밖에 없다. 다음은 전임 노무현 행정부에서 육군참모총장, 국방부 장관을 역임한 김장수(한나라당, 국회 국방위원회 소속) 의원의 지적이다.[32]

> "합동군사령관이 수행해야 할 전시 작전지휘는 싸우는 방법에 관하여 모든 것을 집중해야 하는 임무다. 전시에 대통령 보좌, 작전지휘 가운데 하나를 제대로 수행하지 못할 경우 안보재앙이 닥칠 수도 있으므로, 합참의장이 핵심임무를 수행할 수 없을 만큼 과부하가 걸리는 다른 직위를 겸임한다는 것은 위험하다. 전쟁 상황이 발생하면 합참의장은 대통령 옆에서 계속 작전상황을 설명하고, 대통령의 안보지침을 군사분야에 투영시키는 역할을 해야 한다. 따라서 물리적인 시간부족 때문이라도 합동군사령관을 겸임할 수 없다."

이러한 비판에 대해 국방당국은 "세계 각 지역에서 동시에 작전을 수행해야 하는 미군과는 달리, 한국군의 임무수행은 한반도라는 단일 전구(戰區)만을 대상으로 한다. 따라서 합참의장이 대통령 · 국방부 장관에 대한 군령보좌, 주요 전투부대들의 작전지휘 역할을 함께 수행할 수 있다."고 반박한다. 하지만 「국방개혁 기본계획 11-30」에는 현재 1명뿐인 합참차장을 2명으로 늘리고, 특히 합참의장의 작전지휘와 군

31) 유용원, "합동군사령부 신설 사실상 백지화", 「조선일보」, 2011년 3월 3일자.
32) 유현민, "김장수 '합참의장, 합동군사령관 겸직 안돼'", 「연합뉴스」, 2008년 10월 5일자.

령 기능을 보좌하기 위해 대장급의 합참 제1차장을 신설한다는 내용이 포함되어 있다. 이에 따르면 합참 제1차장은 합참의 작전 · 정보본부를 관할하며, 군사정보와 전략정보, 작전지휘, 작전기획 · 계획 등의 업무를 직접적으로 관장하여 합참의장의 지휘 부담을 경감시키는 역할을 수행하도록 되어있다.[33] 이는 합참의장의 작전지휘 권한을 전담할 별도의 전투사령관이 필요하다는 점을 국방당국이 사실상 인정한 것으로 해석할 수 있다.

그리고 합동군사령부의 부재(不在)는 2015년으로 예정된 전시 작전통제권 전환 이후의 한미 군사협조체계에도 부정적인 영향을 가져올 것이다. 미국이 '합참 → 주한미군 사령부 → 육 · 해 · 공 구성군 사령부 → 각 군 전투부대'로 이어지는 지휘체계를 채택하는데, 만약 한국군 합참이 작전지휘 기능까지 함께 수행한다면 군사협조 체계상의 유사성이 약화되면서 양국의 군 지휘부 사이에서 혼선이 초래될 수 있기 때문이다. 그리고 한국군 합참의 지위를 '한국의 최고 군사기구'에서 '한반도 이내의 일개 전투사령부' 정도로 격하하고, 향후 미국과의 전 · 평시 군사협력에서 한국 스스로의 위상을 약화시키는 결과를 초래할 수 있다.

따라서 국방당국은 오는 2015년으로 예정된 전시 작전통제권 전환을 대비하기 위한 중기계획의 일환으로 합동군사령부의 창설을 재추진해야 한다. 합동군사령부는 기존의 합참 작전본부와 정보본부를 확대 재편성하는 방식으로 신설하며, 합참본부의 내부 · 산하조직으로서 정보, 작전, 군수 등의 참모부처를 갖추어 ① 직속 합동부대 및 기능사령부에 대한 전 · 평시 작전권을, 그리고 ② 전시에는 육 · 해 · 공군의 야전군급 작전사령부와 예하 작전, 군수지원 부대에 대한 작전권까지 총괄 행사하는 최고 전투사령부 역할을 담당해야 할 것이다. 이를 통해 한반도와 그 주변지역에 대한 전쟁수행, 지도 능력을 갖춘 명실상부한

33) 김귀근, "합참의장-합참차장 어떤 역할 맡나", 「연합뉴스」, 2011년 4월 12일자.

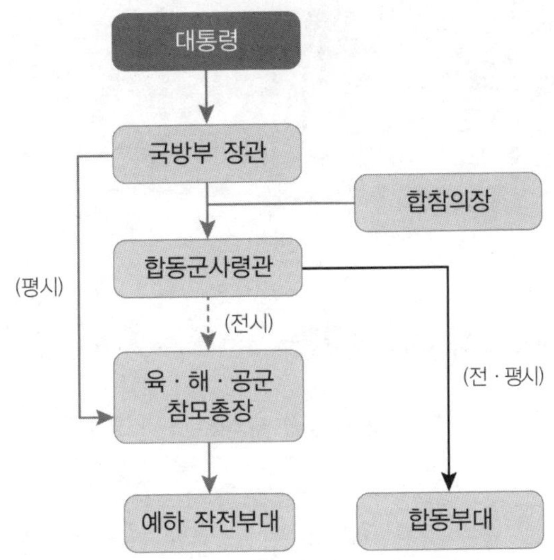

합동군사령부 창설 이후의 군 상부구조

한반도 지역사령부의 역할을 수행하는 것이다.

이 경우, 전시 작전통제권의 전환이 완료되는 2015년 말부터 합참의 조직구조는 합참의장 예하에 ① 군사기획 부문에 관하여 합참의장을 보좌하는 합참차장, ② 육 · 해 · 공 3군의 주요 전투사령부와 부대들을 지휘하는 합동군사령관이 각각 임명되는 형태로 개편될 것이다. 이들 가운데 합참의장과 합동군사령관은 대장 계급으로 임명하되, '군의 최고위 선임장성'이라는 직위는 종전대로 합참의장에게 부여한다.

전시 작전통제권의 전환 이후 합참의장은 ① 전 · 평시에 대통령, 국방부 장관의 군사자문 및 보좌, ② 군사력 건설과 전쟁 수행에 관한 기본 전략지침의 수립 · 하달, 그리고 ③ 합참 소속 장교들(합참차장, 합동군사령관 포함)에 대한 인사권을 비롯하여 '합참과 합동부대의 지휘감독, 운영에 필요한' 일부 군정권을 행사하는 등의 권한을 보유해야 한다. 합동군사령관은 그동안 합참의장이 행사해 온 육 · 해 · 공 3군의 주요 전투부대, 합동부대(전략사령부 포함), 군수지원 부대에 대한 작전지휘권

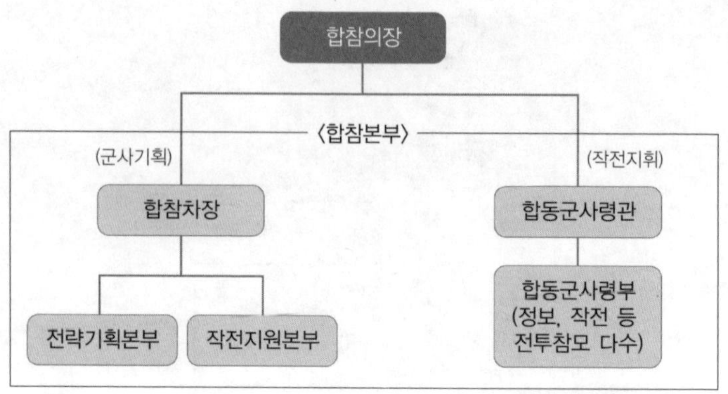


합동군사령부의 창설 이후 합참본부의 구조개편 방안

을 보유하도록 규정한다. 아울러 합동군사령관은 3군 균형의 원칙에 따라 합참의장과는 다른 군 출신으로 임명되도록 규정해야 할 것이다.[34] 그리고 합참차장은 전략기획본부, 군사지원본부를 관할하여 평시의 전쟁대비 및 지도 체계의 수립, 발전을 비롯한 군사기획, 지원 기능에 전념하는 역할을 담당하도록 한다.

## 5. 각 군 본부, 참모총장의 임무 조정

「국방개혁 기본계획 11-30」에 따라 육 · 해 · 공 3군의 참모총장들은 예하 작전부대에 대한 군정 · 군령권 모두를 보유하게 되었다. 그 결과 818 계획 이후 20여 년 동안 비전투 행정, 지원부대의 지휘 · 감독 권한만을 행사했던 각 군 본부의 조직, 각 군 참모총장의 역할은 상당 수준의 재편성과 조정이 불가피해졌다. 여기서 핵심적인 비중을 차지

34) 만약 헌법 조항상의 문제 때문에 합동군사령관의 별도 임명이 곤란하다면, 「국방개혁 기본계획 11-30」에 따라 '사실상의 합동군사령관'으로 신설되는 대장급의 합참 제1차장을 합참의장과 서로 다른 군 출신으로 임명하도록 규정해야 할 것이다.

하는 과제가 바로 각 군의 본부, 야전군급 작전사령부의 통폐합이다.

앞으로 각 군 본부는 '작전지휘본부', '작전지원본부'로 재편되어 참모총장의 군정 · 군령권 행사를 실무 차원에서 담당하게 된다.[35] 작전지휘본부는 현재 각 군의 야전군급 작전사령부에 해당하며, 내부에 4개(작전, 정보, 지휘통신, 지원)의 참모부를 갖추어 정보 · 작전 · 통신 등 용병(用兵) 기능에 주력한다. 작전지원본부는 4개(기획관리, 정보작전지원, 인사, 군수)의 참모부와 1개(정보화) 기획실을 중심으로 교육 · 인사 · 군수 · 기획 등 양병(養兵) 기능을 담당한다.[36] 그리고 각 군은 작전지휘본부, 작전지원본부를 각각 관할하는 2명의 중장급 참모차장직을 신설할 예정이다.

하지만 각 군 본부가 위치한 계룡대, 각 군의 야전군급 작전사령부 사이의 지리적인 거리 문제로 인해, 각 군의 참모총장이 실제로 군령권을 행사하는 데 물리적으로 어려움이 많을 것이라는 우려가 제기되고 있다. "참모총장이 유사시에 계룡대와 용인, 부산, 오산을 왕래하면서

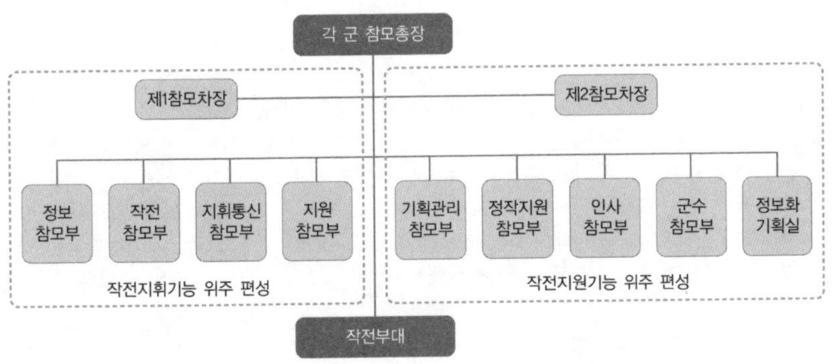


「국방개혁 기본계획 11-30」이 제시하는 각 군 본부의 재편성 방안

출처: 「연합뉴스」, 2011년 5월 16일자

---

35) 국방부, 2011, p. 15.

36) 각 군 작전지원본부의 '기획관리 참모부'는 현재의 전력기획참모부와 정책실을 통합하는 방식으로 편성할 예정이다. 기존의 비서실과 법무 · 공보 · 전비태세검열실 등의 비(非)전투 참모부들은 '특별참모부'로 재편된다.

작전을 지휘하는 것이 과연 현실성이 있는가?"라는 주장이다. 이는 각 군의 제1 참모차장(현재 작전사령관)이 예하 작전부대의 실질적인 군령권 행사를 담당하게 될 것임을 시사한다.

특히 육군의 지상 작전지휘본부를 지휘할 제1 참모차장은 현재 제1 · 제3 야전군사령관과 같은 대장급으로 임명한다는 계획이다. 이 경우 '합참의장 → 합참 제1차장 → 육군참모총장 → 지상 작전지휘본부장'으로 이어지는 육군의 작전지휘 계선은 4명의 대장급 장성으로 채워지게 된다.37) '합참의장 → 제1 · 제3 야전군사령관'으로만 구성되는 기존의 작전지휘 계선보다도 오히려 복잡해져 작전 수행 과정에서의 의사결정 절차와 시간이 늘어나고, 신속한 임무수행을 저해하는 비효율적인 구조라는 비판이 제기될 수밖에 없다. 각 군 참모총장이 군정 · 군령권을 함께 보유하면서 불가피하게 발생할 업무부담의 증대 문제도 해결되어야 할 과제다.38)

이러한 문제에 대해 국방당국은 "작전지휘본부, 작전지원본부가 지리적으로 분리되어 있는 문제는 정보통신 기술을 통해 $C^4I$ 체계를 일부 보완하는 방식으로 해결 가능하다."는 입장이다.39) 하지만 $C^4I$ 체계에

37) 김광수, "육군 작전 지휘계통 대장만 4명 '비대화'", 「한국일보」, 2011년 4월 13일자.

38) 2011년도 UFG 한미연합군사훈련 직후인 8월 26일 국방부가 국회 국방위원회에 제출한 자료에 따르면, 각 군 참모총장이 지휘계선에 포함되면서 훈련기간 동안 참모총장에게 위임되는 결심사항들이 40개에서 94개로 2배 이상 늘어난 것으로 나타났다. 구체적으로 육군참모총장은 16 → 44개, 해군참모총장은 14 → 38개, 그리고 공군참모총장은 10 → 12개로 증가했다. 참모총장의 업무 비중은 군령이 60%, 군정은 40%였다. 김연숙, "C4I 보완 · 각 군 총장 군령부담 조절이 과제", 「연합뉴스」, 2011년 8월 26일자.

39) 국방부가 태극연습 직후인 2011년 6월 국회 국방위원회에 보고한 자료에 따르면, 「국방개혁 기본계획 11-30」에 따른 군 상부구조의 개편을 뒷받침하기 위해 대폭적인 $C^4I$ 체계의 확충, 보완이 요구되는 것으로 나타났다. 구체적으로 ① 합참의 한국형 합동지휘통제체계(KJCCS), 군사정보통합관리체계(MIMS), 연합정보교환체계(CENTRIXS-K), 합동자동화종심작전협조체계(JADOCS)를 비롯한 연합 · 합동 $C^4I$ 체계에 7억 원, ② KJCCS 성능 개량에 21억 원, ③ 서버 성능개량 · 네트워크 보강을 비롯한 $C^4I$ 기반체계에 185억 원, 그리고 ④ 합참과 각 군 본부 사이의 화상회의(VTC) 체계 보강에 87억 원 등 총 300억 원이 소요될 전망이다. 유현민, "각군 작전지휘로 지휘통신체계에 300억 원 소요", 「연합뉴스」, 2011년 6월 13일자.

대한 지나친 의존은 적의 사이버공격을 비롯한 의도적, 혹은 우발적인 기술 장애가 발생할 경우, 촌각을 다투는 작전지휘에 막대한 장애를 초래할 수밖에 없다. 그러므로 각 군은 이를 해결하기 위한 보완 조치를 반드시 마련해야 할 것이다.

우선 각 군 참모총장과 참모차장의 임무, 위상을 명확히 규정지을 필요가 있다. 참모총장은 군정·군령권 모두를 보유하되, 원칙상 예하 작전부대에 대한 작전지휘를 우선적으로 수행해야 할 것이다. 제1 참모차장은 원칙적으로 참모총장의 군령권 행사를 보좌하는 작전참모의 역할을 수행하되, 필요한 경우 참모총장의 위임 및 지휘, 감독 아래서 예하 작전부대를 지휘할 수 있도록 한다. 이를 위해 제1 참모차장은 각 군의 작전지휘본부에 상주해야 한다. 제2 참모차장은 계룡대의 각 군 본부에 상주하면서 참모총장의 지침, 감독에 의거하여 군정 부문에 관한 실무 차원의 업무를 총괄한다. 말하자면 각 군의 실질적인 최고 군정 책임자 역할을 수행하는 것이다. 물론 군정 부문에서의 최종적인 결정권은 참모총장이 보유, 행사한다.

다만 각 군의 본부, 작전사령부 사이의 지리적 거리에 차이가 있음을 반영하여 실제 적용은 각 군마다 융통성을 발휘할 수 있도록 해야 할 것이다. 먼저 육군은 계룡대와 제3 야전군 사령부(경기도 용인) 사이의 거리가 상대적으로 멀지 않으므로 전·평시 모두 참모총장이 군령권을 행사한다.[40] 해군은 계룡대와 작전사령부(경상남도 부산) 사이의 거리가 멀기 때문에 평시에는 제1 참모차장, 전시에는 참모총장이 군령

40) 실제로 김관진 국방부 장관은 「국방개혁 기본계획 11-30」의 발표 직후인 2011년 3월 10일 서울 용산 국방회관에서 진행한 언론사 논설·해설위원 초청 국방정책 설명회에서 "앞으로 육군 참모총장은 주로 용인의 지상 작전지휘본부에서 작전을 지휘하고, 1주일에 1회 가량 계룡대에서 군정 업무를 맡게 될 것이다. 육군본부가 있는 계룡대에는 작전지원본부장(즉, 제2 참모차장)이 상주하며 작전지휘와 관련한 군수 지원 등의 임무를 수행할 것."이라고 설명한 바 있다. 김귀근, "육군총장, 내년부터 용인 지상작전본부서 지휘", 「연합뉴스」, 2011년 3월 10일자.

권을 행사해야 할 것이다. 그리고 공군은 계룡대와 작전사령부(경기도 오산) 사이의 거리가 상대적으로 멀지 않다는 점을 고려하여 평시에는 참모총장이 군령권을 행사한다. 대신 전시에는 한미 연합공군사령부(CAC: Combined Airforce Command)를 지휘할 주한 미 제7공군 사령관(중장급)과의 지휘체계 문제를 방지하기 위해 공군 제1 참모차장에게 군령권을 위임한다.41)

## 6. 국방부 문민화의 남은 과제들

최근 국방부는 채 5년이 되지 않는 짧은 기간 동안, 인적구성의 문민화 비율을 획기적으로 상승시키는 성과를 거두었다. 하지만 이는 2009년이라는 목표시한을 염두에 두고서, 주로 예비역 군인과 외부 인사충원에 의존하면서 달성되었다는 점에서 분명 한계가 있다. 국방부 내부 출신의 민간 공무원에게 고위직의 문호가 개방되지 못한다면, 국방부 인적구성의 문민화는 결코 성공했다고 단언할 수 없을 것이다.

따라서 앞으로는 국방부 내부 인력의 발굴 또는 외부 인력 가운데 국방 분야에 관한 전문성과 애정, 철학을 갖춘 참신한 인재들을 과장 및 서기관급의 중견 간부직책에 적극적으로 충원함으로써 국방인력의 문민화가 성공적으로 정착되기 위한 중·장기적인 토대를 마련하는 데

41) 박종헌 공군참모총장은 「국방개혁 기본계획 11-30」의 발표 1개월 만인 2011년 4월 7일 공군의 정책설명회에 참석하여 "전시 작전통제권의 전환 이후에도, 공군은 한미 연합공군사령부의 사령관을 겸직하는 주한 미 제7공군 사령관의 작전통제를 받게 된다. 이 경우 4성 장군인 우리 공군의 참모총장이 미 공군 3성 장군의 지휘를 받게 된다는 점에서 연합작전 지휘체계 문제는 해소돼야 하는 부분이다."라고 지적한 바 있다. 이에 따라 2011년 8월의 UFG 한미 연합군사훈련에서도 공군참모총장은 작전지휘 계선에 포함되지 않았다. 대신 공군참모총장은 항공작전에 관하여 합참의장을 보좌하는 방식으로 공군의 작전수행을 간접적으로 지휘, 감독했다. 김귀근, "軍, 공군 연합지휘체계 개선 착수", 「연합뉴스」, 2011년 4월 8일자.

주력할 필요가 있다.[42] 이들의 전문성과 직무역량을 증진시키기 위한 국방직무교육, 훈련체계를 본격적으로 확립해야 함은 물론이다.

예비역의 경우, 그동안 민간인으로서는 국방부 내에서 현역 군인이 보직해 온 직위를 대체하는 데 가장 우선적인 대안으로 여겨져 온 것이 사실이다. 하지만 전역 직후 곧바로 국방부에 부임할 경우, 명목상으로는 민간인 신분이지만 여전히 자신의 과거 군의 관점이나 입장에서 자유롭지 못할 가능성이 매우 높다. 다시 말해서 국방정책의 객관성, 중립성을 제대로 발휘하기가 곤란한 것이다.

그러므로 앞으로 국방부는 예비역 출신을 충원할 경우, 전역 후 일정 기간이 경과된 인력을 대상으로 충원하도록 제도화할 필요가 있다. 특히 국방부 장관의 경우 합참의장, 참모총장 등의 고위 장성이 전역 직후 곧바로 임명되는 방식은 지양되어야 하며, 전역 이후 자신의 과거 소속 군뿐만 아니라 특정 정치성향이나 정책노선에서 영향 받지 않을 정도의 일정 기간이 경과한 후에야 임명 대상자가 될 수 있도록 법제화해야 한다. 구체적으로는 대통령과 행정부의 임기에 해당하는 최소 5년이 적절할 것이다.

군정 · 군령의 일원화 원칙을 정립시키기 위한 노력도 요구된다. 특히 현재 모호한 상태로 남아 있는 국방부 장관 · 차관, 그리고 합참의장의 관계를 명확하게 규정지을 필요가 있다. 미국과 일본, 프랑스, 독일을 비롯한 주요 군사 선진국들은 문민통제 원칙에 의거하여 국방차관(단, 미국의 경우 부장관)이 군의 최고위 선임장교(즉 합참의장)보다 상위 서열을 차지하도록 명시하며, 대만과 이탈리아는 동급으로 되어 있다. 하지만 한국에서 국방차관은 합참의장과 각 군의 참모총장보다 낮은 서열을 차지하고 있는 실정이다. 국방부 장관 유고 시 직무대행이 국방

42) 해당 인력들은 정부기관, 외교안보 관련 국책 및 민간 연구기관의 연구원, 군사 교육기관 또는 민간 대학 소속의 교원뿐만 아니라 기업체, 시민단체 등 공사(公私) 부문을 망라하여 충원될 수 있어야 할 것이다. 전제국, 2010년 8월.

차관에게 맡겨진다는 점을 고려할 때, 분명 합리적이지 못한 것이다.

따라서 군정 · 군령의 일원화를 통한 문민통제 원칙의 확립을 위해서는 국방차관을 합참의장과 각 군 참모총장보다 상위 서열을 차지하는, 명실상부한 국방정책 부문의 2인자로 규정해야 한다. 장관 → 차관 → 합참의장으로 연결되는 명확한 지휘계통을 설정해야 진정한 의미에서의 문민통제가 가능해질 것이다.

## 7. 군정 · 군령 기능의 구조재편

1990년의 818 계획 이후, 지난 20년 동안 한국은 군정 · 군령 기능을 각각 합참과 육 · 해 · 공군 본부에 기계적으로 분리, 집중시키는 형태의 군 상부구조를 유지해 왔다. 그러나 이는 군령뿐만 아니라 군정 기능에서도 큰 문제가 발생할 수 있는 여지를 구조적으로 안고 있었다. 우선 군령 기능의 경우, 앞서 지적되었듯이 특정 군(즉 육군) 중심으로 편성된 합참이 주요 전투부대에 대한 작전권을 장악하는 반면, 각 군 본부는 지휘통제계선에서 소외됨에 따라 진정한 의미에서의 합동성이 구현되기가 어려웠다. 아울러 군정 기능이 각 군 본부의 관할 아래에 놓이면서 다수의 군 장교들이 전투보다 행정, 관리, 지원업무에 종사하는 결과를 가져왔다. 이는 군 상부구조의 관료주의화를 심화시켜 전쟁의 억지, 승리와 직결되는 임무를 원활하게 수행할 수 있는 실전지향적인 형태로 발전되는 데 커다란 장애가 되고 있다.

이러한 문제점을 해결하기 위해서는 '군령=합참', '군정=각 군 본부'라는 그동안의 군정 · 군령 기능 구조를 새로운 기준에 의거하여 재편성해야 한다. 다시 말해서 전 · 평시의 각 군 전투부대에 관한 운용을 다루는 군령 기능은 현역 군인에게, 군사력의 건설 및 유지를 위한 관리, 자원배분, 인사, 교육, 지원 등을 포함하는 군정 기능은 민간 인력에게 각각 나누어 전담시키는 형태로 군정 · 군령 기능 구조가 필요한 것이다.

그동안 군 상부구조의 인력구성에서 민간 인력의 비중 확대, 즉 '문민화'(文民化)는 주로 국방부 본부를 주요 대상으로 논의되어 온 것이 사실이다. 앞으로는 군 상부구조 문민화의 대상을 확대하여 육 · 해 · 공군 본부의 주요 행정인력까지 민간 공무원으로 대폭 충원, 대체시켜야 할 것이다. 현재 각 군의 참모총장이 담당해 온 군별 본부장은 차관급의 고위 민간인 관료를 임명한다. 이를 통해 각 군 본부는 민간 공무원들을 중심으로 편성되는, 명실상부한 군정 기능 전문기구의 역할을 수행할 수 있어야 한다.

대신 기존의 육 · 해 · 공 3군 본부는 철저하게 전투임무의 기획, 수행을 위한 실전지향적인 '군별 총사령부' 형태로 재구축되어야 한다. 이는 현재 각 군의 야전군급 작전사령부를 토대로 하는 구조의 확충, 조정을 통해서 달성될 수 있을 것이다. 그동안 군정 기능의 책임사였던 육 · 해 · 공군의 참모총장은 현재 소속 군의 작전사령관이 담당하고 있는 각 군별 총사령관으로 전환되어야 한다. 육 · 해 · 공군의 기존 작전사령관직은 폐지되거나, 앞으로 해당 군의 총사령관 역할을 수행하게 될 참모총장의 작전참모를 담당하는 방안이 가능할 것이다.

위와 같은 '군령=현역 군인', '군정=민간 공무원' 개념에 입각한 군정 · 군령 기능의 재편성은 육 · 해 · 공군성을 설치 · 운영하고 있는 미국, 1990년대 말 이후 각 군 예하의 군정 기능 대부분을 국방성으로 이관시킨 영국, 그리고 각 군 본부 예하에 비전투 행정업무를 전담하기 위해 군별 청(廳)을 운영하는 독일의 군 상부구조 사례와 유사하다. 이는 군정 · 군령 기능을 현역 군인과 민간인 중심으로 보다 명확하게 구분, 전문화해서 '관료주의적 행정 군대에서 실전 지향적인 전투형 군대로의 체질 개선'을 촉진시킬 것이다. 아울러 관련 기구의 개편, 통폐합에 따른 추가적인 운영비용의 절약 효과도 기대할 수 있다.[43)]

## 8. 군사교육의 합동성 강화

오늘날 군 상부구조의 개선, 발전에서 '합동성'은 최우선적으로 강조되는 화두(話頭)이자 과제라고 할 수 있다. 그런데 육·해·공 3군의 합동성을 강화하는 문제는 사실 뚜렷한 '정답'을 찾기가 매우 어렵다. 때문에 각 군 상호 간에 합동성에 관련된 문제의 본질을 이해하고, 절충안을 도출하여, 점진적으로 개선해 나가는 끊임없는 노력이 필요하다. 특히 합동성의 유일한 기초는 육·해·공군 간의 신뢰, 이해에 달려 있다고 해도 과언이 아니다.[44)]

이 점에서 각 군의 장교 양성을 담당하는 육·해·공 사관학교, 대위·소령 등 중견 장교에 대한 전술교육을 담당하는 육·해·공군대학의 교육 과정에서 합동성을 강화하는 노력은 군 상부구조의 합동성 강화, 발전에 지대한 기여를 할 수 있다. 합동성의 기초라고 할 수 있는 육·해·공 3군의 상호신뢰 및 이해 구축은 각 군의 젊은 장교들이 사관학교 생도 시절부터 함께 교육과 훈련을 받지 않는다면 좀처럼 이루어지기 힘들기 때문이다. 또한 합동성에 관한 교육이 부족할 경우 실전에서 합동작전 개념 및 교리의 정립, 합동훈련, 합동소요 및 조달절차 등을 정립하는 데에도 각 군 간의 이해관계 때문에 제대로 된 방안을 마련하는 것이 어려워질 수밖에 없다.[45)]

사실 군사교육 부문에 관한 개혁은 역대 정부의 국방개혁 계획에서 여러 차례 제기된 바 있었다. 1986년 한국국방연구원(KIDA)은 「사관학

43) 「국방개혁 기본계획 11-30」은 군 상부구조를 비롯한 각종 부대구조의 개편, 비전투부대의 직위 감축 등을 통해 2020년까지 60여 명의 군 장성을 감축하겠다는 내용을 포함하고 있다. 이는 현재 전체 군의 장성수 정원 440여 명 가운데 15%에 해당한다. 국방부, 2011, p. 23.

44) Lawrence B. Wilkerson, "What Exactly is Jointness", *Joint Forces Quarterly*(Summer 1997).

45) 김종하·김재엽, 2005, p. 64.

교 교육 개선 연구」를 통해 각 군 사관학교의 통합 필요성을 처음으로 제기하였고, 1990년 노태우 행정부 시절의 818 계획에서도 한때 사관학교 통합이 검토되었다.[46] 2005년 노무현 행정부가 발표한 「국방개혁 2020」에서는 '육 · 해 · 공군 사관학교의 1학년 기간 통합 교육', '육 · 해 · 공군대학의 통합 교육과 교관 교육의 확대' 등의 방안을 검토한다는 내용이 포함되었다.[47] 이명박 행정부의 출범 이후에도 '장교 양성교육의 효율화', '국방개혁의 상징적 조치'로서 육 · 해 · 공 3군의 사관학교 통합을 추진해야 한다는 주장이 정부 일각에서 제기되었고, 이를 두고 군 내외에서 논란을 빚기도 했다.

「국방개혁 기본계획 11-30」이 제시하는 사관학교 생도들의 순환교육 방안

| 1학기 (2012. 3. 5 ~ 6. 29) | | | 여름학기 | 2학기 (2012. 9. 3 ~ 12. 28) | | | |
|---|---|---|---|---|---|---|---|
| 1주기 (8주) | 타 학교이동 · 오리엔테이션 (1주) | 2주기 (8주) | 하계훈련 · 하기휴가 (9주) | 타 학교이동 · 오리엔테이션 (0.5주) | 3주기 (8주) | 타 학교이동 · 오리엔테이션 (0.5주) | 8주기 (8주) |
| ←→ 자군교육 | | ←→ 순환교육 | | | | | |

출처: 「국방일보」, 2011년 4월 29일자.

그리고 「국방개혁 기본계획 11-30」에서도 '합동성의 강화, 발전' 차원에서 군사교육에 대한 개혁이 포함되었다.[48] 먼저 2012년 3월부터 육 · 해 · 공 3군 사관학교의 1학년 교과과정을 표준화한다. 각 군 사관학교의 생도들은 최초 8주(약 2개월) 동안 자신들의 사관학교에서 교

46) 김민석 등, "육 · 해 · 공사 통합 논의 때마다 군 반발…노태우 정부 땐 무산, MB정부에서는?", 「중앙일보」, 2010년 6월 22일자.

47) 당초 육 · 해 · 공군 사관학교를 통합하여 1~2학년까지는 모든 생도들이 함께 수업을 듣고, 3학년부터는 군별로 나누는 방안이 검토되었지만, 최종 단계에서는 반영되지 못했다. 황일도, "국방개혁 2020을 비판한다", 「신동아」, 2005년 11월호.

48) 김병륜, "교육분야서도 '하나된 軍' 강화", 「국방일보」, 2011년 3월 9일자.

육을 받은 후, 타 사관학교 생도와 3개 조로 통합 편성하여 8주 간격으로 각 사관학교를 순회하며 교육을 받는다. 위관급의 초급장교 양성 단계부터 자군 위주의 사고를 지양하고, 국군의 일원이라는 인식을 심어주어 3군의 상호 신뢰, 이해를 촉진시킨다는 것이다. 지난 3월 4일 계룡대에서 건군 이래 최초로 거행된 3군 초임장교들의 합동 임관식도 같은 맥락으로 해석할 수 있다.

현재 사관학교 통합을 둘러싼 논쟁은 ① 생도 모집, ② 비군사 · 보편적인 대학교육, 그리고 ③ 장교 양성을 위한 군사 전문교육 및 훈련을 각 군별로 실시할 것인가, 아니면 하나의 사관학교에서 통합적으로 실시할 것인가에 집중되어 있다.[49] 원론적인 의미에서의 합동성을 주장하는 측에서는 이들 3개 기능을 모두 하나의 통합 사관학교에서 실시하는 방안을 지지할 것이다. 일본의 방위대학교(防衛大學校), 캐나다의 왕립사관대학(Royal Military College), 그리고 독일의 연방군대학(Universität der Bundeswehr)이 대표적이다. 하지만 이러한 사례는 아직 소수에 지나지 않으며, 해당 국가들은 대부분 병력규모가 20만 명 내외라는 점에서 한국에 직접적으로 적용하기에는 무리가 많다. 미국과 영국, 프랑스 등 세계 주요 국가들의 대다수는 여전히 각 군별로 사관학교를 운영하고 있다. 이는 군사교육의 효과 측면에서 통합 사관학교 제도가 우월하다고 단정하기는 어렵다는 점을 보여준다.

또한 육 · 해 · 공군은 각자의 전장공간에서 임무를 수행하는 데 필요한 전문화 및 특화된 교육, 훈련과목을 갖고 있다. 이는 통합된 형태의 단일 사관학교보다 각 군이 운영하는 사관학교 내에서 보다 효율적이고 수월하게 교육될 수 있다. 합동성의 기본 취지인 '3군의 상호 신뢰, 이해'는 3군 각자의 전문성과 특수성을 인정한다는 데 전제를 두는 것이지, 결코 획일성을 강요하는 것이 아니다.

---

49) 김종탁, "사관학교 통합, 과연 바람직한가?", 「週刊國防論壇」, 제1311호, (2010. 6. 7).

그리고 현재와 같은 육군에게 기득권을 보장하고 있는 전력구조, 군 상부구조에 대한 근본적인 개선이 선행되지 않은 상태에서 당장 각 군의 사관학교를 통합한다면, 육군 우위에 따른 한국군의 기존 병폐를 더욱 악화시키는 결과만을 초래할 것이다. 통합 사관학교의 생도들 가운데 우수인력의 대부분이 육군으로 몰리는 반면, 해군과 공군에는 상대적으로 자질이 부족한 '낙오자'들이 지원하는 현상이 발생할 것이 명약관화(明若觀火)이기 때문이다. 그동안 제기되어 온 3군 사관학교의 통합 논쟁에서 해 · 공군이 줄곧 반대 의사를 나타내었던 이유도 여기에 있다. 혹자는 이를 '자군 이기주의', '피해의식'이라고 폄하할지도 모르지만, 이는 해당 군의 입장뿐만 아니라 군 전체의 전력발전 차원에서도 결코 무시할 수 없는 정당한 우려다.

앞으로 군 상부구조의 합동성 촉진, 발전에 기여하기 위한 군사교육의 개선 방안으로는 다음의 2가지 방안을 검토할 수 있을 것이다. 첫째 방안은 '소프트웨어 차원의 공통성 증진'이다. 육 · 해 · 공군은 각자의 사관학교를 존속시키면서 사관생도를 각 군별로 모집 · 선발하며, 각 군의 전문성과 특수성에 따라 요구되는 장교양성 교육 및 훈련을 유지한다. 대신 장교 양성과는 직접적인 연관이 없는 비군사적, 보편적인 대학교육에 해당하는 과목은 육 · 해 · 공군 사관학교 모두 동일한 교육을 받도록 통일시킨다. 군사교육 및 훈련의 경우에도 3군 합동성에 관한 교육을 각 군 사관학교의 1~2학년 공통 필수과목으로 포함시킨다. 그리고 사관학교 생도들은 1학기 이상의 일정 기간 동안 타 사관학교에서 교환학생 자격으로 수학하도록 의무화해야 한다.

둘째 방안은 '물리적 차원의 공통성 증진'이다. 여기서는 3군 사관학교의 생도들 모두가 1~2학년 동안 단일 캠퍼스에서 생활 · 수학하고, 기초 군사훈련과 일반적인 대학교육도 함께 받는다.[50] 생도들은 2학년

50) 최근 일각에서 제시하고 있는 가칭 '국방사관학교'와 비슷한 개념이라고 할 수 있다. 다시 말해서 국방사관학교를 국방부 직속으로 설립, 3군 사관학교 생도들이 국방사관학

이후 학년부터 각 군별로 나뉘어 해당 군에서 필요로 하는 전문적인 군사교육 및 훈련을 받도록 한다. 이 경우 기존의 육 · 해 · 공군 사관학교는 일종의 분교 기능을 수행할 수 있을 것이다. 다만 생도들 가운데 우수인력들이 특정 군으로 편중되는 것을 막기 위해 사관생도의 모집, 선발은 통합 · 단일화하지 않고, 각 군 사관학교에서 실시하는 방식을 유지한다.

위의 두 가지 방안 가운데 어느 쪽이 바람직한가의 여부는 향후 논쟁의 여지가 있을 것이다. 대신 영관급의 중견 장교들을 대상으로 하는 기존 육 · 해 · 공군대학의 교육만큼은 하나로 통합하는 것이 바람직하다. 사관학교는 초급 장교들의 각 군별 전문성, 특수성에 관한 교육을 담당하고, 중견 장교들의 고등 전술교육을 담당하는 각 군 대학은 실전에서 육 · 해 · 공 3군의 합동성에 입각한 전력 운용능력을 배양하는 데 초점을 둘 수 있도록 3군 합동대학으로 전환시키는 것이다. 실제로 각 군별 사관학교를 유지하는 주요 군사 선진국들도 참모대학은 3군 합동의 형태로 개편, 운영하는 추세다. 미국의 합동참모대학(Joint Forces Staff College), 영국의 합동지휘참모대학(Joint Services Command and Staff College), 프랑스의 합동방위대학(Collège Interarmées de Défense), 그리고 독일의 연방군 지휘참모대학(Führungsakademie der Bundeswehr) 등이 대표적이다.

이 점에서 「국방개혁 기본계획 11-30」에 '합동군사대학교'의 창설이 포함된 것은 매우 긍정적인 소식이다. 2011년 8월 18일 입법예고된 『합동군사대학교령』 제정안에 따르면 합동군사대학교는 최고 군사참모 교육기관으로서 육 · 해 · 공 3군의 대학, 국방대 합동참모대학의 영관급 장교 교육과정을 총괄적으로 관장하게 된다.[51] 아울러 합동교육

교에서 1학년 교육과정을 함께 이수한다는 것이다. 이는 기존의 각 군별 사관학교를 유지하는 가운데, 군사교육의 합동성을 향상시키는 방안이 될 수 있다. 김민석, "육 · 해 · 공사 통합 첫발 '국방사관학교' 만든다", 「중앙일보」, 2010년 9월 2일자.

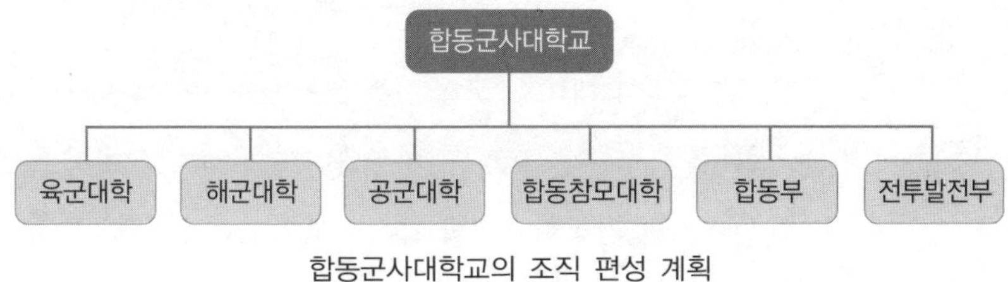


합동군사대학교의 조직 편성 계획

을 전담하는 합동부, 합동교리·개념 발전 등 전투발전 업무의 수행을 위한 전투발전부를 합동군사대학교 직속으로 편성할 계획이다.[52] 궁극적으로는 합동부, 합동참모대학의 통합을 추진한다는 방침이다.

오는 12월 1일까지를 목표로 창설이 추진 중인 합동군사대학교의 교육과정은 ① 소령급을 위한 '기본과정', ② 중령급을 위한 '고급과정'으로 나뉘어 운영한다. 기본과정은 육·해·공군 대학에서 15주(약 4개월) 동안 진행된다. 그동안 각 군 대학에서 자군 고유의 제병협동교육만을 이수했던 것과는 달리, 앞으로는 타(他) 군의 교리를 이해하고 합동작전 수행에 필요한 지식을 함양하는 합동기본교육도 추가하여 각 군 대학의 전체 교육시간에서 30%를 배정할 것이다. 고급과정은 합동참모대학에서 1년 동안 실시된다. 여기서는 합동작전 기획·계획, 합동·연합작전 수행, 전쟁연습 등을 포함하는 합동고급교육을 받는다.

51) 본래 「국방개혁 기본계획 11-30」에서는 육·해·공 3군의 대학을 통폐합하여 합동군사대학교 내부의 육·해·공군부(部)로 축소시킬 계획이었지만, 결국 각 군 대학은 합동군사대학교의 내부·예하 기관으로서 존속하게 되었다. 김귀근, "육·해·공군대학 통합 법령 입법예고", 「연합뉴스」, 2011년 8월 18일자.

52) 당초 국방당국은 각 군의 교육사령부를 통폐합하여 영관급 이상의 보수교육, 합동교육을 총괄 담당하는 국군 교육사령부를 창설하고자 했다. 그러나 "육·해·공군의 작전 및 교리가 각자 고유의 특징을 갖고 있다는 점을 감안할 때, 각 군별 교육사령부의 통폐합은 부작용이 많다."는 지적에 따라 취소되었다. 대신 합동군사대학교의 전투발전부를 통해 국군 교육사령부의 역할을 수행하도록 할 방침이다. 박성진, "3군 통합 '국군 교육사령부' 창설 백지화", 「경향신문」, 2011년 4월 13일자.

## 9. 4개 합동 군종으로의 개편

지금까지 제시된 군 상부구조의 개선, 발전방안들은 다음과 같이 요약, 정리될 수 있다. 첫째, 가능한 한 시급히 이루어져야 할 '단기(短期) 과제'들이다. 여기에는 육 · 해 · 공 3군의 주요 전투부대들에 대한 각 군 본부(또는 참모총장)의 평시 작전권 회복, 합참에게 부여된 군령권의 범위 조정, 그리고 전략 차원 군사력의 효과적인 운용을 위한 전략사령부의 창설 등이 포함된다. 둘째, 전시 작전통제권의 전환이 마무리되는 2015년을 전후로 마무리되어야 할 '중기(中期) 과제'들이다. 합동군사령부의 창설, '군령=현역 군인', '군정=민간 공무원' 개념에 입각한 군정 · 군령 기능의 재편성이 대표적이다.

그리고 향후 10년 이후를 준비하기 위한 '장기(長期) 과제'로서, 전투공간을 기준으로 편성되어 있는 기존의 육 · 해 · 공 3군 체제에 대한 근본적인 재구축을 계획, 추진할 필요가 있다. 전투기능, 임무 기준의 새로운 합동 군종체제로의 전환이 바로 그것이다. 북한에 의한 군사적 위협이 남아 있는 현 시점에서는 다소 시기상조지만, 장래에 한반도의 평화 정착과 통일 이후, 주변 강대국에 의한 잠재적 군사위협에 효과적으로 대응하기 위한 방책의 일환이라고 할 수 있다. 한국은 국력 및 군사력의 총량에서 주변 강대국보다 불가피하게 열세에 놓여 있는 입장이며, 이들의 위협에 효과적으로 맞서기 위해서는 차별화된 전투력의 확보 및 창출이 필수적이다. 여기에 기여할 수 있는 방법 가운데 하나가 '더욱 진전된 차원의 합동성 강화'다.

향후 한국군이 채택해야 할 합동 군종체제는 크게 4개의 군종으로 나뉜다.[53] 첫째, '국토방위군'(National Defense Force)이다. 둘째, '전략군'

53) 김종하 · 김재엽, 『군사혁신(RMA)과 한국군: 2020년을 넘어서』(서울: 북코리아, 2008), pp. 470-477.

(Strategic Force)이다. 셋째, '기동군'(Mobility Force)이다. 마지막으로 넷째는 '국제평화지원군'(International Peace Assistance Force)이다. 이는 기존의 육 · 해 · 공군을 '투입군', '안정화군', '지원군'의 3개 기능별 합동군종으로 개편, 전환하려는 독일의 군 개혁방안과 유사하다.

먼저 국토방위군은 '한반도와 그 부속도서'로 정의되는 한국 영토를 외부 적성세력의 침공으로부터 직접적으로 방어하는 임무를 담당한다. 이들은 전통적인 재래식전쟁을 수행하는 중심 세력이며, 최악의 경우 영토 내에서의 장기 저항전을 통해 적을 몰아낼 수 있어야 한다. 국토방위군은 육군의 보병 · 포병부대, 연안방어를 위한 해군의 해역함대, 대공포 및 지대공미사일을 운용하는 지상 방공부대, 그리고 예비전력 등을 보유, 운용한다. 국토방위군 사령부 예하에는 1~2개 도(道) 단위의 지역별 합동군단을 편성, 해당 지역에 배치되는 육 · 해 · 공 전투부대를 총괄 지휘한다.

전략군은 평시에는 한반도와 주변지역에서의 전쟁을 억지하고, 전시에는 한국군의 신속하고도 결정적인 승리를 주도하는 가장 강력하고 중요한 군사력이다. 전략군의 지휘통제 대상에는 한반도 전체와 주변 관심영역들을 감시, 정찰할 수 있는 광역 정보수집 자산, 사거리 500~1,000km 내외의 장거리 정밀타격용 유도무기와 이들을 탑재 · 운용하는 각 군의 대형 기동전력(예: 중 · 대형 잠수함, 대형 전폭기), 미사일 방어체제, 사이버전쟁 수행 부대 등 대부분의 비핵 전략무기 관련 전력들이 포함되어야 한다. 향후 전략사령부의 창설이 현실화될 경우, 전략사령부에서 지휘통제하는 군사력의 대부분이 전략군 소속으로 전환될 것이다.

기동군의 임무는 ① 국경지대와 한반도 주변 해 · 공역에서의 기습침공, 국지도발, 측 · 후방 지역으로의 침투에 대한 신속대응, ② 전면전쟁에서의 반격작전 주도, ③ 해외에서의 국익 수호 등이다. 기동군 예하에는 육군의 기갑 · 기계화보병 부대와 항공부대(기동 · 공격헬기), 해

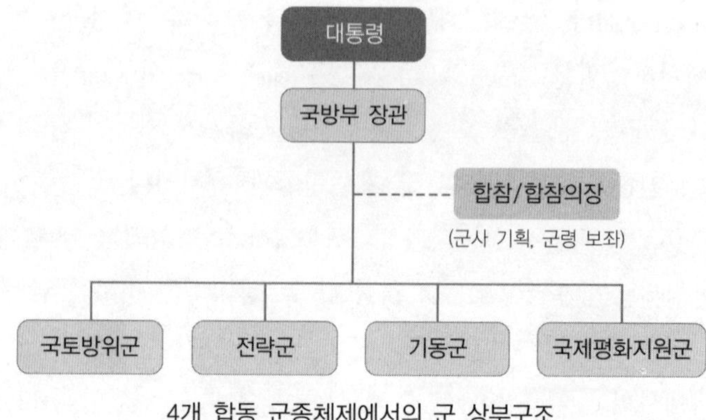


4개 합동 군종체제에서의 군 상부구조

군의 기동전단 · 함대,[54] 해병대, 한반도와 주변 해 · 공역을 작전범위로 하는 공군의 중형 전투기 운용부대, 각 군의 특수전부대, 그리고 이들을 수송하는 해군의 상륙 · 수송함, 공군의 중 · 대형 수송기, 공중급유기 등을 편성한다.

국제평화지원군은 UN PKO를 비롯하여 세계 각지의 무력분쟁 예방, 질서유지, 재건지원, 복구, 그리고 인도주의적 재난에 대한 긴급구호 등과 관련된 임무를 수행한다. 2010년 7월 1일 1,000명 규모로 창설된 해외파병 전담부대, 즉 '국제평화지원단'(일명 온누리 부대)이 여기에 해당한다.[55] 국제평화지원군이 수행하는 임무는 그 성격상 전통적인 군대보다는 민정(民政) 경찰의 것에 더 가까우며, 따라서 병력 구성은 전투임무 중심의 다룬 군종보다는 비전투 지원기능을 상대적으로 강화

54) 한국 해군은 2010년 2월 1일 대양작전 수행을 전담하는 제7기동전단을 정식 창설하였다. 제7기동전단은 2개의 전대로 구성되며, 각 전대는 대양작전 수행능력을 보유하는 배수량 5,000톤급 이상의 구축함 4척('세종대왕'급 이지스구축함 1척, '충무공 이순신'급 구축함 3척)을 보유한다. 유용원, "지구 어디든 출동…大洋해군시대 열렸다", 「조선일보」, 2010년 2월 2일자.

55) 현재 한국군은 '국제평화지원단'과 함께 역시 1,000명 규모의 '예비지정부대', '별도지정부대'를 편성하여 총 3,000명의 해외파병 상비부대를 지정하고 있다. 김귀근, "軍, 1천여명 규모 파병부대 창설", 「연합뉴스」, 2010년 7월 1일자.

한다. 구체적으로는 주력인 경무장 보병과 공병, 의료, 수색 및 구조, 그리고 정치 · 군사관계 및 주둔지역 전문가를 비롯한 민사심리전 요원 등으로 구성되는 혼성부대 형태로 편성하는 것이 바람직할 것이다. 해외 파병지역으로의 전개 또는 현지 무장세력과의 교전 과정에서는 기동군의 해양 · 항공 수송자산과 특수전부대 병력 일부를 지원받을 수 있도록 한다.

위와 같은 합동 군종체제에서는 군 통수권자인 대통령과 국방부 장관이 국토방위군, 전략군, 기동군, 국제평화지원군의 사령부를 직접 지휘한다. 합동군사령부가 보유하는 주요 전투부대에 대한 작전지휘권, 정보 및 작전을 포함하는 전투참모 기능은 4개 합동군종의 사령부로 분산, 이양되어야 한다. 그리고 합참본부에는 전략기획본부, 전력발전본부만을 유지하도록 한다. 이는 합참본부를 주요 전투사령부의 작전지휘 계선에서 완전히 분리시키고, 평시의 전쟁대비 및 지도 체계의 수립, 발전만을 전문적으로 담당하는 군사기획 기구로 재편해야 한다는 뜻이다. 9개의 지역 · 기능별 전투사령부를 수축으로 구성되는 미국의 현행 군 상부구조와 유사한 형태라고 할 수 있다.

# 부록

1. 복합적 군사위협에 대응하기 위한 한국의 군사력 건설방향
2. '적극적 억제전략'을 위한 제언(提言)

부록 1

# 복합적 군사위협에 대응하기 위한 한국의 군사력 건설방향*

지난 1990년대 이후 오랫동안 군사 분야 연구를 지배해 온 주제는 '군사혁신'(RMA: Revolution in Military Affairs)과 '국방변혁'(Defense Transformation)이었다. 그것은 최첨단의 전자 · 정보통신 기술에 의한 군사 기술적인 우위를 통해 그동안 세계 각국에서 전력의 주축을 차지해온 기계화된 재래식(在來式: Conventional) 군사력을 압도하고, 무기뿐만 아니라 군사전략과 부대 조직 및 지휘구조에 대해서도 혁명적인 변화를 가져올 수 있다는 것이었다.

이러한 전자 · 정보통신 기술 중심의 군사혁신, 국방변혁은 1991년의 제1차 걸프전쟁, 1999년 북대서양 조약기구(NATO) 주도의 세르비아 공습, 2001년의 아프가니스탄 공격, 그리고 2003년의 제2차 걸프전쟁 등을 통해 실전에서 그 위력을 유감없이 발휘했다. 이에 따라 첨단 정보수집자산(예: 인공위성, 정찰기, 조기경보통제기)과 정밀유도무기(PGM: Precision-Guided Munition), 그리고 각종 무인(無人) 무기들이 제공하는 정보우위를 바탕으로 승리를 달성하는 '정보화 전쟁'은 거스를 수 없는 미래전쟁의

* 이 글은 김종하 · 김재엽, "복합적 군사위협에 대응하기 위한 군사력 건설의 방향", 「국방연구」, 제53권, 제2호(2010.8)를 수정 및 보완한 것임을 밝힙니다.

대세(大勢)인 듯 여겨졌다.

하지만 제2차 걸프전쟁의 발발 후 7년이 지난 오늘날, 첨단 전자 · 정보통신 기술이 주도하는 군사혁신, 국방변혁은 거센 도전에 직면하고 있다. 한때 성공사례로 꼽혔던 이라크, 아프가니스탄에서의 불안정이 계속되고 있기 때문이다. 이들 두 지역에서 미국을 비롯한 군사 선진국의 정보화된 첨단 군사력은 기술적으로 뒤떨어지는 소총이나 휴대용 대전차로켓포(RPG: Rocket Propelled Launcher), 급조폭발장치(IED: Improvised Explosive Device) 등으로 무장하여 산악지형과 도심 지역에서 준동하는 소규모 저항세력들의 기습적인 매복, 저격, 습격에 고전을 면치 못하고 있다. '국가 대(對) 국가' 차원의 정규전에서는 군사 기술적인 우위를 앞세운 군사혁신과 국방변혁이 효과를 발휘했지만, 비대칭(非對稱: Asymmetric)적인 정치 · 지리적인 환경과 무장, 전력 운용방식 등을 통해 저항하는 중소국가 및 비(非) 국가 행위자들과의 대결에서는 명백히 한계가 드러난 것이다.

이와 같은 경험들은 그동안 군사혁신이나 국방변혁에 비해 상대적으로 덜 부각되어 왔던 비정규 · 특수작전의 중요성을 환기시키는 계기가 되었다. 그 결과 오늘날에는 국가와 비(非) 국가 행위자, 기존의 재래식 무기와 더불어 첨단기술이 적용된 무기, 심지어는 핵 · 생물 · 화학무기를 비롯한 대량살상무기(WMD: Weapons of Mass Destruction) 등 다양한 전쟁수행 주체와 수단이 혼재되어 공존하고 있는 것이 엄연한 실상이다. 바야흐로 '복합적 군사위협'(Hybrid Military Threat)의 존재가 현실화되는 추세인 것이다.

사실 군사위협의 복합화는 한국에게 결코 낯선 개념이 아니다. 지난 1950년의 6 · 25전쟁 이래 한국은 지난 60년 동안 병력 100만 명이 넘는 북한의 재래식 군사력과 맞서 왔으며, 1990년대 이후에는 핵무기를 위시한 대량살상무기와 그 발사수단인 각종 탄도미사일의 위협에 직면하고 있다. 또한 2010년의 천안함 피격사건과 연평도 포격전에서 나타났듯이, 최근 북한은 재래식 군사력에서도 전면전쟁뿐만 아니라 국지적인 기습, 침투를 위한 비대칭적 전력을 발전시켜 왔다. 주변 강대국을 비롯한 외부의 불특정 세력에 의한 군사적인 위협도 더 이상 한국의 안보환경에서 외면할 수 없는 존재로 자리 잡고 있다.

이처럼 다양한 군사 위협의 주체, 성격이 공존하는 안보환경은 분명 한국의 국가안보에 큰 도전일 수밖에 없다. 특히 한국의 중 · 장기적인 방위 역량을 결정지을 군사력 건설의 방향, 내용에 대해서도 불가피하게 영향을 줄 것이다. 천안함 피격사건과 연평도 포격전을 계기로, 지난 2005년 발표된 「국방개혁 2020」에 포함되었던 주요 군 전력증강 계획들에 대한 우선순위를 대폭 재조정해야 한다는 주장에 힘이 실린 것도 그 연장선상에 있다.[1)]

그렇다면 오늘날의 안보환경에서 군사위협이 복합화되고 있는 배경은 무엇이며, 어떤 양상으로 나타나고 있는가? 또한 복합화된 군사위협의 등장은 군사력 건설 관련 논의에 어떤 영향을 주고 있으며, 이들은 구체적으로 어떻게 나뉘는가? 오늘날 한국이 당면하고 있는 복합적 군사위협은 어떻게 유형화될 수 있는가? 그리고 이를 반영하는 한국의 바람직한 군사력 건설 방향, 내용은 무엇인가? 이러한 질문들에 대한 나름의 답을 제시하는 것은 현재뿐만 아니라 중 · 장기적인 위협에 대비하기 위한 군사력 건설의 우선순위를 정립하는 데 기여할 것이다.

## 1. 군사위협의 복합화: 배경과 양상

역사적으로 볼 때, 무력분쟁은 대등한 국력을 갖춘 주권국가들 사이의 정치 · 경제적인 이익 갈등에서 비롯되는, 정규 군사력에 의한 대결

---

1) Jung Sung-Ki, "S. Korea Refocuses Planning on Threat From North", *Defense News*, May 31, 2010.

이 대다수를 차지했다. 지난 20세기 전반기의 제1 · 2차 세계대전, 그리고 20세기 후반기를 지배했던 냉전(冷戰) 체제도 이러한 범주에서 크게 벗어나지 않았다. 하지만 냉전이 막을 내린 1990년대에 들어서면서, 군사적 분쟁의 양상과 위협의 성격은 이전과는 크게 달라졌다. 그동안 미국과 소련이라는 두 초강대국 사이의 전 세계적인 정치 · 군사적 대립에 가려져 왔던 각국 내부의 여러 갈등, 분쟁요소들이 본격적으로 분출되기 시작했기 때문이다.

가장 큰 문제는 냉전 이후의 체제전환이나 자원, 종교, 종족문제를 극복하지 못하는 소위 '실패국가'(Failed States)들이 세계 각지에서 속출하고 있다는 점이다. 이들 실패국가는 아프리카와 동유럽, 아랍, 중앙아시아, 남아시아, 그리고 태평양에 걸쳐 60여 개국에 이르며,[2)] 중앙정부의 무능과 부패, 경제력의 낙후성, 고질적인 빈곤과 식량부족 등과 같은 내부 불안정 요소들로 인해 심각한 치안(治安) 불안 및 분쟁의 위협을 받고 있다. 뿐만 아니라 테러리즘 집단을 비롯하여 초국가적 안보위협을 가할 수 있는 비(非) 국가 주체들의 은신처와 활동거점으로 악용되고 있는 실정이다. 9 · 11 테러사태의 원흉인 오사마 빈 라덴의 '알카에다'가 이슬람 원리주의 성향인 탈레반 정권의 비호 아래 근거지로 삼았던 아프가니스탄이 그 본보기다.

이에 따라 오늘날 세계 각지에서 발생하고 있는 무력분쟁은 '강대국 간의 정규전'보다 상대적으로 그 강도가 낮은 중소 규모의 국지전 또는 내전이나 테러리즘 활동이 다수를 차지하는 추세에 있다.[3)] 구체적으

2) 이들 국가의 분포 형태가 세계지도상으로 마치 활(弧) 모양과 같다고 해서 소위 '불안정의 호'(Arc of Instability)라고도 불린다.

3) 한 보기로 냉전의 종식이 가시화된 1989년부터 9 · 11 테러사태 직후인 2002년까지의 지난 14년 동안, 전면전쟁은 연간 1~10회(평균 5.7회) 발생하였고, 국지전쟁은 연간 6~16회(평균 11.2회)나 되었다. 또한 같은 기간 동안 게릴라전을 비롯한 소규모 무력분쟁은 연간 6~17회(평균 11.4회), 테러리즘 공격도 연간 3~16회(평균 8.9회)에 달했다. 권태영 · 노훈, 『21세기 군사혁신의 명암과 우리 군의 선택』(서울: 도서출판 전광, 2009), pp. 87-88.

로는 ① 특정 국가 내부의 소요사태 및 내전, ② 내전의 악화에 따른 인접국가로의 분쟁 확대, 그리고 ③ 분쟁지역에 대한 지정학적인 이해관계가 있는 주요 강대국의 군사적 개입 등과 같은 형태를 나타내고 있는 것이다.

특히 냉전 이후 국제질서 전반에 큰 반향을 일으켰던 무력분쟁은 대부분 ③에 해당하는 경우였다. 이라크의 쿠웨이트 침략을 격퇴하기 위해 1991년 미국 주도의 다국적군이 동원된 제1차 걸프전쟁, 1990년대 러시아와 체첸의 분쟁, 1999년 코소보 난민학살에 대한 '인도주의적 개입'을 명분으로 이루어진 NATO의 세르비아 공습, 2001년 9·11 테러사태 직후 알카에다와 그 비호세력인 탈레반 정권을 겨냥한 미국의 아프가니스탄 침공, 2003년 이라크의 사담 후세인 정권 축출을 목적으로 감행된 미국의 제2차 걸프전쟁, 그리고 2008년 러시아의 그루지야 침공이 대표적인 사례다. 이들 분쟁은 군사력의 규모와 기술적인 측면에서 우월한 강대국, 그리고 상대적으로 규모가 작고 기술적으로도 낙후된 군사력을 갖춘 중소국가 또는 소규모의 비(非) 국가 행위자(예: 반정부 저항세력, 소수민족, 테러리즘 단체, 범죄조직)가 서로 대결하는 양상을 나타낸다는 것이 공통점이다.

여기서 군사적으로 '약자'(弱者)의 위치에 놓여 있는 중소국가 또는 소규모의 무장단체가 선택할 수 있는 대안은 무엇일까? 바로 '군사적 강자(强者)', 즉 강대국의 대규모 첨단 군사력으로도 효과적인 대응이 곤란한 전략 및 전술과 군사적 수단을 적극 활용하고, 강대국들에게 불리한 전투조건을 강요함으로써 그들의 정치·군사적인 압력을 무력화하는 것이다. 그리고 이러한 비전통·비대칭적인 접근은 미국, 러시아, 유럽 등을 필두로 하는 기존의 강대국들에 심각한 군사적 도전으로 나타나고 있다.

우선 전략 및 전술에서는 강대국들이 차지하고 있는 병력의 규모, 군사 기술적인 우위가 좀처럼 발휘되기 곤란하도록 유도하는 데 역점을 둔다. 이를 위해서 대규모의 군사력이 자유롭게 기동하기에 불리하고, 천연 · 인공적인 장애물의 존재로 인해 원활한 정보수집이 곤란하며, 다수의 인적 · 물적 피해를 수반하는 근접전투 위주의 작전이 불가피해지는 공간에서 전쟁을 수행하는 것을 선호한다. 상대적으로 경무장한 소규모의 병력이 자신들의 위치를 최대한 노출시키지 않으면서, '치고 빠지기'(Hit and Run)식의 기습을 가하는 등 자신들에게 유리한 양상의 전투를 펼칠 수 있기 때문이다.

가장 대표적인 사례가 지상전의 경우 산악지형을 근거지로 하는 게릴라식 저항 또는 도심지역에서의 시가전(市街戰: Urban Warfare)이다. 미국은 2001년과 2003년 이후 아프가니스탄, 이라크에서 정규전 승리 이후에도 소규모 반미(反美) 저항세력들의 게릴라식 준동에 고전을 면치 못하고 있으며, 1990년대 그로즈니 등지에서의 시가전 당시 체첸 분리주의 세력은 러시아에 막대한 타격을 가했다. 과거 수차례의 중동전쟁에서 승리를 거둔 이스라엘조차 2006년 7~8월 레바논 침공에서 헤즈볼라와의 시가전에서 큰 피해를 입었다.

해전에서는 이른바 연안전투(沿岸戰鬪: Littoral Warfare)가 주목받고 있다. 연안 지역은 육지와 맞닿아 있으며, 때문에 해당 지역과 인근에 배치되고 있는 지상 및 항공전력까지 전투에 동원 가능하다. 또한 연안 지역은 수심이 200m 이하인 경우가 대부분이므로 원해(遠海)에서의 제해권 확보 임무를 위한 배수량 수천 톤급의 대형 군함이 기동하는 데 불리한 반면, 배수량 1,000톤 미만의 쾌속 경비정이나 미사일 · 어뢰정 또는 잠수함은 빠른 항해속도와 은밀성을 앞세워 기습적으로 적 군함을 공격할 수 있다. 그 결과 연안전투에서는 대양해군력을 앞세우는 강대국보다 오히려 중 · 소형 군함이나 잠수함정, 기뢰, 지대함 화력(예: 대함미사일, 해안포) 등을 보유한 약소국이 우위를 차지하는 것도 충분히 가능해진다.[4)]

한편으로 군사적 약자들은 강대국에 대한 군사 기술적인 열세를 일거에 역전시킬 수 있는 전력의 확보에도 많은 노력을 기울이고 있다. 이는 군사적인 효과뿐만 아니라 강대국을 겨냥한 정치 · 외교적인 충격을 야기함으로써 궁극적으로는 자신들에게 적대적인 외교 및 군사노선의 지속의지를 약화시키겠다는 의도에 따른 것이다. 여기에는 핵무기와 생물 · 화학무기를 비롯한 대량살상무기, 적국의 후방 민간지역까지 공격 가능한 장거리의 탄도미사일과 재래식화력(예: 대포, 로켓무기), 자살공격을 비롯한 대규모의 테러리즘, 그리고 정보통신 체계를 마비, 교란하는 사이버전(Cyber Warfare) 등이 포함된다.

이처럼 냉전 이후 세계 무력분쟁의 주요 원인은 '국가 대 국가의 재래식 정규전'에서 '실패국가 및 주변지역의 분쟁 악화'와 이에 따른 '강대국의 군사적 개입'으로 바뀌고 있으며, 그 과정에서 강대국과 중소국가 및 소규모 무장단체 사이의 군사적 대결도 빈번해지는 추세다. 이는 군사적 약자라고 할 수 있는 중소국가 및 소규모의 무장단체들이 강대국의 군사적 우위를 상쇄시키기 위한 비전통 · 비대칭적인 전략 및 전술, 군사적 수단을 추구하는 계기가 되었다. 그 결과 오늘날에는 전통적인 정규전의 수행을 위한 재래식 군사력뿐만 아니라, 다양한 형태의 전투방식과 무기들이 혼재되는 복합적인 군사위협이 현실화되고 있는 것이다.

## 2. 군사력 건설에 대한 시사점과 논의

오늘날 군사위협의 복합화 추세와 이에 따른 대응책에 관한 논의들은 주로 미국에서 활발히 이루어지고 있다. 미국은 냉전이 종식된 1990년대 이후 발생한 주요 군사분쟁에서 주도적으로 개입했으며, 현

4) 김재엽, "연안전투와 해군력 발전 방향", 「국방일보」, 2010년 10월 8일자.

재 아프가니스탄, 이라크에서 진행 중인 비전통 · 비대칭적인 군사적 도전과 가장 직접적으로 맞서고 있는 당사자이기 때문이다.

우선 전임 부시 행정부 시절인 2005년에 발표된 미 국방성의 2005년도판 『국방전략』(*National Defense Strategy*) 보고서는 향후 미국의 안보를 위협할 수 있는 주요 도전요인들을 4가지로 제시하였다.[5] 이들은 ① 국가 대 국가 차원의 재래식 군사대결을 뜻하는 '전통적'(Traditional) 도전, ② 테러리즘과 내전, 치안 불안정을 포함하는 '비정규적'(Irregular) 도전, ③ 대량살상무기에 의한 '재앙적'(Catastrophic) 도전, 그리고 ④ 미국의 군사적 우위를 상쇄 및 무력화시킬 수 있는 기술, 전력 운용능력을 갖춘 잠재적 경쟁세력에 의한 '교란적'(Disruptive) 도전이다. 또한 오바마 행정부가 취임 이후 최초의 중 · 장기 국방기획문서로서 발표한 미 국방성의 2010년도판 『4년 주기 국방검토 보고서』(*Quadrennial Defense Review*)도 테러리즘 단체, 저항세력, 불안정 국가 내부의 치안 위협, 대량살상무기의 확산, 그리고 사이버전 등을 포함하는 '광범위한 위협 및 우발사태'(Wide Range of Contingencies)에의 대처 필요성을 명시한 바 있다.[6]

이러한 현상들은 미 국방 당국이 복합적 군사위협의 존재와 대응 필요성을 공식 수용했다는 점에서 큰 의미를 갖는다. 군사위협의 유형과 성격이 점차 복합화되면서 그동안 전통적인 무력분쟁의 유형으로 여겨져 온 국가 대 국가 차원의 고강도, 재래식 정규전보다 낮은 비중을 차지해 온 분쟁지역 내부의 대(對) 저항전(COIN: COunter-INsurgency), 치안회복, 평화유지, 재건 등을 비롯한 안정화 작전(Stability Operation)의 중요성이 부각되기 시작한 것이다. 그리고 이는 자연스럽게 미래의 전

5) U.S. Department of Defense, *The National Defense Strategy of the United States of America*(Washington D.C.: U.S. Department of Defense, March, 2005), pp. 2-4.

6) U.S. Department of Defense, *Quadrennial Defense Review Report*(Washington D.C.: U.S. Department of Defense, February 1, 2010), p. 15.

쟁 양상과 군사전략,[7] 그리고 이를 뒷받침하기 위한 군사력 건설의 구체적인 내용과 우선순위에 대한 논쟁으로 연결되고 있다. 현재 군사위협의 복합화 추세에 대응하기 위한 군사력 건설 논쟁은 서로 상충되는, 네 가지의 시각으로 나뉜다.

### 1) 전통주의 시각

한마디로 기존 '국가 대 국가의 재래식 정규전'이 앞으로도 군사력의 건설에서 최우선적인 초점을 두어야 한다는 시각이다. 무력분쟁이란 본질적으로 주권국가들 사이에서 벌어지는, 고강도의 재래식 전쟁이 될 것이며,[8] 다수의 병력과 재래식 무기들(예: 탱크, 대포, 군함, 항공기)이 동원되는 정규전에서 싸워 이기는 것이야말로 군사력의 1차적인 존재 목적이라는 것이 전통주의자들의 주장이다.

물론 전통주의자들도 아프가니스탄, 이라크를 비롯한 세계의 여러 분쟁지역에서 빈번히 발생하고 있는 비정규전에 관한 대응 필요성이 증대되고 있는 최근의 추세를 완전히 외면하는 것은 아니다. 하지만 대(對) 저항전이나 치안회복, 평화유지, 재건 지원 등 비정규전 대응이 군의 최우선적인 임무로 격상되어야 한다는 주장에는 동의하지 않는다. 비정규전에 맞서는 군사력은 어디까지나 전통적인 정규전을 대비하기 위한 군사력의 일부분으로서 건설되어야 하며, 결코 비정규전이 정규전을 대신할 정도의 비중을 차지할 수 없다는 것이다. 따라서 이들은 정규전 이외의 저강도 우발사태를 대비하는 데 초점을 두는 군사력 건설에도 반대한다.

---

7) 보다 자세한 논의는 Michael C. Horowitz and Dan A. Shalmon, "The Future of War and American Military Strategy", *Orbis*, Vol. 53, No. 2(Spring, 2009)를 참고.

8) Colin S. Gray, *After Iraq: The Search for a Sustainable National Security Strategy* (Carlisle, PA: U.S. Amy War College, 2009), pp. 53-55.

아울러 전통주의자들은 러시아, 중국, 인도를 비롯하여 세계 주요 지역에서 큰 정치·외교적인 영향력을 행사하는 주요 국가들이 여전히 대규모의 재래식 군사력을 유지, 발전시키고 있다는 점을 강조한다.[9) ] 군사력 건설의 초점이 비정규전 대응으로 바뀐다면, 자칫 군의 전통적인 임무인 '국가 대 국가 차원의 정규전'에 대한 억지, 전투 수행을 위한 역량이 심각하게 약화될 것이라는 주장이다. 그 결과 전통주의자들은 앞으로도 규모가 큰 재래식 군사력을 건설, 유지해 나가는 것이 전략적으로 필요하다는 관점을 내세운다.

### 2) 비(非) 전통주의 시각

냉전 이후 아프가니스탄, 이라크, 소말리아, 체첸, 레바논을 비롯한 여러 분쟁지역에서 우세한 규모의 재래식 군사력을 앞세운 강대국들이 현지의 소규모 저항세력에 고전을 면치 못하는 사례가 빈번해지자, 정규전에 대비하기 위한 군사력 건설의 중요성을 강조하는 전통주의 시각은 그 타당성이 크게 흔들리게 되었다. 지난 10여 년 동안 세계 주요 국가들의 군사전략 및 군사력 건설에서 지배적인 비중을 차지해 온 '첨단기술 주도의 군사혁신', '정보화 전쟁'에 대한 비판도 가중되었다. 군사 기술적인 우위를 지나치게 강조한 나머지, 전쟁의 정치·사회·문화적인 측면이 간과되면서 전장 현실과 이론 사이의 불일치가 심화되었다는 것이다.[10)]

이에 따라 비정규전을 비롯한 비전통·비대칭적인 군사위협 대응을 위한 군사력 건설을 강조하는 비(非) 전통주의 시각이 주목받기 시작했

9) Charles A. Dunlap, "We Still Need the Big Guns", *The New York Times*, January 9, 2008.

10) H. R. McMaster, "On War: Lessons to be Learned", ***Survival***, Vol. 50, No. 1 (February-March, 2008).

다. 비전통주의 시각을 지지하는 이들은 대규모의 병력, 재래식 무기들이 동원되는 '국가 대 국가 사이의 정규전'에 입각한 군사력 건설은 더 이상 현실적이지 못하다고 주장한다. 주요 국가들 사이의 전쟁이 여러 외교 · 군사 · 경제적 요인들 때문에 상호 억지되고 있는 반면, 세계 각 지역에서 발생하는 실제 무력분쟁들은 대다수가 치안(治安) 부재, 종교 및 이념적 극단주의에 의한 대립, 그리고 초국가적 테러리즘 등에 따른 저강도 분쟁의 양상을 나타내고 있기 때문이다.[11)]

때문에 비 전통주의자들은 군이 전통적으로 선호하는 패러다임, 즉 대규모 정규전쟁의 수행에 적합한 중후장대(重厚長大) 성격의 재래식 군사력 위주에서 벗어나, 이미 그 가능성과 시급성이 증명된 비정규전에 보다 효과적으로 대응할 수 있는 군사력 건설에 우선순위를 맞춰야 한다고 주장한다. 구체적으로는 대(對) 저항전, 치안 회복, 평화유지, 재건지원 등의 임무를 수행하는 데 적합한 보병 및 특수전부대 중심의, 상대적으로 기술적인 첨단화 수준이 낮으며 경량화된 군사력을 선호한다.

### 3) 혼합주의 시각

혼합주의 시각의 지지자들은 앞서 제시된 전통주의 또는 비전통주의 가운데 어느 한쪽의 시각에만 초점을 두어 한 국가의 군사력 전체를 최적화해서는 안 된다고 주장한다. 오히려 저강도에서 고강도까지의 전(全) 영역(Full Spectrum)에 걸친 군사위협에 대처할 수 있는 방향으로 군사력을 건설해야 한다는 주장을 펼치고 있다. 전통주의 및 비전통주의 시각에서 군사임무의 영역을 '정규전 대 비정규전'이라는 이분법적으로 협소화시키는 것을 거부하고, 군은 어떠한 유형의 군사위협

11) 윌리엄 린드, 토머스 X. 하메스를 비롯한 '제4세대 전쟁'(Fourth Generation War)의 주창자들이 대표적이다. Thomas X. Hammes, "Insurgency: Modern Warfare Evolves into a Fourth Generation", *Strategic Forum*, No. 214(January 2005).

에 대해서도 성공적으로 대응하는 데 필요한 군사력을 건설해야 한다는 것이다.

혼합주의자들이 주장하는 군사력은 소규모의 저항세력이나 테러리즘 단체가 자행하는 저강도 분쟁은 물론, 현대화된 재래식 군사력으로 무장한 경쟁·적대국가와의 정규전에서도 싸워 이길 수 있을 정도의 높은 적응력, 유연한 조직 형태 등을 특징으로 한다. 쉽게 말해서 '만능 군사력'을 요구하고 있는 것이다. 여기에 해당하는 가장 대표적인 사례는 미 해병대가 제시하는 이른바 '다(多) 능력 해병 공지(空地) 임무부대'(Multi-capable Marine Air-Ground Task Forces) 개념이다.[12] 이는 전통주의자들이 강조하는 재래식 군사력 중심의 정규전, 그리고 비전통주의자들이 강조하는 비정규전을 동시에 수행할 수 있도록 설계된 군이다.

### 4) 분업주의 시각

분업주의 시각의 주창자들은 전통주의와 비 전통주의 시각에서 서로 강조하는 정규전, 비정규전은 서로 다른 훈련, 군사장비, 그리고 군 구조를 요구하는, 현저하게 다른 형태의 분쟁이라고 주장한다. 그 결과 각 군, 특히 육·해·공군 사이의 역할과 임무를 구체적으로 구분하여 보다 전문화가 이루어질 수 있도록 군사력을 건설하는 데 초점을 두어야 한다는 주장을 내세우는 입장이다.

분업주의자들은 군사력의 건설이 두 가지의 뚜렷하게 구분되는 특별한 임무, 즉 전투와 평화유지를 수행하는 데 초점을 두어야 한다고 주장한다. 구체적으로 육군은 직·간접적으로 안정화 작전을 비롯한 비정규전 수행에 보다 많은 역할을 담당하고, 국가 차원의 정규전을 억지 및 수행하는 임무에서는 해군과 공군이 주도적인 역할을 담당하는 것이

12) James T. Conway, *Marine Corps Vision and Strategy 2025*(Quantico, VA: 2008), p. 6.

다.[13] 또한 분업주의자들은 각 군종 사이의 분업체제 외에도 개별 군종 내부의 분업체제도 고려될 수 있다고 주장한다. 예를 들면 육군 내에서도 일부는 전통적인 정규전 수행을 위한 전투 부대, 나머지는 안정화 작전부대로 나누어 기능을 특화시킬 수 있다는 것이다.[14] 이렇게 해야만 군이 임무를 달성하기 위해 필요한 전문적인 조직화, 훈련, 장비 확보가 가능해지고, 다양한 유형의 무력분쟁에 대한 고도의 준비 및 대응태세를 보장받을 수 있다는 것이 분업주의자들의 주장이다.

### 5) 평가

지금까지 살펴보았듯이 '군사위협의 복합화'는 서로 다른 군사적 위협의 주체, 유형, 수단들이 공존한다는 의미이며, 따라서 특정한 단일 위협만을 염두에 둔 군사력으로는 갈수록 복합화되고 있는 오늘날의 군사위협에 결코 효과적으로 대응할 수 없다. 특히 주목해야 할 현상은 이른바 '복합전쟁'(Hybrid Warfare)의 현실화다. 복합전쟁이란 단순히 여러 가지의 군사위협 주체, 유형, 수단이 혼재되는 정도를 넘어서 특정 주체(예: 국가, 저항세력, 테러리즘 단체 등)가 자신들이 의도하는 정치 · 군사적인 목적을 달성하기 위해 다양한 전략 및 전술, 군사기술, 무기 등을 함께 동원, 구사하는 것을 뜻한다.

다시 말해서 주권국가가 게릴라전, 시가전을 비롯한 비전통 · 비대칭적인 접근을 시도하거나, 그 반대로 소규모 무장단체가 일정 수준의 첨단 기술이 적용된 재래식 군사력을 동원하는 경우도 충분히 가능한 것이다.[15] 지난 2006년 7~8월 레바논에서 이스라엘 군을 곤경에 빠뜨

13) Andrew R. Hoehn et al, *A New Division of Labor Meeting America's Security Challenges Beyond Iraq*(Santa Monica, CA: RAND, 2007), p. 75.

14) Andrew F. Krepinevich, *An Army at the Crossroads: Strategy for the Long Haul* (Washington D.C.: Center for Strategic and Budgetary Assessment, 2008), p. 65.

15) 이러한 사례는 전쟁의 역사에서도 적지 않게 나타나고 있다. 흔히 비정규전의 대명사로

렸던 헤즈볼라는 복합전쟁의 가장 대표적인 사례로 손꼽힌다. 당시 헤즈볼라는 다수의 소규모 무장조직들이 도심지역에서 매복, 저격 작전을 펼치면서도 동시에 상당 규모의 재래식 무기들을 운용하였다. 여기에는 이란제 다연장로켓포, 대전차미사일, 소수의 무인항공기(UAV), 그리고 지대함미사일 등이 포함되어 있었다.[16] 이는 '주권국가=정규전', '비(非) 국가 행위자=비정규전'이라는 기존의 고정관념과는 근본적으로 대치되는 것이며, 앞으로의 무력분쟁과 위협 유형에 관한 사고 전환의 필요성을 보여주고 있다.

그렇다면 이러한 군사위협의 복합화 추세를 고려할 때, 앞서 살펴본 군사력 건설에 관한 네 가지의 시각 — 전통주의, 비전통주의, 혼합주의, 분업주의 — 의 적합성은 어떻게 평가될 수 있는가? 우선 군사력 전체를 정규전 또는 비정규전 가운데 한쪽만의 수행을 위해 특화시키는 시각, 즉 전통주의와 비전통주의에 입각한 군사력 건설은 분명 부적절하다. 혼합주의는 정규전에서 비정규전에 이르는 모든 영역의 군사위협에 대처할 수 있도록 군사력을 건설한다는 점에서 언뜻 이상적으로 여겨질 수도 있다. 그러나 모든 군 병력과 단위 부대들을 다재다능하게끔 육성, 대비시키는 것은 과도한 유・무형적 비용을 요구할 뿐만 아니라, 결과적으로는 어떠한 유형의 위협에도 전문적으로 대응하기 어려운 '어정쩡한' 군사력만을 건설하고 말 것이다.

따라서 각 군종별로, 혹은 군종 내에서 위협의 성격에 따라 특화된

---

인식되고 있는 중국 국공내전, 베트남전쟁에서도 중국공산당과 북베트남은 초반에 비정규전 중심으로 전쟁을 수행했지만, 이후 대내외의 정치・전략적인 환경이 자신들에게 우세해지면서 대규모의 재래식 군사력을 앞세운 정규전을 통해 승리를 결정지었던 것이다. Frank G. Hoffman, "Hybrid Warfare and Challenges", *Joint Force Quarterly*, Issue. 52(1st Quarter, 2009).

16) 특히 헤즈볼라는 레바논 국경과 인접한 이스라엘 북부에 4,100발 이상의 다연장로켓포 공격을 퍼부었고, 해당 지역의 주민 수만 명이 긴급히 대피해야만 했다. Ralph Peters, "Lessons from Lebanon: The New Model Terrorist Army", *Armed Forces Jouirnal International*(October, 2006).

군사력을 건설하는 분업주의가 가장 바람직한 선택이라고 평가할 수 있다. 여기서 정규전과 비정규전 대비를 위한 군사력 건설의 특화 비중은 해당 국가의 안보환경을 반영하여 결정되어야 할 것이다.

## 3. 한국의 안보환경과 복합적 군사위협

오늘날 한국은 세계의 어느 국가들보다도 '군사위협의 복합화'에 따른 안보상의 심각한 도전에 직면하고 있다. 먼저 1950년의 6 · 25전쟁으로 시작된 북한의 군사적 위협은 여전히 남아 있으며, 그 유형은 대규모의 재래식 군사력을 앞세운 전면전쟁 위협뿐만 아니라 국지적인 침투 및 도발, 대량살상무기의 개발 등으로 다변화되고 있는 실정이다. 동시에 총체적인 국력과 군사기술 측면에서 우위를 차지하는 주변 강대국의 해 · 공군력, 그리고 세계화(世界化)에 따른 외부 불특정 위협의 현실화를 비롯한 잠재적인 도전 요인들도 더 이상 간과할 수 없게 되었다.

### 1) 북한의 위협

#### (1) 전통적 위협

지난 60년 동안 한국 안보에 대한 최대의 위협은 단연 북한의 군사력이었다. 특히 한국은 북한이 6 · 25전쟁에서처럼 한반도 전체를 석권하기 위한 전면전쟁을 감행할 가능성을 줄곧 경계해 왔으며, 북한에 의한 전면전쟁을 억지 및 격퇴하는 것은 오늘날까지 한국 국방 당국의 최우선적인 과제가 되어 왔다. 이는 북한이 여전히 세계 4위에 해당하는 총 119만여 명의 정규군과 탱크 3,900여 대, 장갑차 2,100여 대, 대포 1만 3,000여 문, 전투함정 490여 척(잠수함정 70여 척 포함), 그리고 전투임무기 840여 대[17] 등을 비롯한 거대한 재래식 군사력을 보유하고 있다는 점에서 비롯된 것이었다.

하지만 '북한에 의한 전면전쟁' 위협은 시간이 지날수록 그 가능성이 낮게 평가되고 있다. 현재 북한은 경제력을 포함한 총체적인 국력에서 한국과 비교 자체가 무의미할 정도로 뒤떨어져 있다. 이는 장기간의 전면전쟁 수행을 뒷받침하는 데 결정적인 약점이 될 수밖에 없다. 뿐만 아니라 북한이 보유한 탱크, 군함, 항공기 등 재래식 무기들의 대다수는 한국과 주한미군의 동급 무기들보다 기술적으로 훨씬 낙후된 구식무기들이다.[18] 수량은 많지만, 한반도 주변해역과 상공에서의 제해권 및 제공권을 장악하거나, 휴전선 이남의 한국 영토를 정복, 석권하기에는 역부족인 것이다.

오히려 최근에는 휴전선 전방지역에 걸쳐 전진배치된 북한 육·해·공 재래식 군사력에 의한 기습 또는 국지적인 침투 및 도발 가능성이 보다 현실적인 위협으로 인식되고 있다.[19] 비록 전면전쟁에 비해서는 강도가 상대적으로 낮지만, 북한 정권의 정치·외교적인 강압(强壓: Coercion) 수단으로서 빈번하게 동원될 가능성이 높기 때문이다. 다시 말해서 평시에 북한이 한국과 국제사회를 상대로 전쟁 가능성에 대한 공포, 불안 심리를 자극하고, 이를 통해 대내외적 현안에 관한 주도권을 확보하겠다는 의도인 것이다.

특히 북한이 재래식 군사력의 구성, 운용에서도 비대칭적인 성격을 강화하고 있다는 점은 크게 주목해야 할 대목이다. 육군의 경우, 북한

17) 국방부, 『국방백서 2008』(서울: 국방부, 2009), p. 260.

18) Michael O'Hanlon, "Stopping a North Korean Invasion: Why Defending South Korea is Easier Than the Pentagon Thinks", *International Security*, Vol. 22, No. 4(Spring, 1998).

19) 현재 북한은 휴전선 전방지역과 가까운 평양~원산 이남에 군단 6개(보병 4개, 기계화 보병 2개)를 비롯한 총 70만 명의 육군 병력을 집중 배치하고 있다. 북한 해군의 주력 전투함정 60%, 그리고 북한 공군의 전투임무기 40%도 역시 평양~원산 이남에 배치 중이다. 국방부, 2009, pp. 24-27.

은 1만 문이 넘는 전체 포병전력 가운데 45%를 휴전선 전방지대에 배치하고 있으며, 특히 600문의 170mm 자주포, 400문의 240mm 방사포는 그 사거리가 무려 50~60km 이상으로 수도권을 공격권 내에 둘 수 있다. 이들 두 종류의 장거리포 1,000문만으로도 시간당 약 3만 발 이상의 포격을 가할 수 있을 정도다. 서울의 1/3을 초토화할 수 있는 수준의 파괴력이다.[20]

뿐만 아니라 북한 육군은 2006년 이후 휴전선과 인접한 4개 보병군단 예하의 사단을 경보병 사단으로 개편했으며, 정규 사단 소속의 경보병 대대도 연대급으로 증편했다.[21] 그 결과 북한은 약 6만 명 규모의 경보병을 새로 확보하게 되었다. 이들 병력은 주로 전방지역에서 야간 · 산악 · 시가전을 비롯한 비정규전 수행을 담당할 것으로 예상된다.

한편으로 북한 해군은 서해 5도, 북방한계선(NLL) 인근의 전방해역을 중심으로 연안전투 능력을 중점 강화하는 추세이다. 지난 1999년과 2002년에 발생한 제1 · 2차 연평해전, 그리고 2009년의 대청해전을 겪으면서 북한은 일반적인 함대함 전투에서는 자신들에게 승산이 없음을 인정하게 되었고, 그 대안으로 연안전투 수행에 효과적인 전력의 확보, 발전을 선택한 것이다. 그 가운데 첫 번째가 장산곶, 옹진반도, 해주, 사곶, 등산곶 등지에 배치되고 있는 사거리 10~20km 이상의 해안포와 사거리 90km 이상의 HY2 '실크웜' 지대함미사일을 비롯한 북한의 지대함 화력이다.[22] 이들은 전방해역에서 한국 군함들의 원활한 작전 수행을 방해 및 교란하고, 유사시에는 한국 해군의 인적 · 물적 피해를 극대화시켜 정치 · 심리적인 충격까지 강요하는 데 동원될 수 있다.

뿐만 아니라 북한 해군은 전 세계적으로도 상위권에 해당하는 총

20) 1,000문의 북한 장거리포 가운데 수도권을 직접 겨냥할 정도로 전진배치된 것은 300문 이상으로 알려져 있다. 황일도, "北 장사정포 알려지지 않은 다섯 가지 진실", 「신동아」, 2004년 12월호.

21) 국방부, 2009, p. 25.

22) 김귀근, "北 해안포, 서해5도. 함정 사격권", 「연합뉴스」, 2010년 1월 27일자.

70여 척 규모의 잠수함정을 보유하고 있다.[23] 이들은 모두 기술적으로 매우 낙후되어 있는 구식 군함이지만, 바다 속에서 항해하는 특성 때문에 좀처럼 탐지, 추적하기가 어렵다. 그동안 북한의 잠수함정은 지난 1996년과 1998년 동해안의 경우처럼 후방에 대한 특수부대원 침투 수단으로서 주로 인식되었지만, 최근의 천안함 피격사건은 북한이 전방해역에서의 해전에도 잠수함정을 투입할 수 있음을 여실히 보여주었다.

#### (2) 비전통적 위협

북한의 군사적 위협 가운데 기존 재래식 군사력과는 차별화된 비전통적 위협은 크게 3가지로 나뉠 수 있다. 첫째, 1990년대 이래 한국뿐만 아니라 국제사회의 근심거리가 되어 온 대량살상무기다. 둘째, 최대 10만 명 이상으로 평가되고 있는 특수전부대다. 그리고 셋째, 정보통신 체계를 직접적으로 공격하는 사이버전 능력이다.

북한은 지난 1961년 김일성이 주창한 '화학화 선언'을 계기로 화학무기의 개발, 확보에 본격 착수했으며, 사린, VX, 포스겐 등 신경가스와 질식작용제, 수포・혈액작용제를 포함한 16가지의 화학무기를 보유중인 것으로 알려진다.[24] 이들 화학무기의 비축 규모는 2,500~5,000톤 내외로 미국, 러시아의 뒤를 잇는 세계 3위다. 1980년대부터는 탄저균, 천연두, 페스트 등 13가지의 병원균을 생물무기로 배양, 생산할 수 있는 능력을 갖추었다고 판단된다. 그리고 북한은 2006년 10월 9일,

---

23) 북한 해군의 잠수함정은 20여 척의 구 소련제 '로미오'급(수중배수량 1,800톤) 잠수함, 40척 이상의 '유고'(배수량 110톤)급과 '상어'(배수량 300톤)급 잠수정, 그리고 2010년 3월 26일 천안함을 공격한 것으로 파악되고 있는 소수의 '연어'(배수량 130톤)급 잠수정 등으로 나뉜다. 이들은 대부분의 수상전투함 1척을 파괴할 수 있는 533mm 중(重)어뢰를 척당 2~4발씩 공통적으로 탑재, 운용한다. Stephen Saunders, ***Jane's Fighting Ships. 2008-2009***(Surrey, UK: Jane's Information Group, 2009), pp. 444-446.

24) 국방부, 2009, p. 30.

2009년 5월 25일 함경북도 길주군 풍계리로 추정되는 장소에서 2차례 핵실험을 실시하여 핵무장 능력을 대내외에 과시했다.

이들 대량살상무기를 운용하기 위한 대표적인 장착, 발사수단은 바로 탄도미사일이다. 현재 북한 탄도미사일의 주력은 사거리 300~500km의 '스커드'(발사대 36대), 사거리 1,300km의 '로동 1호'(발사대 27대)이며, 발사 3~5분 만에 휴전선 이남의 한국 영토 대부분을 타격할 수 있다.[25] 2000년 이후에는 일본과 태평양 일대의 미군 기지를 겨냥하는 사거리 2,000km 이상의 '대포동' 1 · 2호, '무수단' 탄도미사일까지 개발 및 배치 중이다. 이들의 개발은 한반도 유사시 미국의 군사적 개입능력에 타격을 줄 뿐만 아니라, 한반도에 대한 군사지원 여부를 결정하는 미국 내의 정치적 의지에도 큰 부담을 가할 것으로 우려된다.

북한의 특수전부대는 ① 군단급인 육군 경보병 교도지도국 소속의 항공육전(공수)여단 2~3개와 경보병 및 저격여단 6개, ② 육군의 각 정규군단 직속인 경보병여단 9~11개, ③ 해군 소속의 해상저격여단 2개, 그리고 ④ 공군 소속의 공군저격여단 3개 등으로 나뉜다.[26] 이들은 한국 측 · 후방 지역에서의 주요 기간시설 파괴, 군사시설 습격뿐만 아니라 요인암살, 민간인을 겨냥한 테러리즘에도 동원 가능하다. 주요 침투수단으로는 300여 대의 러시아제 AN2 '콜트' 소형수송기, 70여 척의 잠수정, 약 220척의 고속상륙정과 공기부양정, 그리고 20개 내외로 추정되는 휴전선 전방지대의 땅굴 등이 있다.

그리고 북한은 평양의 지휘자동화대학, 김책공대, 평양 컴퓨터기술대학 등의 졸업생 중에서 우수인력을 선발하여 사이버전 담당 요원으로 양성, 운용 중이다. 이들은 주로 북한군 총참모부 예하의 '지휘 자동화국', 정찰국 산하의 '기술정찰조'(일명 110호 연구소) 등에서 대남 사이버전을 수행하는 것으로 알려져 있다.[27] 2009년 7월 초 국내의 공공기관

25) Joseph S. Bermudez, "Moving Missiles", *Jane's Defence Weekly*, August 3, 2005.
26) 이민룡, 『김정일 시대의 북한군대 해부』(서울: 황금알, 2004), pp. 150-154.

및 주요 인터넷 웹사이트를 겨냥하여 이루어졌던 사이버공격의 배후세력으로 북한이 가장 먼저 거론되었던 배경도 이러한 북한의 사이버전 수행역량에서 비롯된 것이다.

북한은 이러한 대량살상무기, 특수전부대, 그리고 사이버전을 통해 유사시 한국에 대한 재래식 군사력의 질적 열세를 일거에 역전시키고, 전쟁 초반부터 한국의 전쟁수행 체계를 물리적 · 심리적으로 무너뜨려 전쟁의 주도권을 장악하려 할 가능성이 매우 높다. 이 점에서 오늘날 한국이 직면한 최대의 군사적 도전이라고 할 수 있다.

### 2) 외부에 의한 위협

#### (1) 전통적 위협

현재 한국이 직면하고 있는 가장 심각한 군사위협은 단연 북한에 의한 것이지만, 그것이 전부는 아니다. 지리적으로 한국이 속한 동아시아에는 중국, 일본, 러시아라는 세계적으로도 손꼽히는 세 강대국이 위치하고 있으며, 역내 국가들 사이의 영유권 분쟁이 다수 진행 중이다.[28] 특히 동아시아 극동(極東)에 위치한 반도(半島) 국가로서, 한국은 서쪽의 중국과 북쪽의 러시아, 그리고 동쪽에서는 일본에게 포위되어 있는 것이나 다름없는 입장이다. 따라서 이들 주변 강대국의 군사력은 현재는 물론이려니와, 통일 이후 한국에 대한 주요 안보위협이 될 수밖에 없다.

주변 강대국의 군사력 가운데서도 특히 한국 안보를 위협할 수 있는 것은 육군력보다는 해 · 공군력이 될 가능성이 크다. 한국이 주변 강대국들과 현재 또는 잠재적인 갈등을 빚고 있는 현안의 대부분이 해양관할권에 관한 문제들이기 때문이다.[29] 구체적으로는 독도(獨島)를 비롯

27) 김귀근, "북한의 사이버전 능력은", 「연합뉴스」, 2009년 7월 8일자.

28) 박경일, 『세계안보의 관점과 전략』(남양주: 창조문화, 2009), pp. 188-197.

한 도서 영유권, 대륙붕과 배타적 경제수역(EEZ)의 획정, 그리고 해저자원 개발 등이 여기에 포함될 수 있다.

주변 강대국들의 군비 확대가 해·공군력의 강화에 집중되고 있다는 점도 이를 뒷받침한다. 중국은 1989년부터 연평균 10% 이상 군사비를 증액하여 왔으며, 지난 1990년대에 다수의 러시아제 수상전투함과 잠수함, 전투기를 직도입한 바 있다. 2000년 이후에는 동급 이상의 성능을 갖추는 자국산 군함과 항공기도 개발, 양산 중이다.[30] 여기에는 4척의 '소브레메니'(배수량 6,200톤)급 구축함, 4척의 '루양'(旅洋: 배수량 6,200톤)급 구축함, 12척의 '킬로'(수중배수량 3,000톤)급 재래식잠수함, 270여 대의 SU-27/30 전투기, 그리고 100대 이상의 J-10 전투기 등이 포함된다. 중국의 신형 군함과 전투기들은 노후화된 기존 해·공군력을 대체하는 차원을 넘어, 중국 해·공군의 임무수행 범위를 영토 주변지역까지 대폭 확대하는 데 중추적인 역할을 할 것이다.

병력 규모가 총 24만 명에 불과한 일본 자위대(自衛隊)도 동아시아 최고 수준의 막강한 해·공군력을 자랑하고 있다. 해군격인 해상자위대(海上自衛隊)는 4척의 '공고'(金剛: 배수량 7,500톤)급 이지스구축함을 필두로 하는 총 32척 규모의 대양 기동함대, 즉 호위함대(護衛艦隊)를 보유한다. 공군에 해당하는 항공자위대(航空自衛隊) 역시 약 200대의 F-15J 전투기, 60여 대의 자국산 F-2 지원전투기를 비롯한 다수의 고성능 전투기를 운용 중이다. 뿐만 아니라 최근 일본은 경(輕)항공모함급으로 평가받는 '히유가'(日向: 배수량 13,500톤)급 헬기모함, 공중급유기 등을 추가로 도입하고 있다.[31] 이는 자위대의 군사력 투사(投射) 범위가 자국 영토의 방어에만 국한되었던 기존의 '전수방위'(專守防衛)를 넘어 동아시아

29) 박경일, 2009, pp. 176-181.

30) Richard D. Fisher Jr., *China's Military Modernization: Building for Regional and Global Reach*(Westport, CT: Praeger Security International, 2008), pp. 136-153.

31) Christopher W. Hughes, *Japan's Remilitarisation*(London: Routledge, 2009), pp. 40-47.

의 주변 지역으로까지 확장될 수 있음을 시사하는 대목이다.

(2) 비전통적 위협

오늘날 한국은 세계 10위권의 경제대국이자 G-20 회원국, 그리고 UN 사무총장(반기문 전 외교통상부 장관)을 배출한 국제사회의 신흥 지도국가다. 이처럼 한국의 국제적 지위, 역할이 증대되는 과정에서 다른 나라와의 갈등, 마찰이 생길 현안도 늘어날 수 있고, 그 과정에서 한국이 외국 테러리즘 단체의 공격 대상으로 지목될 가능성은 충분하다. 지난 2004년 6월 이라크 내의 반미 무장세력이 한국인 김선일 씨를 납치, 공개 살해한 것이 대표적 사례다.

국외 지역분쟁은 해외에서 활동하는 재외(在外) 국민의 안전 여부와 직결되는 문제다. 세계화가 심화되면서 무역, 유학, 여행 등을 위한 출국자 수는 매년 증가 추세이며, 그만큼 한국인들이 분쟁세력들에 의한 납치, 테러, 약탈의 대상이 될 가능성도 높아진 것이다. 2007년 7월 19일 아프가니스탄에서 한국 개신교 선교단 23명이 탈레반 반군에게 납치되어 42일 동안 억류당했는데, 그 가운데 2명은 피살당했다. 2006년 4월과 2007년 5월에는 한국 원양어선 '동원'호와 '마부노'호가 아프리카 동부의 소말리아 인근 해역에서 해적들에게 납치당하여 각각 117일, 174일이나 억류당하는 고초를 겪었다.

## 4. 한국 군사력 건설의 우선순위 조정

오늘날 한국은 북한뿐만 아니라 주변 강대국, 외부 불특정 세력의 군사적 위협에 함께 맞서야 하는, 결코 쉽지 않은 도전에 직면하고 있다. 특히 북한은 대규모의 재래식 군사력을 앞세운 전면전쟁 위협뿐만 아니라 대량살상무기, 국지적인 침투 및 도발, 비정규전 등의 다양한 비전통·비대칭적 위협 능력까지 확보 중이다. 이는 세계적으로도 그 유례를 찾기 어려운 복합전쟁 성격의 군사위협이라고 할 수 있다.[32] 지난 2005년『국방개혁 2020』에서 '북한의 군사적 위협이 점진적으로 감소될 것'이라고 전제했던 것과는 크게 상반되는 내용이다.

결국 이명박 행정부는 군사력 건설의 우선순위를 '주변 강대국과의 잠재적인 분쟁'에서 '현존하는 북한의 군사위협'에 관한 대응능력의 강화로 수정하기에 이른다. 이는「국방개혁 기본계획 11-30」의 주요 내용들 가운데 하나인 '적극적 억제능력의 확보'에서 구체적으로 제시되고 있다.[33] 여기에는 ① 서북도서 방위사령부 창설을 비롯한 서해 5도 지역의 방어태세 강화, ② 장거리포, 대량살상무기, 잠수함을 비롯한 북한 비대칭 전력에 맞서는 광역 정보수집 및 정밀타격 전력의 조기 확충, ③ 후방 대(對)침투작전 역량의 강화, 그리고 ④ 전자·정보전 위협의 대비태세 강화 등을 포함한다. 대조적으로 최근 몇 년 동안 '대양해군', '항공우주군'의 구호 아래 야심차게 추진되었던 해·공군력의 원거리 전개능력 확보는 당분간 우선순위에서 밀려날 것으로 전망된다.[34]

군사력 건설의 관점에서 볼 때,「국방개혁 기본계획 11-30」은 북한에 의한 현존 군사위협 대응을 강조하고 있는 점이 특징이다. 이것은 역시 2010년의 천안함 피격사건, 연평도 포격전을 통해 입증된 북한 군사위협의 심각성과 그에 따른 강력한 대응 및 개선을 요구하는 국민

---

32) Brian P. Duplessis, "The Democratic Peoples Republic of Korea: Conventional or Hybrid Military Threat?" http://www.nautilus.org/publications/essays/napsnet/policy-forums-online/security/07036Duplessis.html(게재일자 2007. 5. 8).

33) 김귀근·유현민, "'국방개혁 307계획' 뭘 담았나",「연합뉴스」, 2011년 3월 8일자.

34) 해군의 경우 천안함 피격사건이 발생한 지 6개월 만인 2010년 9월부터 '대양해군', '미래 첨단전력 건설'이라는 구호의 대외적 사용을 당분간 중단한다고 밝혔다. 이는 대양해군이라는 구호가 원양작전 능력의 향상에 치중한 나머지, 북한에 대비하기 위한 연안 방어능력의 확충에 소홀하다는 비판을 받을 것이라는 점 때문이다. 김귀근, "해군, '대양해군' 구호 사용 중지",「연합뉴스」, 2010년 9월 15일자.

적인 경각심을 반영한 결과다. 또한 2005년의 「국방개혁 2020」이 제시했던 군사력 건설의 우선순위가 다소 불분명했던 것과는 달리, 「국방개혁 기본계획 11-30」에서는 이를 보다 명료화시켰다는 점에서도 긍정적으로 평가할 수 있다.

그러나 한편으로는 「국방개혁 기본계획 11-30」에 나타난 군사력 건설의 방향성, 내용에서도 미흡한 점들은 존재한다. 가장 큰 문제는 북한의 현존 군사위협만을 부각하는 경향이 높아지면서 자칫 한국의 군사력 건설이 불균형적인 구조로 나타날 것이라는 점이다. 마치 북한의 군사력이 한국 안보에 대한 위협의 전부인 양 호도하는 작금의 추세는 북한 이외의 군사위협, 즉 주변 강대국들과의 분쟁 가능성이나 초국가적인 위협(예: 테러리즘, 해적)에 효과적으로 맞서기 위해 요구되는 미래 지향적인, 중·장기적 차원의 군사력 건설 노력에 큰 장애가 될 수밖에 없다. 이 경우 그동안 한국군의 역량을 휴전선 이남에서의 방어 위주로 국한시켜 온 '지상 전력 중심, 전술·작전수준의 전력 구조'를 더욱 고착화시켜 한국의 자주적인 전쟁 억지, 승리능력 확보에 악영향을 줄 것이다. 「국방개혁 기본계획 11-30」이 향후 20년에 걸친 장기계획이라는 점을 고려할 때, 이는 더더욱 간과할 수 없는 문제다.

아울러 「국방개혁 기본계획 11-30」이 제시하는 군사위협의 평가, 군사력 건설의 주요 내용들이 과연 한국의 당면 안보환경에 대한 합리적·종합적인 정책 판단을 통해 이루어진 것인지도 의문이다. 오히려 천안함 피격사건, 연평도 포격전을 계기로 지난 1년 동안에 부각된 개별적인 위협들에 맞춰 개별적으로 대응책을 내놓거나, 그동안 군 당국에서 요구해 온 특정 무기체계의 확보를 정당화하기 위한 명분으로 내세우려 한다는 의심을 받기 쉽다.[35] 이는 예상 가능한 군사위협에 선제적, 효과적으로 맞서기 위한 근본적인 처방이라기보다는 문제가 발

---

35) 김동규, "무기소요 팽창시키는 '비대칭의 망령'", 「D&D 포커스」, 2011년 5월호.

생할 때마다 이를 뒤늦게 수습하기에만 급급한, 소극적인 대증(對症) 요법에 가깝다.

앞으로 한국의 군사력 건설은 '북한 대 주변 강대국', 혹은 '재래식 전력 대 비대칭 전력'으로 서로 대비되는 군사 위협들 가운데 양자택일하는 이분법적인 자세를 지양해야 한다. 오히려 이들 모두를 포괄하는 '복합적 군사위협'의 개념을 적극 반영하고, 이에 효과적으로 대응할 수 있는 능력을 확충하는 데 초점을 맞춰야 한다. 이는 다변화되고 있는 군사위협에 대한 대응 능력의 발전, 강화를 위하여 각 군종별로, 혹은 군종 내에서 위협의 성격에 따라 특화된 군사력을 건설하는 노력이 요구된다. 이는 앞서 논의되었던 네 가지의 군사력 건설 시각들 가운데 '분업주의'에 해당한다.

### 1) 기습, 침투 대응능력의 강화

천안함 피격사건은 '북한의 기습, 국지적인 침투 및 도발'이 오늘날 한국의 안보환경에서 가장 실재적인 군사위협이라는 점을 확인시키는 계기가 되었다. 이에 따라 북한의 기습, 침투에 대한 대응능력 강화가 한국의 군사력 건설, 방위력 개선계획에서 가장 시급한, 최우선적인 과제로 떠올랐다. 다시 말해서 북한이 휴전선 전방지역이나 해·공역 또는 후방에서 소규모의 군사 도발을 감행할 경우 이를 조기에 식별 및 탐지, 추적하고, 신속·정확하게 제압, 격퇴함으로써 군사·외교적인 위기의 불필요한 확대를 예방할 수 있는 군사적 능력의 보완, 발전이 요구되는 것이다.

이는 기본적으로 휴전선 일대, 서해상 NLL을 비롯하여 북한과 직접적으로 대치하고 있는 전방 접적(接敵)지역에 배치되거나, 유사시 해당 지역으로 1차적으로 동원될 각 군 병력의 전투력 강화와 직결되는 과제다. 짧은 시간 동안에, 제한적인 범위 이내에서 벌어지는 기습 및 침투전의 특성을 고려할 때, 대규모의 전면전쟁을 전제로 하는 탱크, 장갑차, 대포, 중·대형 군함 등의 대칭적인, 중후장대(重厚長大) 성격의 무기를 앞세우는 것은 적합한 선택이 될 수 없다. 그보다는 한국군이 발휘할 수 있는 군사기술적인 우위를 통해 북한의 기습, 침투능력을 효과적으로 무력화시키는 '역(逆) 비대칭 전력'을 개발, 확충하는 편이 바람직하다. 감시·정찰 능력의 향상을 위한 정보수집 자산, 정확성과 제압효과가 우수한 전술급의 정밀화력, 그리고 기동성이 높은 항공전력이 여기에 해당한다.

우선 육군의 경우, 현재 군단급 부대에서만 배치하고 있는 저고도의 중·소형 무인정찰기를 여단 및 사단, 가능하다면 그 이하 규모의 부대에서도 보유, 운용할 수 있어야 한다. 무인정찰기의 운용 확대는 소부대 단위로 수행되는 적의 기습, 침투에 대해서도 지속적이고 정확한 정보수집 능력을 보장받는 가운데 효과적인 대응이 가능하도록 해줄 것이다.

평야와 산악지대를 비롯하여 다양한 지형으로 침투를 시도하려는 적 병력의 움직임을 저지하기 위한 대(對) 기동전력도 요구된다. 특히 북한 경보병, 특수전부대의 침투가 예상되는 통로를 겨냥하여 신속·정확하게 사용될 수 있는 살포방식의 지뢰 설치능력은 매우 효과적일 것으로 기대된다. 유사시 전·후방 지역으로의 침투를 시도하려는 소규모 북한군 병력의 기동을 봉쇄하는 동시에, 이들을 아군의 진압 공격에 노출되도록 강요할 수 있기 때문이다.

화력지원수단은 기습 및 침투를 시도한 적 병력을 교전 현장에서 몰살시키고, 일정거리 밖에서의 사격을 통해 도발을 가하려는 적을 제압할 수 있도록 높은 정확성과 치명성을 갖추어야 한다. 장갑차량뿐만 아니라 견고화된 적의 진지, 포대까지 파괴할 수 있는 대지(對地) 유도무기, 공중폭발탄 장착 기능을 갖춘 개인·공용화기가 여기에 해당한다. 특히 공중폭발탄은 적의 머리 3~4m 상공에서 자동으로 폭발하여

은폐된 공간에 숨은 적 병력까지 살상할 수 있는 것이 강점이다.[36)]

그리고 항공전력은 산악지형이 많은 한반도의 특성상, 전 · 후방지역에 대한 육군의 신속대응 능력을 강화시키는 데 매우 유리하다. 특히 좁은 공간에서도 이착륙이 가능하고, 비행속도 및 방향의 전환이 자유로운 헬기는 신속한 보병 수송, 화력지원 기능을 통해 효과적으로 적의 기습, 침투에 대응할 수 있다. 현재 육군은 600대가 넘는 헬기를 보유하고 있으며, 대다수를 차지하는 기동헬기의 경우 2012년 이후 '수리온' 국산 중형 기동헬기를 200대 이상 양산하여 노후 기종인 UH-1 '휴이', 500MD를 대체할 예정이다.

한편으로는 대전차 교전을 비롯한 화력지원 임무를 수행하는 약 100대의 무장 · 공격헬기의 대체가 시급한 과제로 제기되고 있다. 약 30대의 500MD 무장형 '디펜더'는 2012년 이후 운영수명의 한계에 달할 것이며, 약 60대의 AH-1 '코브라' 중형 공격헬기도 2010대 말까지는 교체가 불가피하기 때문이다. 현재 육군은 제1 · 2차 걸프전쟁에서의 활약으로 유명한 미국제 AH-64 '아파치' 대형 공격헬기 36대를 도입하는 동시에, 약 5톤급의 국산 소형 공격헬기 210여 대 양산을 희망하고 있다.[37)] 그러나 이 방식은 수리온 국산 기동헬기를 기반으로 무장 · 공격헬기를 개발하는 것보다도 많은 기간, 비용이 소요된다는 점에서 매우 비효율적이다. 또한 육군이 아파치 공격헬기 도입의 논거로 주장하고 있는 '적 후방에 대한 원거리 화력지원'(일명 종심타격) 임무는 기존의 포병, 공군전력으로도 충분히 수행할 수 있기 때문에 설득력이

---

36) 군 당국은 2008년 20mm 공중폭발탄을 장착하는 K-11 차기복합소총을 개발, 현재 양산 및 전력화를 진행 중이다. 2015년 이후 실전에 배치되는 차기 중기관총도 공중폭발탄 장착 기능을 갖출 예정이다.

37) 2010년 1월 21일 기획재정부, 국방부, 방위사업청 등 관련 부처가 참여한 항공우주산업 개발정책심의회는 수리온과는 별도의 국산 소형 공격헬기를 개발한다는 내용이 포함된 '항공산업 발전 기본계획'을 심의, 의결했다. 김귀근, "한국형 공격헬기 사업방식 논란", 「연합뉴스」, 2010년 1월 21일자.

떨어진다.[38)]

따라서 육군의 공격헬기 전력 개선계획은 수리온 국산 기동헬기의 기체를 개조 및 발전시킨 형태의 국산 공격헬기를 개발하는 데 초점을 맞춰야 할 것이다. 500MD 무장형을 대체하기 위한 약 20~30대의 공격헬기를 직도입하는 방안도 고려하되, 그 대상을 아파치급의 대형 공격헬기로만 국한해서는 안 된다. 앞으로 육군이 개발, 확보해야 할 공격헬기는 탱크와 장갑차를 비롯한 지상 기동전력보다 먼저 전방의 접적(接敵) 지역으로 투입되어 신속한 화력지원 임무를 수행할 수 있을 정도의 중 · 소형 기종으로도 충분하다.

그렇다면 해군은 어떠한 노력을 필요로 하는가? 천안함 피격사건 이후 해군은 북한의 수중 위협에 대응하기 위한 대잠(對潛) 작전수행 능력의 강화에 주력하고 있다. 우선 주력군함인 '울산'(배수량 2,000톤)급 호위함, '포항'(배수량 1,200톤)급 초계함의 수중 음향탐지장비[일명 소나(SONAR)]를 교체했으며, 일부 고속정에 어군(魚群) 탐지장비를 탑재하여 서해 연안지역에서의 수중 탐색기능을 갖추도록 했다. 연평도와 백령도를 비롯한 서해의 주요 해저 길목에도 원거리 음향탐지장비를 설치, 북한 잠수함정에 대한 탐지능력을 향상시킨다는 계획이다. 기존의 주력함들을 대체할 신형 군함들의 개발, 건조도 진행 중이다. '참수리'(배수량 140톤)급 고속정보다 우월한 40/76mm 함포와 대함미사일 등의 무장을 갖춘 '윤영하'(배수량 440톤)급 미사일고속정은 2016년까지 10여 척이 건조되며, 울산 · 포항급보다 대공, 대잠 교전능력이 향상된 '인천'(배수량 2,300톤)급 차기호위함(FFX)은 2012년에 배치되는 1번함을 시작으로 15~20척 이상 건조될 전망이다.

하지만 전통적인 함대함 전투와 더불어 육지로부터의 지대함, 공대함 교전까지 수반되는 연안전투의 입체적, 다차원적인 양상을 고려할

---

38) 김민석, "중고 아파치헬기 도입 계획 '한국형헬기' 개발 차질 우려", 「중앙일보」, 2008년 10월 20일자.

때, 기존 군함의 성능개량이나 신형 군함의 전력화는 결코 근본적인 해결책이 될 수 없다. 지대함 화력, 잠수함정을 앞세우는 북한의 연안 전투 위협에 맞서기 위해, 해군은 군함(특히 수상전투함정) 중심의 전력 증강, 정비에서 과감히 탈피하여 항공전력, 함대지 정밀유도무기의 확충을 우선적으로 추진해야 한다. 이를 위해 필요하다면 신형 연안함정의 전력화 규모, 시기를 조정할 수도 있다는 적극성도 요구된다.

항공기가 군함에 비해 기술적으로 우위를 차지하고 있는 부분은 역시 기동력이다. 수상전투함과 잠수함보다 빠른 속도로 이동할 뿐만 아니라, 짧은 시간 동안에 훨씬 넓은 범위를 관할할 수 있기 때문이다. 해군 작전에서 항공기의 기술적인 우위가 부각되는 임무는 크게 3가지다. 첫째, 함대공 요격능력이 취약한 연안 전투함정을 제압하기 위한 공대함 작전이다. 둘째, 잠수함정에 대한 수중 탐지 및 추적, 소탕을 포함하는 대잠 작전이다. 그리고 셋째, 주요 항구 및 해군기지 주변에 설치된 기뢰를 제거하기 위한 소해(掃海) 작전이다.[39]

해군은 지난 1990년대에 8대의 미국제 P-3 '오라이온' 해상초계기를 도입했고, 금년 초부터 8대를 추가 도입하여 총 16대를 확보할 예정이다. 해상헬기는 역시 1990년대부터 영국제 '슈퍼 링스' 헬기 20여 대를 도입했는데, 공대함 교전능력에 중점을 두어 개발된 기종으로서 대잠 교전능력은 상대적으로 부족한 편이다. 또한 해군은 2014년 이후 차기호위함에서 탑재, 운용하는 신형 해상헬기를 약 20대 도입한다는 계획이다.[40] 앞으로 전력화될 해상헬기는 차기호위함의 방어를 위한 대잠 교전임무를 주로 수행할 것으로 전망된다. 이 경우, 기존의 슈퍼

39) 소해헬기는 공중에서 기뢰를 탐지하고, 기뢰 기만 · 제거용 장비를 예인하는 방식으로 소해 임무를 수행할 수 있다. 때문에 기뢰가 부설된 해역에서 직접 소해 임무를 수행해야 하는 소해함정보다 신속성과 안전성이 뛰어난 것이 특징이다. 김재한, "북한의 또 다른 위협, 기뢰. 효과적인 대응책은?", 「월간 항공」, 2010년 9월호.

40) Jung Sung-Ki, "Navy Looking for 20 New Anti-Sub Helicopters by 2014", *Korea Times*, May 26, 2010.

링스 해상헬기는 서해 연안에서 북한의 경비정과 미사일정, 어뢰정 등에 대한 공대함 교전임무를 전담해야 할 것이다. 지연되고 있는 소해헬기의 도입 역시 조속히 이루어져야 할 과제다.[41)]

현재 연평도와 백령도에 배치 중인 해병 부대들은 북한의 해안포, 지대함미사일에 대응하기 위해 사거리 40km급의 K-9 자주포를 운용하고 있다. 하지만 자주포를 비롯한 일반 포병으로는 정밀 타격능력을 기대하기 곤란하다.[42)] 때문에 북한의 국지도발에 대응하는 과정에서 자칫 불필요한 확전을 야기할 수 있고, 이는 한국의 위기관리에 큰 부담으로 작용할 우려가 크다. 이 점에서 함대지 정밀유도무기는 좋은 대안이 될 수 있다. 해군 군함들이 북한이 서해 전방해역에 배치하고 있는 해안포, 지대함미사일 배치 지점을, 이들의 사거리 밖에서 안전하고 정확하게 파괴할 수 있는 능력을 제공할 것이기 때문이다.[43)]

북한의 기습 및 국지도발이 현실화될 경우, 공군의 임무는 크게 2가지다. 첫째, 무력충돌 현장의 상공에서 항공우세를 확보하는 것이다. 그리고 둘째, 무력충돌 현장으로 신속히 출격하여 공대지 화력지원을 제공하는 것이다. 다만 후자의 경우, 휴전선을 비롯한 전방 접적(接敵) 지역에서는 북한의 지상 방공전력(예: 대공포, 지대공미사일), 전투기에 의한 요격 시도에 직면할 위험성이 높다. 이러한 문제를 극복하기 위해

41) 당초 해군은 '펠리컨'이란 사업명으로 2012년 이후 4대 이상의 소해헬기를 직도입한다는 계획을 추진해 왔다. 하지만 유력한 후보기종으로 평가되는 미국제 MH-60S의 개발이 지연되면서 소해헬기의 전력화가 상당 기간 늦춰질 것이라는 우려가 제기되고 있다.

42) 실제로 지난 11월 23일 북한의 연평도 포격 당시 연평도에 배치된 해병부대 소속의 K-9 자주포가 80여 발의 대응 포격을 실시했지만, 절벽 내부에 갱도 형태로 설치되어 있는 북한 해안포대를 직접 공격하지는 못했다. 대신 부대 막사를 비롯한 해안포대 주변, 후방의 관련 시설들을 집중 공격하여 북한군의 해안포 운용능력을 저하시키는 방식으로 응전했다. 김귀근, "합참 "北해안포 중대 막사를 표적으로 타격"", 「연합뉴스」, 2010년 11월 24일자.

43) 해군은 국산 대함미사일 '해성'을 기반으로 함대지미사일을 개발, 수년 이내에 실전 배치하는 계획을 추진하고 있다. 우선 사거리 50km급의 단거리로 개발되며, 점차 사거리를 연장한다는 계획이다.

서는 북한의 지상 및 항공 요격으로부터 자유로운 거리에서 발사된 후, 적의 지상 표적을 정확히 명중시킬 수 있는,[44] 사거리 100km 이상의 공대지 정밀유도무기의 전력화가 요구된다. 현재 공군 전투기 탑재용으로 개발 중인 '한국형 활강유도폭탄'(KGGB)이 여기에 해당한다.[45]

이들 가운데 사거리 약 50~100km 이하의 전술급 정밀유도무기는 육 · 해 · 공군이 공통적으로 배치, 운용할 수 있는 합동형 무기로 개발하여 개발 및 양산 과정에서의 효율성을 제고해야 한다. 예를 들어 육군의 대전차미사일, 해군의 함대지미사일, 공군의 단거리 공대지미사일을 공통된 형태의 정밀유도무기를 기반으로 개량, 전력화하는 방식이 가능하다. 한미 양국이 공동으로 개발하고 있는 '저가형 유도로켓탄'(LOGIR: Low cOst Guided Imaging Rocket)도 본래 목표인 항공기 탑재뿐만 아니라 해군 연안함정, 지상 배치 발사대 등에서 운용될 수 있어야 할 것이다.[46]

### 2) 비핵(非核) 전략무기의 확보

천안함 피격사건, 연평도 포격전을 계기로 북한 재래식 군사력의 위협이 재조명받게 된 것은 사실이다. 하지만 오늘날 한국 안보에 대한 북한의 가장 심각한 군사적 위협은 여전히 핵무기를 비롯한 대량살상

---

44) 이를 '원거리(Stand-off) 타격능력'이라고 부른다.

45) KGGB는 공대지 일반폭탄에 GPS 위성항법장치, 관성항법장치(INS) 등이 포함된 유도장비를 부착하고, 활강비행 기능을 갖춘 날개를 탑재한 것이 특징이다. 이를 통해 표적으로부터 약 100km 떨어진 거리에서도 정밀타격이 가능하다. 공군은 2012년까지 KGGB의 개발을 완료하고, 2013년부터는 본격적인 실전배치에 착수한다는 계획이다. 이 경우 북한의 지상 방공전력뿐만 아니라, 갱도화된 장거리포 포대를 제압하기 위한 임무에도 동원 가능할 것으로 기대된다.

46) LOGIR는 기존의 70mm 로켓탄에 열추적 · 유도장치, 조종용 날개를 장착하여 정밀유도 기능을 갖추면서도 미사일보다는 저렴한 것이 특징이다. 사거리는 약 5km이며, 공기부양정을 이용한 북한의 고속 해상침투를 저지할 수 있는 능력을 대폭 향상시킬 것으로 기대된다.

무기다. 북한의 대량살상무기는 단순히 노후화된 재래식 군사력을 보완, 대체하는 차원을 넘어서 대북(對北) 억지태세와 한반도의 군사력 균형에 대한 심각한 불안정을 초래할 것이며, 중 · 장기적으로는 한반도 평화체제와 통일 과정에서 한국의 주도권에 치명적인 타격을 가하기 때문이다.

북한이 핵무기를 통해 달성하고자 하는 목적은 크게 수세적 목적, 공세적 목적으로 구분할 수 있다.[47] 수세적 목적은 대내외적인 위상 과시, 한반도 평화체제와 통일 과정에서의 체제보장 요구 관철, 유사시 한미 연합군의 선제침공 및 북진 저지를 포함하는 방어적인 성격이다. 반면 공세적 목적은 핵무기의 사용 가능성을 위협하면서 ① 평시 한국의 내정에 간섭하거나, ② 미국에 대한 정치 · 외교적인 강압을 시도하고,[48] ③ 유사시에는 한국군의 효과적인 방어와 미군의 한반도 증원을 방해하는 공격적인 성격을 나타낸다. 북한이 남침의 성공 가능성을 극대화하려는 전술적 목표를 달성하기 위해, 전쟁 초기부터 핵무기를 무차별적으로 사용하는 경우도 여기에 해당한다.[49] 만약 북한이 핵무기의 수량을 확대하거나, 실전에서 보다 다양한 장착수단을 통해 핵무기를 운용할 수 있는 능력을 갖춘다면, 공세적 목적으로 핵무기를 동원할 가능성은 더욱 높아질 것이다. 이 경우 한국에 대한 군사적 위협이 종전과는 비교할 수 없을 정도로 악화될 것임은 물론이다.

그렇다면 한국은 이미 실체화된 핵무장 능력을 비롯한 북한의 대량살상무기 위협에 어떻게 대응해야 할 것인가? 탱크, 군함, 항공기와 같은 보통의 재래식 무기로는 일반 폭탄의 수십~수백만 배에 달하는 파괴, 살상능력을 갖는 핵무기에 도저히 맞설 수 없다. 이 점에서 혹자는

47) 전경만 등, 『북한 핵과 DIME 구상』(서울: 삼성경제연구소, 2010), pp. 40-53.

48) 예컨대 한국을 배제하는 미북(美北) 평화협정 체결, 주한미군 철수, 한국과의 동맹관계 단절 등을 요구할 가능성을 들 수 있다.

49) 박영택 · 권양주 · 함형필, 『남북한 군사력의 현재와 미래』(서울: 한국국방연구원, 2010), pp. 397-402.

한국도 북한처럼 핵무기 등 대량살상무기로 무장해야 한다고 주장할지 모른다. 그렇지만 이미 한국은 핵 · 화학 · 생물무기와 장거리 미사일 등의 개발, 보유를 통제하는 대량살상무기 비(非) 확산체제의 일원이다.[50] 만약 한국이 대량살상무기 보유에 나선다면, 지금의 북한처럼 국제사회에서 철저한 고립을 면치 못할 것이다. 더 나아가 주변 강대국들은 핵무기 등의 대량살상무기를 보유하는 통일 한국의 등장을 저지하기 위해 한반도의 통일 과정에서 정치 · 외교적인 견제, 방해를 더욱 강화할 것이다. 이는 대량살상무기의 보유가 한국에는 득보다 실이 훨씬 큰 선택이 될 것임을 뜻한다.

따라서 북한의 대량살상무기 위협에 맞서기 위해 한국이 선택할 수 있는 독자적인 대안은 '비핵(非核) 전략무기'다. 북한이 보유하고 있는 대량살상무기의 배치지점, 지휘통제 관련 시설, 발사수단 등을 지속적으로 식별, 추적하고, 유사시에는 북한의 대량살상무기 공격 가능성을 미리 파악하여 재빨리 파괴, 제압하는 임무를 위한 무기가 요구되는 것이다.

한국이 확보해야 할 비핵 전략무기는 크게 3가지로 구성된다. 첫째, 한반도 전체와 주변지역 일대에서 기습 또는 대량살상무기 관련 전력의 움직임을 지속적으로 감시, 정찰할 수 있는 '광역 정보수집 자산'이다. 정찰위성과 공중 조기경보통제기(AEW&C), 중 · 고고도 무인정찰기 등이 여기에 해당한다. 둘째, 대량살상무기가 배치되어 있거나, 이를 운용 및 지휘통제하는 시설을 공격할 수 있는 '장거리 정밀유도무기'다. 구체적으로는 사거리 500~1,000km 이상의 탄도 · 순항미사일과 이들을 탑재할 수 있는 대형 기동수단(예: 수상전투함, 잠수함, 대형 전폭기)이

50) 한국은 1975년 「핵확산금지조약」(NPT)을 비준했고, 1987년에는 「생물무기 금지협약」(BWC), 1997년에는 「화학무기 금지협약」(CWC)을 각각 비준했다. 그리고 2001년에는 정식 조약이 아닌 다자간 국제협의체 형식으로 운영되는 「미사일기술 통제체제」(MTCR)에 가입했다.

포함될 것이다. 그리고 셋째, 북한이 대량살상무기 공격을 시도할 경우, 발사수단으로 사용될 가능성이 가장 높은 탄도미사일을 요격하기 위한 '미사일 방어체계'다.

혹자는 "아무리 첨단기술이 적용된 재래식 무기일지라도, 압도적인 파괴·살상력을 갖는 핵무기와 동급의 억지 효과를 발휘할 수는 없다."고 반론할지도 모른다.[51] 물론 이들 비핵(非核) 전략무기가 미국의 핵우산을 통해 제공되는 유사시 대북 핵 보복능력을 대체할 수 없다는 점은 부인하기 어렵다. 하지만 광역 정보수집 자산, 장거리 정밀유도무기, 미사일 방어체계의 결합은 북한이 기습적으로 대량살상무기를 동원하려는 시도를 견제, 저지하고, 필요시에는 북한의 대량살상무기 운용 능력을 양적·질적으로 약화시키는 효과를 거둘 수 있다.

이는 북한이 수세적 목적에 한해서만 대량살상무기를 사용할 수밖에 없도록 강요할 것이며, 그만큼 대량살상무기의 실질적인 위협 능력도 약화될 것이다. 궁극적으로는 북한이 대량살상무기를 앞세워 한국을 정치·군사적으로 굴복시킬 수 있다는 오판(誤判)의 여지를 원천적으로 차단하여 전쟁 억지의 달성에 기여할 것이다. 그리고 이들 비핵(非核) 전략무기는 북한의 대량살상무기 위협에 맞서기 위해 한국이 선택할 수 있는 직접적인 대응수단인 동시에, 주변 강대국에 대한 전략적 견제수단으로도 활용될 수 있는 잠재력이 충분하다.

해당 전력은 그동안 한국이 미국에 전적으로 의존해 온 전쟁억지, 승리 역량을 독자적으로 갖추는 데 필수적인 것으로 여겨져 왔으며, 당초에는 전시 작전통제권 전환이 처음 예정되었던 2012년까지 확보한다는 계획이었다. 하지만 2010년 6월 26일 한미 정상회담에서 전시

---

51) 첨단 재래식무기에 의한 대량살상무기의 억지, 제압 효과 가능성에 관한 논의는 Patrick M. Morgan, "Preventing the Use of Weapons of Mass Destruction: The Impact of the Revolution in Military Affairs", *The Journal of Strategic Studies*, Vol. 23, No. 1(March 2000)을 참고.

작전통제권의 전환 일정을 2015년 12월 1일로 약 3년 7개월 연기한다는 합의가 이루어졌고, 이에 따라 한국군이 계획하는 비핵 전략무기의 확보 및 전력화 시기도 조정될 가능성이 높아졌다. 특히 10월 8일의 제42차 한미 연례안보협의회의(SCM)에서는 북한의 대량살상무기 위협에 대응하기 위한 한미 연합전력의 억지능력을 보장, 발전하기 위한 '확장억제 정책위원회'(Extended Deterrence Policy Committee)를 설치하기로 한미 양국이 합의한 바 있다.[52)]

전시 작전통제권의 전환 일정 연기, 그리고 미국의 핵우산 공약 강화는 향후 한국이 북한의 대량살상무기 위협에 대응하기 위한 비핵 전략무기의 확보를 좀 더 안정적으로 진행할 수 있는 조건을 제공해줄 것이라는 점에서 긍정적이다. 하지만 이것이 자칫 한반도에서의 전쟁 억지, 승리능력을 미국에 전적으로 의존해 온 구태(舊態)를 연장시키는 결과로 이어져서는 결코 안 될 것이다. 한미동맹의 힘을 강조할 때마다 자주 인용되는 미국의 첨단 군사정보 역량, 최대 69만 명의 증원전력도 결국은 미국의 힘이지, 한국 마음대로 움직일 수 있는 힘은 아니기 때문이다. 천안함 피격사건 직후인 2010년 7월 25~28일 실시된 한미 양국의 '불굴의 의지'(Invincible Spirit) 연합군사훈련이 중국의 반대로 서해가 아닌 동해에서 실시된 것이 단적인 예다.[53)]

비핵 전략무기의 확보는 한국이 한반도에서 전쟁을 억지하고, 유사시 승리할 수 있는 역량을 스스로 갖추는 '자주국방'(自主國防)을 달성하

52) 확장억제 정책위원회는 한미 양국의 국장급을 공동위원장으로 하며, 미국이 북한의 대량살상무기 위협에 대비하기 위해 한국에 제공하는 핵우산, 비핵 정밀타격능력, 미사일 방어 등의 실효성을 주기적으로 관찰, 평가하는 역할을 수행할 예정이다. 강찬호, "한국 핵우산 보장 한·미 상설기구 설치. 나토 이외는 처음", 「중앙일보」, 2010년 10월 9일자.

53) 당초 한미 양국은 북한에 대한 군사적 경고효과를 감안하여 천안함이 침몰한 서해에서 연합훈련을 실시하려 했지만, 중국은 서해가 수도 베이징을 비롯한 자국 영토와 인접한다는 점을 들어서 반대 입장을 거듭 천명했다. 특히 중국은 한미 연합훈련의 일환으로 참가한 미 해군 항공모함의 서해 진입 가능성에 극도로 경계하는 태도를 나타냈다. 인교준·홍제성, "中, 서해훈련 잇단 압박 속내뭘까", 「연합뉴스」, 2010년 7월 8일자.

는 데 가장 필수적인 과제라고 해도 과언이 아니다. 이 점에서 2015년의 전시 작전통제권 전환은 한국에 중대한 도전인 동시에, 천재일우(千載一遇)의 기회라고 할 수 있다. 도전을 기회로 전환시키기 위해서는 지난 60년 동안 계속되어 온 '한미동맹 만능주의'로 인한 타성과 의존심리, 무사안일, 편의주의를 넘어서야 한다.

### 3) 한반도 주변에 대한 접근거부 능력의 발전

한반도 주변에 위치하고 있는 중국, 일본, 러시아는 모두 세계적인 정치 · 경제 · 군사대국이다. 때문에 한국은 북한에 의한 각종 군사위협에 맞서는 한편으로, 중 · 장기적으로는 주변 강대국들과의 잠재적인 무력 분쟁 가능성에도 효과적으로 대응할 수 있는 방위역량을 구축해야 하는 과제를 안고 있다. 하지만 경제력을 비롯한 총량적인 국력 수준, 군사비 지출 규모에서 열세일 수밖에 없는 한국이 주변 강대국과 대등한 수준의 첨단 재래식 군사력을 확보하는 것은 매우 비현실적이다. 특히 한반도 주변에서의 무력 분쟁에서 주력으로 동원될 가능성이 높은 해 · 공군력의 경우, 주변 강대국에 대한 해 · 공군력의 양적, 질적 격차는 상당 기간 동안 지속될 수밖에 없을 것으로 전망된다.

따라서 한국이 주변 강대국의 해 · 공군력에 맞설 수 있는 대안은 한반도 주변에 대한 '접근거부(Access Denial) 능력'을 발전시키는 것이다. 이는 한반도 주변의 해 · 공역에서 지속적인 통제권을 차지하는 것보다는, 한국이 필요로 하는 시기와 범위를 대상으로 주변 강대국의 해양 및 항공 침범을 차단, 봉쇄할 수 있는 능력을 우선적으로 개발 · 확보해야 함을 뜻한다.

여기서 한국군이 갖추어야 할 접근거부 능력의 지리적 범위는 영토의 안전, 해양 관련 주요 국익을 수호하기 위해서 반드시 확보되어야 하는 한반도 주변의 해 · 공역을 대상으로 한다. 이를 '주변공간'(Peri-space)이라고 명명할 수 있을 것이다. 주변공간은 크게 2단계로 나뉜다. 첫째, 한반도 주변 200해리 이내의 해 · 공역을 포함하는 '제1 주변공간'이다. 제1 주변공간은 대륙붕과 EEZ, 주요 도서의 영유권 등과 직결되며, 한국 방공식별구역(KADIZ)까지 포괄한다. 그리고 둘째, 한반도 주변 200~600해리 사이의 해 · 공역을 포함하는 '제2 주변공간'이다. 제2 주변공간은 동해와 남해를 기점으로 동중국해, 서태평양까지 연결되는, 한국 해상교통로(SLOC)의 관문(關門)에 해당한다.

그렇다면 제1 · 2주변공간에 대한 접근거부 능력을 뒷받침하기 위해서 요구되는 군사력은 무엇인가? 이미 주변 강대국이 양적, 질적으로 우위를 차지하고 있는, 원해(遠海)에서의 지속적인 해양통제를 위한, 전통적인 대형 수상전투함 중심의 해군력 건설만으로는 한반도 주변의 해역을 효과적으로 방어할 수 없다. 오히려 군사기술적으로 주변 강대국이 좀처럼 대응하기 어려운 비대칭적인 전력을 통한 해전 수행능력을 확보 · 발전시키는 편이 한국에게는 보다 적합한 선택이 될 것이다. 물론 이 과정에서 해군이 지난 1990년대 이래 지속해 온, 대형 수상전투함 중심의 '대양해군'(大洋海軍) 건설 계획은 일정 수준의 조정이 불가피할 것이다.

한반도 주변해역에서의 접근거부 임무를 수행할 수 있는 가장 대표적인 무기는 단연 잠수함이다. 수중에서 활동하는 '은밀성'을 최대 무기로 하는 잠수함은 적 해군력이 예상하지 못하는 시간, 위치에서 기습공격을 가할 수 있다. 이는 적은 규모로도 보다 거대한 적 해군력에 기습적인 보복과 전력손실, 소모에 따르는 두려움을 강요하여 바다로의 침공을 억지, 견제하는 효과를 발휘한다.

따라서 주변 강대국들의 해군력에 비해 소수일 수밖에 없는 한국 해군은 대형 수상전투함보다 잠수함 전력의 확충에 보다 높은 우선순위를 두어야 할 것이다. 특히 공기불요 추진장치(AIP: Air Independent Propulsion)를 탑재하는 재래식잠수함은 2주일 이상의 지속적인 수중 잠항(潛航)이 가능하여 대륙붕과 EEZ에서의 해양관할권 방어, SLOC 호위는 물론, 적의 주요항구와 해군기지를 겨냥하는 봉쇄 및 습격, 그리고 적 SLOC에 대한 통상파괴전을 비롯한 원해에서의 공세적인 임무에도 동원 가능하다. 이 점에서 향후 상당기간 동안 핵추진잠수함의 개발, 확보가 곤란할 것으로 전망되는 한국 해군에게는 적합한 선택이 될 것이다.[54]

초음속(超音速: Supersonic) 대함미사일도 한반도 주변에서의 접근거부 능력을 강화시킬 수 있는 효과적인 선택이다. 음속 이하로 비행하는 기존의 대함미사일과는 달리, 초음속 대함미사일은 마하 2 이상의 빠른 비행속도를 앞세워 적 군함의 함대공 요격능력을 제압하는 데 유리한 것이 특징이다. 그만큼 적의 해군력, 특히 해양통제를 시도하려는 대형 수상전투함을 겨냥한 대함 교전이 성공할 가능성을 크게 높일 수 있다. 현재까지 개발 및 전력화된 초음속 대함미사일로는 러시아의 SS-N-22 '모스키트'와 SS-N-26 '야혼트', 인도의 '브라모스', 대만의 '슝펑(雄風) 3호'가 대표적이다.

주목해야 할 점은 주변 강대국인 중국과 일본 역시 초음속 대함미사일의 개발, 확보를 추진 중이라는 사실이다.[55] 중국은 1990년대 이후 러시아로부터 신형 수상전투함과 재래식잠수함을 도입하는 과정에서 이들이 탑재하는 러시아제 초음속 대함미사일도 함께 도입했으며, 최근에는 자체 개발을 진행하고 있다. 일본은 항공자위대의 F-2 지원전투기에 탑재되는 XASM-3 초음속 대함미사일을 개발, 2016년 이후 본격적으로 양산 및 실전 배치한다는 계획이다. 한국은 이러한 추세를

54) 해군은 2006년부터 독일제 214급 AIP 잠수함을 '손원일'(수중배수량 1,800톤)급이라는 함명으로 건조 중이다. 손원일급 AIP 잠수함은 현재까지 3척이 진수되었으며, 2018년까지 총 9척을 전력화할 예정이다. 유용원, "核潛빼곤 최정상, 1,800톤급 '손원일함' 진수", 「조선일보」, 2006년 6월 10일자.

55) 윤형노, "주변국 대함유도탄 개발 추세 및 시사점", 「週刊國防論壇」, 제1279호, 2009. 10. 26.

감안하여 지상과 해상, 수중, 항공의 다양한 탑재수단을 통해 배치, 운용할 수 있는, 사거리 200km 이상의 초음속 대함미사일을 개발, 전력화하기 위한 노력에 박차를 가해야 할 것이다.

공군 역시 한반도 주변에 대한 접근거부 능력을 발전, 강화하는 데 중추적인 역할을 수행한다. 물리적인 제약 없이 육지와 바다로 직접 연결될 수 있는 항공력(航空力)의 특성, 그리고 지상 및 해양무기체계보다 우월한 항공기의 이동속도는 20세기 이후 항공우세(Air Superiority)의 확보를 전쟁의 억지, 승리를 위한 필수조건으로 자리매김하게 했다. 비록 공군의 항공기는 임무 수행의 지속시간과 무장 탑재규모는 해군의 군함보다 부족하지만, 이는 신속한 기동능력, 탑재되는 유도무기의 성능을 통해 상쇄될 수 있다. 무엇보다도 공군의 항공기는 대당 획득비용이 해군의 군함보다 훨씬 저렴하다. 따라서 공군력은 한정된 국방재원으로 한반도 주변에서의 접근거부 능력을 향상시키는 데 해군력보다 경제적이고, 효과적인 대안이 될 수 있다.[56]

공군이 한반도 주변 공역에서의 접근거부 임무를 효과적으로 수행하기 위해서는 무엇보다도 한반도 이내, 보다 구체적으로는 평양~원산 이남으로 작전수행 범위가 제한되는 구형 제2 · 3세대 전투기 중심의 전력을 제4세대 이상의 전투기를 중심으로 재구축해야 한다. 즉 전천후 비행과 50~100km 이상의 가시거리 밖(BVR: Beyond Visual Range) 교전을 비롯한 공대공/공대지 정밀유도무기의 운용 능력을 기본적으로 갖추어야 하는 것이다. 특히 앞으로 한국 공군은 주변 강대국의 공군력과 비교할 때, 적어도 질적 수준에서의 균형은 유지할 수 있도록 4.5세대급 이상의 고성능 전투기를 확보할 수 있어야 한다. 해당 기종은 다목적의 임무수행 능력은 물론, 초음속순항(Super Cruise)[57] 기능을

56) 이상호, “국방개혁 2020: 군사전략 측면에서 평가”, 『세종정책연구』 제5권 제2호 (2009. 7).

57) 기존의 제트전투기는 기체 뒤쪽의 배기구(Afterburner)를 가동시킬 때에 한하여 마하

통한 고(高)기동성, 위상배열(Phased Array) 레이더 탑재기능을 통한 공중전에서의 정보우위 확보,[58]그리고 일정 수준의 스텔스 기능을 갖춘 것이 특징이다.

현재 공군은 2010년대 후반부터 F-15K '슬램이글'과 동급 이상 성능의 전폭기 40~60대를 도입하는 3차 차기전투기(F-X) 사업,[59] 그리고 F-16 '파이팅 팰콘'보다 우수한 국산 중형 전투기 120여 대를 개발, 양산하는 한국형 전투기(KF-X) 사업을 추진하고 있다.[60] 하지만 이미 노후화된 기존의 제2 · 3세대 전투기들이 수년 이내에 도태될 것이라는 점을 감안할 때, 공군의 전력개선 노력은 분명 우려할 정도로 지연된 것임에 틀림없다.[61] 이 점에서 공군력의 개선, 강화를 위한 해당 사업들이 더 이상의 차질 없이 추진될 수 있도록 보장하기 위한 정책

---

1 이상의 초음속 비행이 가능했다. 하지만 초음속 순항 기능을 갖춘 전투기는 지속적으로 음속 이상의 속도로 비행할 수 있으며, 때문에 기존 전투기들보다 기동력이 월등히 우수하다.

58) 1990년대 이후 개발되고 있는 군사선진국의 신형 전투기들은 대부분 전자주사식(AESA: Active Electronically Scanned Array) 위상배열 레이더를 탑재하여 수십~100km 이상 떨어진 거리에서 비행하는, 다수의 적 항공기들을 동시에 탐지, 추적할 수 있는 능력을 갖춘 것이 특징이다. 이는 이지스함이 자랑하는 광역 함대방공 능력의 핵심자산인 AN/SPY-1 함대공 레이더의 기능과 유사하다.

59) 3차 F-X 사업의 유력 대상기종으로는 미국 록히드마틴의 F-35 '라이트닝-II' 스텔스 전폭기, 미국 보잉의 F-15SE '사일런트 이글'(F-15K의 기체에 스텔스 기능을 일부 적용한 개량형)이 거론되고 있다. 그러나 정부의 2011년 국방예산안에서 관련 예산이 전액 삭감되면서 3차 F-X 사업의 진행에 차질이 우려되고 있다. Jung Sung-Ki, "Seoul to Delay Fighter Jet Program", ***Korea Times***, September 2, 2010.

60) KF-X는 향후 2년 동안의 탐색 개발을 거쳐 체계개발 여부를 결정하며, 체계개발이 결정될 경우 2021년부터 본격적인 양산이 이루어질 전망이다. 2010년 7월 15일 국방부는 인도네시아와 '개발비의 20% 투자, 양산시 전투기 50여 대 구매'를 주요 내용으로 하는 양해각서를 체결하였다. 현재 터키도 KF-X 공동개발 참여 가능성을 타진하고 있다. 진성훈, "2020년 우리 전투기로 하늘 지킨다", 「한국일보」, 2010년 1월 22일자.

61) 2010년 10월 15일의 공군본부 국정감사에서 공군은 1970년대부터 30년 이상 운용된 구형 F-4 '팬텀', F-5 '타이거-II' 전투기 약 250대가 모두 도태되는 2018년 이후에는 전투기의 보유 수량이 「국방개혁 2020」에서 목표로 하는 420여 대보다 100대 이상 부족해지면서 심각한 전력 공백이 우려된다고 밝혔다. 김호준, "2010년대 중반 이후 전투기 100여 대 부족", 「연합뉴스」, 2010년 10월 15일자.

적 노력들이 매우 절실하다. 한편으로는 공군력의 보완 전력으로서, 영공 밖에서 적 항공기를 요격할 수 있는 사거리 100km 내외의 중·장거리 지대공미사일을 한반도 주변 공역에서의 접근거부 임무에 동원하는 방안도 적극 검토할 필요가 있다.

### 4) 타(他) 지역으로의 원거리 기동능력 확충

한국의 국력이 신장되고, 국제적인 위상이 강화되면서 국제사회에서 한국이 부담해야 할 책임도 증대되는 추세다. 주요 분쟁지역에서의 평화유지활동(PKO) 참여가 대표적인 사례다. 또한 해외에서 한국의 중요 이익이 위협받는 상황이 발생할 가능성도 높아질 수밖에 없다. 재외 국민의 안전이 위협받거나,[62] 한반도와 주변지역을 훨씬 벗어난 수백~수천 해리 밖의 해상교통로가 봉쇄 및 차단되는 등의 경우가 여기에 해당한다. 이에 따라 2020년 이후의 장기 과제로서 한반도 또는 주변 동아시아 지역을 훨씬 넘어서는 타 지역으로도 군사력을 동원할 수 있는 원거리 기동능력의 확보는 상당한 의미를 갖는다.

우선 해군은 전통적인 중·대형 수상전투함을 주축으로 하는 대양(大洋) 기동전단/함대의 건설을 추구할 수 있을 것이다. 기동전단/함대는 한반도와 주변해역에서의 지속적인 해양통제 달성을 보장할 뿐만 아니라, 수백~수천 해리 밖의 원해에서도 한국의 해상교통로를 호위, 방어하는 역할을 수행해야 한다. 기동전단/함대의 기함(旗艦)은 영토에서 크게 벗어난 원해에서도 수상전투함들에 대한 함대방공 임무를 수

62) 2011년 1월 21일 아프리카 해상에서 실시된 해군 청해부대의 '아덴만 여명'(Operation Dawn of Gulf of Aden) 작전이 대표적이다. 당시 충무공 이순신급 구축함 '최영'함을 중심으로 편성된 청해부대는 해군 UDT/SEAL 대원들을 투입, 소말리아 해적에게 납치된 1만톤급 운반선 '삼호 주얼리'호의 선원 21명을 피랍 6일 만에 구출하는 쾌거를 거두었다. 구출작전은 총 5시간 동안 진행되었으며, 작전 과정에서 해적 13명 가운데 8명을 사살, 5명을 생포했다.

행할 수 있는 배수량 2~3만급 이상의 중·소형 항공모함이 적합할 것이다. 특히 해병대 병력을 수송하는 상륙모함의 기능을 겸비하는 '다목적 전략수송함'으로서 건조된다면, 더욱 바람직할 것이다. 정치·외교적인 환경의 변화가 수반될 경우, 무제한적인 잠항 능력을 갖추는 핵추진잠수함의 전력화도 고려할 수 있다.

공군은 항속거리가 최대 1만km에 달하는 장거리 대형수송기, 공중급유기의 도입이 필요하다. 장거리 대형수송기는 분쟁 지역에서의 평화유지 활동, 자연재해 구호를 비롯한 해외 군사활동을 수행하는 병력을 신속하게 수송, 투입시키는 역할에 적합하다. 해외에서 납치, 억류된 재외 국민을 구출하기 위해 특수전부대 병력을 동원하는 것도 가능하다. 공중급유기는 항공기의 체공시간, 항속거리를 크게 증대시켜 공군이 한반도와 주변지역을 넘어서는 원거리에서도, 다양한 임무를 수행할 수 있도록 지원할 것이다.[63]

---

63) 한편으로 공중급유기에 의한 항공기의 체공시간 및 항속거리 연장은 영토 외부로의 공격적인 임무뿐만 아니라, 소규모의 항공전력을 보다 효율적으로 운용하기 위한 방어적인 임무에도 기여할 수 있다. 이 점에서 만약 3차 F-X, KF-X 사업을 비롯한 신형 전투기의 전력화 계획에 차질이 생긴다면, 공군은 전력의 공백을 극복하기 위한 방안으로서 공중급유기의 전력화를 2020년 이전으로 앞당기는 것을 적극 추진할 필요가 있다. 또한 공중급유기는 민간 또는 군용 수송기를 기반으로 개발되는 경우가 많으므로 필요시에는 장거리 대형수송기 겸용으로 운용하는 방안을 검토할 수 있을 것이다.

부록 2

# '적극적 억제전략'을 위한 제언(提言)*

지난 2010년은 6·25전쟁이 발발한 지 60년째를 맞는 해였다. 그리고 한 해 동안 한국은 3월의 천안함 피격사건, 11월의 연평도 포격전으로 대표되는 휴전 이후 최악의 군사·안보적 시련을 겪었다. 이들 두 사건은 북한이 자신들의 정치·외교적인 목적을 위해 언제든지 대남 군사도발을 감행할 수 있는 집단임을 입증했으며, 이로 인해 한반도에 군사적 긴장이 상시적으로 조성될 가능성이 열렸다. 그 결과 한국 내부에서는 북한이 군사도발을 가한 후 수동적으로 대응, 방어하는 차원을 넘어서, 도발 자체를 사전에 예방하기 위해 단호한 보복능력과 의지를 과시할 수 있어야 한다는 주장이 강력히 제기되었다.

2011년 3월 8일 발표된 「국방개혁 기본계획 11-30」의 주요 국방개혁 과제들 가운데 대북(對北) 억지전략의 전환, 수정 가능성을 시사하는 내용이 포함된 것도 같은 맥락으로 해석할 수 있다. 이른바 '적극적 억제'라는 개념이었다. 본래 적극적 억제는 국가안보총괄점검회의, 국방선진화추진위원회 두 기구의 위원장을 겸직한 이상우 전(前) 한림대 총장이 '능동적 억제'(Proactive Deterrence)라는 명칭으로 제기한 것이다.

---

* 이 글은 김재엽, "능동적 억제 전략을 위한 제언(提言)", 「軍事世界」, 2010년 9월호를 수정 및 보완한 것이며, 정부와 국방당국의 공식 입장과는 무관한 저자 개인의 의견임을 밝힙니다.

이는 북한의 군사도발, 침공에 대한 방어만으로 국한되어 왔던 수세(守勢) 중심의 방위태세에 공세(攻勢)적인 성격을 강화시키고, 이를 통해서 북한의 대남 도발의지를 원천적으로 예방, 저지한다는 것을 골자로 한다. 이에 관한 이상우 전 위원장의 설명은 다음과 같다.

> "그동안 우리는 미국과 동맹을 맺고 우리의 안전을 지켜 왔다. 기본 전략은 거부능력 중심의 방어였다. 그래서 북한은 자유롭게 아무 때나 자기들이 원할 때 도발하고, 실패하면 그만두고 계속 도발할 수 있었다. 하지만 이제 우리 국민들은 더 이상 도발이 없도록 해 달라고 요구하고 있다. 도발을 근본적으로 막으려면 북한이 도발할 의지를 못 갖도록 우리가 만들어야 한다. 국방정책을 방어 중심에서 억제 중심으로 방향을 바꿔야 한다. 억제 전략은 북한이 아예 전쟁을 하지 못하게 만드는 것이다. 그렇게 정책지침을 바꿔야만 더 이상의 북한 도발을 막을 수 있다."
>
> –「국방일보」 2010년 8월 13일자 인터뷰 중에서

> "기존 정책은 북한의 도발을 현장에서 저지해 북한이 이루고자 하는 목적을 달성하지 못하게 하는 것이었다. 이는 소극적 전략이어서 성공하면 현상 유지, 실패하면 우리에게 불리한 결과로 귀결된다. 이제는 북한의 도발 행위보다 도발하려는 의지 자체를 분쇄하여 도발할 생각을 못하게 해야 한다."
>
> – 2010년 12월 17일 한국국방연구원(KIDA) 국방포럼 주제발표

그 결과 「국방개혁 기본계획 11-30」에서도 '적극적 억제'라는 개념을 채택하기에 이른다. 「국방개혁 기본계획 11-30」이 발표된 직후인 3월 22일 김태효 청와대 대외전략비서관이 「한국의 국방개혁 어떻게 구현할 것인가」 세미나의 기조연설에서 "이번 국방개혁의 이론적 요체는 적극적 억제전략이며, 이는 북한의 비대칭 위협을 무력화하기 위해 압도적인 전력을 갖추는 것."이라고 밝힌 점도 이를 반영하고 있다.

## 1. 기존 억지전략의 특징과 문제점

6 · 25전쟁 이후 한국 국방전략의 최우선적 과제는 북한의 군사적 침략에 의한 전면전쟁을 막는 것이었다. 이를 위해 한국은 오랫동안 미국과의 군사동맹에 의존해 왔으며, 한미동맹은 오늘날까지 한반도에서의 또 다른 전쟁을 억지하는 데 기여하고 있다. 한국에 대한 미국의 안보공약을 뒷받침하는 군사력으로는 휴전선 이남에 배치되는 약 2만 8,000명의 주한미군, 정찰위성과 정찰기를 비롯한 첨단 군사정보 자산, '확장억제'(Extended Deterrence)라는 용어로 잘 알려진 핵우산 등이 있다. 그 가운데서도 특히 핵심적인 역할을 하는 것은 한반도 유사시 미국이 동원하도록 되어 있는 총 69만 명 규모의 증원전력이다. 구체적으로는 다음의 전력을 포함한다.

- 육군 2개 군단
- 해병대 2개 원정군(군단급)
- 해군 6개 항공모함 전단(군함 160척 포함)
- 공군 8개 전투비행단과 4개 폭격비행단(항공기 2,000여 대 포함)

한반도 유사시 한미 양국의 연합방위전략으로 알려진 작전계획(OPLAN) 5027에 따르면, 북한의 전면침략 초기에 한국군과 주한미군으로 구성된 한미 연합군은 휴전선 이남에서의 방어선을 유지하는 데 주력한다. 이후 미군의 증원병력이 도착하면 휴전선을 돌파하여 북한군의 핵심 침공부대를 격멸한다. 동시에 한미 연합군은 휴전선 이북으로 북진하며, 최종적으로는 한국이 주도하는 통일을 완성시킨다. 말하자면 기존의 대북 억지전략은 북한이 침공할 경우 한미 연합전력의 압도적인 보복 능력을 통해 격퇴할 뿐만 아니라, 더 나아가 북진통일까지 감행할 수 있음을 주지시켜 북한의 도발 의지를 봉쇄해 온 것이 특징이다.

작전계획 5027에 입각한 기존의 대북 억지전략은 지난 수십 년 동안 한반도에서 6 · 25와 같은 대규모의 전면전쟁을 방지하는 데 크게 기여했다. 그러나 한편으로는 결코 간과할 수 없는 문제점들도 함께 내포하고 있다. 대북 억지력의 근간이며, 유사시에는 북한의 침공에 대한 반격의 주력이라고 할 수 있는 69만 미군 증원전력이 한반도로 투입되기까지는 무려 1개월 가량의 오랜 동원기간이 요구된다. 이는 개전 이후 약 1개월 동안, 한국군은 단지 휴전선 이남(특히 수도권 북부)에서 북한의 침공을 방어하기 위한 수세 위주의 군사작전에 주력할 수밖에 없음을 의미한다. '압도적인 대량보복 능력을 앞세운 북한의 침공 격퇴와 북진통일'을 지향한다는 점에서 외견상 공세적으로 비춰질 수도 있지만, 본질적으로는 '선수후공'(先守後攻: 먼저 방어하고 이후에 반격한다) 개념에 입각한, 다분히 수동적인 성격이 강하다고 할 수 있다.

그렇다면 이처럼 수동적인 '선수후공' 개념의 기존 억지전략은 어떤 문제점을 갖고 있는가? 첫째, 최근 새로운 위협으로 부각되고 있는 북한의 소규모 기습, 국지도발에 대한 취약성이다. 1990년대 이후 발생한 북한과의 주요 무력충돌 사례에서도 나타나듯이, 오늘날 북한에 의한 군사적 위협은 '전면전쟁'보다 휴전선과 서해상 전방해역을 비롯한 접적(接敵) 지역에서의 '소규모 국지도발'이 더욱 현실적임을 보여주고 있다. 이 경우 북한은 '치고 빠지기'(Hit and Run) 방식의 기습적인 도발을 시도할 가능성이 매우 높고, 짧은 시간 동안에 승패가 결정될 것이다. 때문에 장기간에 걸친 병력 증원, 대량보복에 억지력을 의존하는 기존의 전략은 북한의 소규모 기습, 국지도발을 억지하는 데 적합하지 못하다.

둘째, 한반도의 좁은 전장공간에서는 매우 치명적인 결과를 야기할 수 있다. 현재 한국은 휴전선 이남의 면적 9만 9,461$km^2$(한반도의 45%)를 점유하고 있으며, 남북 방향의 거리는 약 400~500km에 지나지 않는다. 더욱 큰 문제는 한국의 인구와 경제력, 그리고 정치 · 사회적인 주요 기능들이 밀집되어 있는 서울 등 수도권이 휴전선으로부터 불과 40km 이내에 위치하고 있다는 점이다. 이는 한국이 유사시 외부 세력의 기습적인 침공, 전 · 후방에 걸친 동시전장화 가능성에 매우 취약하다는 것을 반증한다.

북한 재래식 군사력의 전진배치 동향은 이러한 우려를 더욱 뒷받침하고 있다. 현재 북한은 휴전선 전방지역과 가까운 평양~원산 이남에 군단 6개(보병 4개, 기계화보병 2개)를 비롯한 총 70만 명의 육군 병력을 집중 배치하고 있다. 북한 해군의 주력 전투함정 60%, 그리고 북한 공군의 전투기 40%도 역시 평양~원산 이남에 배치 중이다. 뿐만 아니라 북한은 1만 문이 넘는 전체 포병전력 가운데 45%를 휴전선 전방지대에 배치하고 있으며, 특히 600문의 170mm 자주포, 400문의 240mm 방사포는 그 사거리가 무려 50~60km 이상으로 수도권을 공격권 내에 둘 수 있다. 이들 두 종류의 장거리포만으로도 시간당 약 3만 발 이상의 포격이 가능하다. 서울의 1/3을 초토화할 수 있는 가공할 만한 파괴력이다.

그리고 셋째, 북한은 세계적으로도 손꼽히는 대량살상무기 무장능력을 갖추고 있다. 화학무기의 경우 사린, VX, 포스겐 등 신경가스와 질식작용제, 수포 · 혈액작용제 등 16가지를 보유하며, 비축량은 2,500~5,000톤을 넘는 것으로 평가된다. 아울러 탄저균, 천연두, 페스트 등 13가지의 병원균을 생물무기로 배양, 생산할 수 있는 능력을 갖춘 것으로 알려진다. 무엇보다도 북한은 2006년 10월 9일, 2009년 5월 25일, 함경북도 길주군 풍계리로 추정되는 장소에서 두 차례 핵실험을 실시하여 핵무장 능력을 대내외에 과시했다. 이들 대량살상무기는 사거리 300~500km의 '스커드'(발사대 36대), 사거리 1,300km의 '로동 1호'(발사대 27대)를 비롯한 탄도미사일, 수도권을 사거리 내에 두는 1,000문의 장거리포 등 다양한 수단을 통해 장착, 발사되어 한국의 정치 · 경제 · 군사

기능에 치명적인 타격을 가할 수 있다.

이처럼 기습 공격과 전·후방에 걸친 동시전장화에 매우 취약한 한반도의 좁은 전장공간, 북한의 재래식 군사력 전진배치, 그리고 대량살상무기 무장능력은 전시뿐만 아니라 평시에도 한국 영토를 방어하는 데 커다란 부담으로 작용하고 있다. 북한의 침공 이후 약 1개월 동안을 휴전선 이남에서의 방어에만 주력하고, 미국의 대규모 증원전력이 한반도에 도착해서야 비로소 반격하는 전략으로는 전쟁 시작부터 한국 영토의 대부분이 전쟁터가 되는 불리한 조건을 강요받기 쉽다. 단기간 내에 인구 밀집지역과 정치·경제·사회적인 국력 기반까지 초토화되는 것은 물론이다. 가혹하게 표현하자면, 기존의 대북 억지전략은 유사시 한국 영토의 초토화를 전제로 하고 있는 것이나 마찬가지다.

그 결과 한국은 국가 파멸에 가까운 인적, 물적손실로 귀결될 가능성이 높은 전쟁을 감수하느냐, 아니면 전쟁을 면하기 위해 외부 세력의 일방적이고도 부당한 요구에 굴복해야 하느냐의 딜레마에 놓일 위험이 대단히 크다. 이는 전·평시를 막론하고 한국의 정치·외교적인 자주성과 의지, 행동의 자유를 심각하게 위협하는 문제가 될 수밖에 없다. 전쟁 수행의 주도권을 개전 초기부터 북한에게 빼앗기고, 평시에도 국지도발 위협에 대한 노출뿐만 아니라 '서울 불바다', '물리적 타격', '보복 성전' 등 북한의 호전적(好戰的)인 발언만으로도 정부와 국민들이 심리적으로 위축당하는 불리한 조건을 강요받게 되기 때문이다. 1953년 휴전 이후 북한이 지난 반세기 동안 수없이 많은 대남 군사도발, 테러리즘 활동을 자행해 왔음에도 불구하고, 1976년 판문점 도끼만행, 1999년과 2002년의 제1·2차 연평해전, 그리고 2009년 11월의 대청해전을 제외하면 이렇다 할 군사적 징벌조치를 취하지 못했던 것도 이와 무관하지 않다.

## 2. 논란점: 적극적 억제=선제공격?

사실 기존 방위전략의 수세성을 극복해야 한다는 주장, 지적은 국방당국 내에서 여러 차례 제기되어 온 바 있다. 특히 1990년대 이래 핵문제를 비롯한 북한 대량살상무기 위협의 부각은 이러한 움직임에 더욱 힘을 실어주었다. 핵무기와 화학 · 생물무기를 비롯한 대량살상무기는 그 특성상, 일단 공격을 받은 이후에는 그에 따른 심각한 인적 · 물적 피해로 인해 정상적인 방어, 반격을 수행하는 것이 매우 어렵기 때문이다. 주요 사례들은 다음과 같다.

> "북한이 핵포기 요구에 응하지 않을 경우 강력한 응징 체제를 구축할 필요가 있으며, 그 내용은 엔테베 작전을 연상하면 될 것이다."
>
> – 이종구 국방부 장관, 1991년 4월 12일, 신문 편집인협회 간담회에서

> "북한의 탄도미사일과 장거리포에 대한 탐지와 요격체제 발전 등의 입체적 대비책을 강구하면서, 필요시에는 선제 혹은 동시 타격방안도 검토하고 있다."
>
> – 김동진 국방부 장관, 1997년 10월 4일, 국회 국정감사에서

> "북한이 핵무기를 보유한다면 한국에 대한 공격용 무기로 사용할 가능성에 대해 충분히 의식하고 있으며, 유사시 타격계획을 수립해 놓고 있다."
>
> – 이준 국방부 장관, 2002년 12월 28일, 북한 핵시설 재가동 직후 국회 국방위원회에서

> "우리 군은 핵무기 보유시설에 대한 정밀타격을 비롯하여 북한 핵무기에 대한 다양한 대응방안을 갖추고 있다."
>
> – 윤광웅 국방부 장관, 2006년 10월 13일, 북한의 첫 핵실험 직후 국회 국정감사에서

이명박 행정부의 출범 이후에는 이러한 경향이 더욱 강화되고 있다. 김태영 전(前) 국방부 장관은 합참의장으로 임명된 직후인 2008년 3월 26일의 국회 인사청문회에서 북한의 핵무장에 대한 군사적 대비책을 묻는 질문에 "핵무기의 위치를 재빨리 확인하고, 적이 사용하기 전에

타격하여 한국 영토가 피해를 입지 않도록 하는 노력이 중요하다."고 답변한 바 있다. 국방부 장관에 취임한 이듬해인 2010년 1월 20일에는 중앙일보, 현대경제연구원이 공동주최한 동북아 미래포럼에서 "북한이 핵 공격을 할 경우, 우리가 한 대 맞고 대응하기엔 너무 피해가 크다. 때문에 핵 공격 징후를 식별하고, 분명한 공격의사가 있으면 바로 타격해야 한다."라고 말했다. 유사시 북한의 핵무장 능력을 제거하기 위한 방안으로서 '군사적 선제조치'(先制措置: Preemptive Measures)의 가능성을 재확인한 것이다. '능동적 억제' 개념에 관한 이상우 전(前) 국방선진화 추진위원회 위원장의 언급도 이와 일맥상통한다.

> "북한이 도발하려는 움직임이 있을 경우, 북한의 전쟁 지휘계통을 정밀 타격해서 전쟁을 하기 전에 분쇄할 수 있는 능력을 보유해야 한다. 또 북한은 대량살상무기를 포함해 공격 무기들이 많다. 이러한 무기를 발사할 징후가 나타난다면, 사전에 그 거점을 파괴할 수 있는 능력을 우리가 보유해야 한다. 그러면 북한은 쉽사리 도발을 하지 못할 것이다. 그게 전쟁을 하지 않고 전쟁을 막는 방법이다."
>
> –「국방일보」, 2010년 8월 13일자 인터뷰 중에서

물론 '적극적 억제' 개념에 관하여 우려를 나타내는 시각도 존재한다. 가장 큰 문제는 역시 '북한에 대한 군사적 선제조치'의 가능성을 열어두고 있다는 점에 있다. 북한의 핵무장에 대한 대응조치의 일환이라고 하지만, 자칫 국내외적으로 한국의 방위전략이 호전적, 침략적이라는 인식을 심어주어 불필요한 정치·외교적인 부작용을 가져올 위험부담이 크기 때문이다. 특히 이명박 행정부의 대북정책에 대한 북한의 반발, 김정일 건강악화를 비롯한 북한 내부 정세의 불확실성 심화, 그리고 천안함 피격사건 등으로 심각한 경색을 벗어나지 못하고 있는 최근의 남북한 관계를 고려할 때, '적극적 억제=선제공격'이라는 식의 등식화는 자칫 북한이 남북한 관계 악화의 책임을 한국에 떠넘기거나

대남 비방, 선전선동을 위한 좋은 구실을 제공할 것이다. 한국 내부에서도 진보 성향의 정치 · 사회세력을 중심으로 논란이 가중되면서 대북정책과 방위전략에 관한 국민적 지지 확보에도 악영향이 우려된다.

## 3. '적극적 억제전략'이 가야 할 길

억지전략의 목적은 평시부터 적의 군사적 침공능력, 의지를 좌절시키는 것이다. 여기에는 2가지의 능력이 뒷받침되어야 한다. 첫째, '적의 무력 도발이 반드시 실패하도록 보장할 수 있는 능력'이다. 그리고 둘째, '적이 무력 도발을 통해 얻고자 하는 이익보다 훨씬 많은 손실을 적에게 강요할 수 있는 능력'이다. 앞으로 한국의 대북 억지전략은 전면전쟁뿐만 아니라 소규모의 기습, 국지도발에 이르기까지 광범위한 위협에 대해 억지력을 발휘할 수 있어야 한다. 이를 위해서는 평시부터 한국군의 방어 주도권을 물리적 · 심리적으로 제약하고, 유사시에는 한국 영토의 초토화를 감수해야 할 위험부담이 매우 높은, 기존의 수동적인 선수후공 개념에서 탈피하는 것이 시급하다.

이 점에서 최근 제기되고 있는 '적극적 억제' 개념은 한국군의 대북억지전략을 개선, 발전시키는 데 중요한 지침이 될 수 있을 것으로 기대된다. 다만 현재와 같이 '적극적 억제'가 마치 '선제공격'의 동의어인 양 인식되고, 선제공격 외에는 내세울 것이 없는 것처럼 비춰지는 현상은 결코 바람직하지 못하다. 그러므로 '적극적 억제' 개념의 내용을 좀 더 구체화하고, 정교하게 다듬을 필요가 있다. 앞으로 한국군이 '적극적 억제' 개념에 입각한 대북 억지전략을 수립한다면, 다음의 3가지를 포함시켜야 할 것이다.

첫째, '방어와 반격의 동시 · 통합적인 수행'이다. 현재와 같이 개전 이후 1개월 동안의 간격을 두며 방어, 반격을 단계적으로 분리하지 않고, 전쟁 초기부터 두 임무를 함께 수행해야 하는 것이다. 즉 전투부대의 다수가 휴전선 이남에서 북한의 침공에 대한 방어작전을 실시하는 동시에, 반격 능력을 갖춘 나머지 전력은 지체 없이 북한 영토를 겨냥한 보복 및 반격을 가할 수 있어야 한다. 이는 한국군이 북한의 대남 침공능력을 분산시키고, 전쟁 수행의 주도권을 조기에 회복하는 데 기여할 것이다. 그만큼 북한의 침략이 실패할 가능성을 높일 것임은 물론이다.

둘째, '전술적 섬멸과 전략적 마비'다. 전자가 북한의 소규모 기습, 국지도발을 억지하기 위한 것이라면, 후자는 북한의 전면전쟁을 억지하기 위한 전략지침이라고 할 수 있다.

'전술적 섬멸'의 골자는 전방 접적(接敵)지역을 비롯한 한국 영토와 인근 해·공역에서 일단 교전이 발생할 경우, 도발을 시도한 북한군 전력 주체를 예외 없이 격멸·몰살시키는 것이다. 그동안 북한의 소규모 기습, 국지도발에 대한 한국군의 대응은 격퇴(擊退)에 초점을 맞춰왔다. 다시 말해서 북한의 침공으로 교전이 시작된다고 해도, 일단 북한군이 패배를 인정하고 퇴각한다면 교전을 중지하는 방식이었다. 그러나 앞으로는 북한군의 무력 도발로 한국 영토와 인근 해·공역에서 물리적 피해가 발생할 경우, 한국군은 침공해 온 북한군 병력(예: 보병, 지상차량, 포대, 군함, 항공기 등)을 교전 현장에서 반드시 파괴, 섬멸해야 한다. 퇴각하는 것도 용납해서는 안 된다. 이러한 '전술적 섬멸'은 북한군에 '아무리 소규모일지라도, 침공한다면 결코 살아서 돌아가지 못한다.'는 두려움을 심어 주어 한국에 대한 기습, 국지도발을 시도하려는 의지를 약화시킬 것이다.

'전략적 마비'는 전면전쟁 또는 대량살상무기 위협에 대하여 북한의 정치, 경제, 군사적인 핵심을 무력화하여 단기간 내에 침공능력을 제거하는 것이다. 여기에는 김정일 정권과 군부를 위시한 북한의 정치·군사 지도부, 북한군의 주요 지휘통제 시설 및 체계, 대규모 재래식 군사력의 배치 지점, 그리고 대량살상무기의 배치 · 비축시설과 이들의 발사수단(예: 장거리포, 탄도미사일) 등을 포함한다. 해당 표적은 북한의 대남 침공을 수행하는 데 핵심적인 비중을 차지하고 있다. 따라서 한국군이 전쟁 초기부터 이들을 신속 · 정확하게 제압, 무력화한다면, 단기간 내에 북한의 침공 역량을 제거 및 소모시킬 수 있다. 이는 한국이 전쟁에 따른 피해를 최소화하는 가운데, 북한의 군사역량을 현저히 약화시켜 전후(戰後) 남북한 관계와 통일 과정에서의 주도권을 확보하도록 기여할 것이다.

그리고 셋째, '유사시 선제공격 가능성의 모호성 유지'다. 정치 · 외교적으로 큰 부담을 야기할 수 있는 '선제공격' 표현을 군이 공개적으로 명시하는 것보다는, '전략적 마비'의 일부로서, 보완적인 개념으로 포함되는 편이 바람직할 것이다. 또한 선제공격의 적용대상을 적의 재래식 군사력이 아닌 대량살상무기로 한정시키고, 그 조건도 '명백한 사용징후가 나타나는 경우'로만 엄격히 제한해야 한다. '선제'보다는 '정밀타격', '마비' 개념을 강조하는 편이 억지 효과의 강화, 증대와 더불어 불필요한 정치 · 외교적 논란, 우려를 불식시키는 데 기여할 것이다.

특히 국방 당국의 공식 문서 또는 당국자가 유사시 선제공격의 실행 여부를 직접적 · 공개적으로 인정, 혹은 포기하는 것은 원칙적으로 지양되어야 한다. 대신 간접적인 표현을 통해 그 가능성을 전달하는 것은 가능하다. 예를 들어 "한국 국민과 영토의 안전을 위협할 수 있는 외부 세력의 기습적인 침공, 특히 대량살상무기의 사용을 결코 용납하지 않을 것이며, 한국군은 이에 필요한 군사력 사용의 시간과 수단을 자유롭게 선택할 수 있다."라는 표현이 검토될 수 있다. 또는 2009년 6월의 「국방개혁 기본계획 2009-2020」에 수정안에 포함되었던 '적의 비대칭 위협을 영토 외부에서 최대한 차단, 제거한다.'는 표현을 재확인하는 방안도 가능할 것이다.

'적극적 억제' 개념에 입각한 대북 억지전략을 현실화시키기 위해서는 억지전략의 물리적인 근간도 전환되어야 한다. 개전 이후 1개월이 넘어야 도착하는 69만 명의 미군 증원전력보다는, 전쟁 초기부터 북한의 침공에 대한 방어뿐만 아니라 반격 임무까지 수행할 수 있도록 뒷받침하는 광역 정보수집 자산(예: 정찰위성, 공중 조기경보통제기, 중 · 고고도 무인정찰기), 장거리 정밀유도무기야말로 '적극적 억제전략'을 구현하는 데 핵심적인 적합한 군사적 기반인 것이다. 해당 전력은 가능하면 한국 스스로 확보하는 것이 바람직하지만, 단기간 내에 이루어지기 곤란하다면 유사시 가능한 한 신속하게 한반도로 투입될 수 있는 주일미군 또는 태평양 주변지역(예: 괌)의 미군 전력을 통해 제공되어야 한다.

## 4. 결 론

중국 춘추전국시대의 군사전략가 손자(孫子)는 자신의 명저(名著) 『손자병법』(孫子兵法)을 통해 "싸우지 않고서도 적을 굴복시키는 것이야말로 가장 바람직한 승리"(不戰而屈人之兵 善之善者也)라는 부전승(不戰勝)을 강조했다. 이 점에서 '전쟁 억지의 달성'은 손자의 부전승이 실현된 결과라고 할 수 있다. 현존 내지 잠재적인 위협세력에게 자국을 겨냥하는 군사적 침공이 실패할 것임을 확신시키고, 이를 통해서 평시부터 감히 무력 도발을 시도하려는 엄두조차 내지 못하도록 만들 것이기 때문이다.

인류 역사상 무기의 파괴 · 살상능력이 어느 때보다 커진 오늘날에는 '전쟁에서의 승리'보다 '전쟁 자체의 예방'이 각국의 국방전략, 정책에서 최우선적인 비중을 차지한다. 특히 60년 전의 6 · 25전쟁 이후에도 불과 155마일(약 250km)의 휴전선을 경계로, 200만 명에 가까운 병력이 대치하고 있는 한반도에서는 세계 어느 지역보다도 전쟁의 예방이 절실히 요구될 수밖에 없다. '적극적 억제' 개념의 제기와 이를 둘러싼 논쟁들이 그동안의 여러 국방개혁안에서 신무기의 도입, 군 지휘구조의 개편, 예산 확보 등에 가려져 왔던, 가장 기본적인 과제라고 할 수 있는 전쟁 억지 및 군사전략의 발전을 위한 정부, 군 당국, 그리고 학계의 논의를 활성화하는 계기가 되길 희망한다.

# 참고문헌

## 1. 단행본


강진석. 『한국의 안보전략과 국방개혁』. 서울: 평단, 2005.
공군본부. 『외국 군구조 편람 2007』. 대전: 공군본부, 2007.
공군 전투발전단. 『이라크전쟁: 항공작전 중심으로 분석』. 대전: 공군본부, 2003.
권태영 등. 『동북아 전략균형 2007』. 서울: 한국전략문제연구소, 2007.
권태영 · 노훈. 『21세기 군사혁신과 미래전』. 서울: 법문사, 2008.
국방군사연구소. 『國防政策變遷史: 1945-1994』. 서울: 국방군사연구소, 1995.
______. 『建軍 50年史』. 서울: 국방군사연구소, 1998.
국방부. 『국방백서 2008』. 서울: 국방부, 2009.
______. 『「국방개혁 기본계획」 상부지휘구조 개편』. 서울: 국방부, 2011.
국방부 국제협력관실 국제군축팀. 『대량살상무기에 관한 이해』. 서울: 국방부, 2007.
국방부 정책실. 『한미동맹과 주한미군』. 서울: 국방부, 2002.
김건태. 『國防組織의 理論과 實際』. 서울: 국방대학원, 1996.
김용주. 『독일 연방군 총서』. 서울: 육군사관학교 화랑대연구소, 2003.
김일영 · 조성렬. 『주한미군: 역사 · 쟁점 · 전망』. 서울: 한울 아카데미, 2003.
김정익. 『한국의 미래 전쟁양상과 한국군의 합동작전개념』. 서울: 한국국방연구원, 2010.
김종하. 『미래전, 국방개혁 그리고 획득전략』. 서울: 북코리아, 2008.
김종하 · 김재엽. 『국방개혁 2020 추진방향과 입법과제』. 대전: 한남대 국방전략연구소, 2005.
______. 『군사혁신(RMA)과 한국군: 2020년을 넘어서』. 서울: 북코리아, 2008.
김홍래. 『정보화시대의 항공력』. 파주: 나남출판, 1996.
노병천. 『이것이 한국전쟁이다』. 서울: 21세기 군사연구소, 2000.
민진 외. 『국방행정』. 서울: 대명출판사, 2005.
박영택 · 권양주 · 함형필. 『남북한 군사력의 현재와 미래』. 서울: 한국국방연구원, 2010.
배달형. 『미래전의 요체 정보작전』. 서울: 한국국방연구원, 2005.
육군사관학교 전사학과. 『세계전쟁사』. 서울: 황금알, 2004.
이규열 등. 『2007—2008 동북아 군사력』. 서울: 한국국방연구원, 2008.
이민룡. 『김정일 시대의 북한군대 해부』. 서울: 황금알, 2004.
이선호. 『국방행정론』. 서울: 고려원, 2000.
이종인 등. 『지식정보 시대의 국방인력 발전방향』. 서울: 한국국방연구원, 2003.
인력개발연구센터 편저. 『세계 국방인력편람 2003-2004』. 서울: 한국국방연구원, 2005.
전경만 등. 『북한 핵과 DIME 구상』. 서울: 삼성경제연구소, 2010.
조영갑. 『민군관계와 국가안보』. 서울: 북코리아, 2005.
______. 『국가안보학』. 서울: 북코리아, 2006.
한국전략문제연구소. 『동북아 전략균형 2008』. 서울: 한국전략문제연구소, 2008.
합동참모본부. 『合參 60年史: 역사는 말한다』. 서울: 합동참모본부, 2008.

## 2. 논문 및 기고문

권태영. "21세기 미래전 이론분석 및 발전전망". 「국방정책연구」 제65호, 2004. 가을.
김동한, "역대 정부의 군구조 개편 계획과 정책적 함의", 「국가전략」, 제17권 제1호 (2011년 봄).
김종대. "합동성 강화 외친 합참에 합동작전 전문가 없었다". 「D&D 포커스」, 2010년 5월호.
김종탁. "사관학교 통합, 과연 바람직한가?". 「週刊國防論壇」 제1311호, 2010. 6. 7.
김종하. "국방부 문민화를 위한 전제조건". 「국방일보」, 2004. 9. 4.
김주식. "해군의 창설과 발전". 「軍史」 제68호, 2008. 8.
김태훈. "합동참모회의 소개", 「合參」 제30호, 2007. 1.
김효재. "한국군의 합동성: 문제점과 대안". 「한국의 국방개혁: 어떻게 할 것인가?」, 서울: 한국국방안보포럼(KODEF), 2010. 9. 15.
박계향. "합동작전을 위한 합참 직위 보직 조절되어야". 「軍事世界」, 2010. 5.
박창권. "적극적 억제전략의 개념과 의미 그리고 추진방향". 「국방저널」, 2011. 4.

백기인. “한국 국방체제의 형성과 조정, 1945~1970”. 「軍史」 제68호, 2008. 8.
이선호. 「國防組織의 當面課題와 3軍 均衡發展方向」. 국회의원 유삼남 의원실, 2001. 6. 5.
이명환. “공군의 창설과 발전”. 「軍史」 제68호, 2008. 8.
전제국. “국방문민화 과정의 재조명: 성과와 과제를 중심으로”. 「국방연구」 제53권, 제2호, 2010. 8.
차두현. “국방개혁을 통한 한국군의 ‘합동성’ 증진”. 김기정 · 김순태 · 문정인 · 이진영 편, 『아시아태평양 시대의 국가안보를 위한 전력구조 발전방향』, 서울: 오름, 2008.
최명상. “한국의 국방개혁과 군 구조 개편의 과제”. 김기정 · 이성훈 · 김순태 편, 『세계적 국방개혁 추세와 한국의 선택』, 서울: 오름, 2006.
최수동, “미국의 Goldwater-Nichols 국방개혁 법률과 시사점”, 「週刊國防論壇」, 2011년 6월 27일호.
최진태. “미래 대(對) 테러작전: 육군의 역할과 수행 개념”. 「2008 육군발전 세미나-대 전환기 정예화 선진육군의 비전과 전략」, 육군본부/한국전략문제연구소, 2008. 10. 21~22.
______. “육 · 해 · 공군대학 통합 법령 입법예고”. 「연합뉴스」, 2011년 8월 18일자

## 3. 언론기사

김가영. “방사청, 신개념기술시범 7대 과제선정”. 「국방일보」, 2010년 7월 2일자.
김광수, “육군 작전 지휘계통 대장만 4명 ‘비대화’”. 「한국일보」, 2011년 4월 13일자.
김귀근. “‘한국형 MD체계’ 어떻게 운영되나”. 「연합뉴스」, 2009년 2월 15일자.
______. “북한의 사이버전 능력은”. 「연합뉴스」, 2009년 7월 8일자.
______. “軍 사이버사령부 11일 창설”. 「연합뉴스」, 2010년 1월 8일자.
______. “軍, 1천여 명 규모 파병부대 창설”. 「연합뉴스」, 2010년 7월 1일자.
______. “한미, SCM서 뭘 논의했나”. 「연합뉴스」, 2010년 10월 9일자.
______. “대통령 업무보고 핵심 軍구조개혁 골자”. 「연합뉴스」, 2010년 12월 29일자.
______. “합참 작전라인 육군 ‘보강’…조직개편도 단행”. 「연합뉴스」, 2011년 1월 5일자.
______. “육군총장, 내년부터 용인 지상작전본부서 지휘”. 「연합뉴스」, 2011년

3월 10일자.
______. "軍, '국방개혁 307 계획' 반발에 곤혹". 「연합뉴스」, 2011년 3월 28일자.
______. "軍, 공군 연합지휘체계 개선 착수". 「연합뉴스」, 2011년 4월 8일자.
______. "합참의장-합참차장 어떤 역할 맡나". 「연합뉴스」, 2011년 4월 12일자.
______. "軍, 합참의장 순환보직제 도입 않기로". 「연합뉴스」, 2011년 4월 26일자.
______. "각군 총장 지휘권연습 어떻게 진행되나". 「연합뉴스」, 2011년 5월 31일자.
______. "육 · 해 · 공군대학 통합 법령 입법예고". 「연합뉴스」, 2011년 8월 18일자.
김귀근 · 이상헌. "軍, 전면전→침투 · 국지전 대비책 강화". 「연합뉴스」, 2010년 5월 4일자.
김민석. "해상 요격미사일 2014년까지 도입". 「중앙일보」, 2009년 6월 29일자.
______. "전면 정규전 승산 없다 판단…게릴라 · 기습전 등 '비대칭 전력' 강화". 「중앙일보」, 2010년 4월 27일자.
______. "육 · 해 · 공사 통합 첫발 '국방사관학교' 만든다", 「중앙일보」, 2010년 9월 2일자.
김민석 등. "군 개혁 10년 프로그램 짜자: ① 육 · 해 · 공 3군 균형 체제 만들자". 「중앙일보」, 2010년 6월 21일자.
김민석 등. "육 · 해 · 공사 통합 논의 때마다 군 반발…노태우 정부 땐 무산 MB 정부에서는?". 「중앙일보」, 2010년 6월 22일자.
김병륜. "러시아 국방부와 총참모부". 「국방일보」, 2006년 4월 17일자.
______. "러시아 군종체제". 「국방일보」, 2006년 5월 15일자.
______. "프랑스 지휘 구조". 「국방일보」, 2006년 8월 28일자.
______. "세계는 지금 해적과의 전쟁 중". 「국방일보」, 2007년 11월 8일자.
______. "일 자위대 대규모 편제 개편". 「국방일보」, 2008년 4월 3일자.
______. "교육분야서도 '하나된 軍' 강화", 「국방일보」, 2011년 3월 9일자.
김연숙. "C4I 보완 · 각 군 총장 군령부담 조절이 과제". 「연합뉴스」, 2011년 8월 26일자.
김호준. "합참, 순환보직 대상 대령급까지 확대". 「연합뉴스」, 2010년 7월 8일자.
박성진, "3군 통합 '국군 교육사령부' 창설 백지화", 「경향신문」, 2011년 4월 13일자.
박희제. "알카에다 韓-日 미군시설에도 테러 모의". 「동아일보」, 2004년 12월 16일자.

배영경. "러시아, 軍관구 6개→4개 통합". 「연합뉴스」, 2010년 7월 15일자.
유용원. "가공할 북한의 대량살상무기". 「주간조선」, 2002년 12월 26일호.
______. "전작권 전환 후(後) '한미 연합공군사(司)' 창설". 「조선일보」, 2009년 2월 5일자.
______. "지구 어디든 출동…大洋해군시대 열렸다". 「조선일보」, 2010년 2월 2일자.
______. "합동군사령부 신설 사실상 백지화", 「조선일보」, 2011년 3월 3일자.
유현민. "가능성, 한계 동시에 보여준 한미 을지연습". 「연합뉴스」, 2008년 8월 24일자.
______. "김장수 "합참의장, 합동군사령관 겸직 안돼"". 「연합뉴스」, 2008년 10월 5일자.
______. "美 증원전력 어떻게 전개되나". 「연합뉴스」, 2008년 10월 18일자.
______. "국방개혁 명칭 '기본계획 11-30'으로 변경", 「연합뉴스」, 2011년 5월 12일자.
______. "각군 작전지휘로 지휘통신체계에 300억 원 소요", 「연합뉴스」, 2011년 6월 13일자.
윤상호. "국방부, 군용 정찰위성 4기 도입 추진". 「동아일보」, 2009년 10월 21일자.
______. "합참의장에 참모총장 징계권… 각 군 참모차장 2명 임명… 갈수록 논란 커지는 국방개혁", 「동아일보」, 2011년 4월 27일자.
이상헌. "전작권 전환 어떻게 추진되고 있나". 「연합뉴스」, 2009년 2월 11일자.
______. "'국방개혁 기본계획' 뭘 담았나". 「연합뉴스」, 2009년 6월 26일자.
______. "합참의장, 全간부에 '기회주의' 경고". 「연합뉴스」, 2010년 5월 14일자.
이정훈. "본격공개! 이것이 한국군 화력이다". 「신동아」, 2007년 2월호.
이주형. "2013년 UFG(을지 프리덤가디언)부터 新작전계획 적용". 「국방일보」, 2011년 6월 14일자.
이태규. "100만 컴퓨터 大軍 에스토니아 '초토화'". 「한국일보」, 2007년 5월 19일자.
전병근. "美 포린폴리시誌 '실패한 국가' 60國 분석". 「조선일보」, 2005년 6월 20일자.
추승호 · 이승우. "전작권 2015년 12월 전환…3년 7개월 연기". 「연합뉴스」, 2010년 6월 27일자.
황일도. "국방개혁 2020을 비판한다". 「신동아」, 2005년 11월호.

## 4. 영문자료

Bennett, John T., "After U.S. JFCOM, What's Next?", *Defense News, August* 16, 2010.

Bermudez, Joseph S., "Moving Missiles", *Jane's Defence Weekly*, August 3, 2005.

Chuter, David, *Defense Transformation: A Short Guide to the Issues* (South Africa: Institute for Security Studies, 2000).

Fitzpatrick, Mark ed, *North Korean Security Challenges: A Net Assessment* (London: International Institute for Strategic Studies, 2011).

Jung, Sung-Ki, "Seoul Backs UAV Efforts for Command Transfer", *Defense News*, May 17, 2010.

O'Hanlon, Michael, "Stopping a North Korean Invasion: Why Defending South Korea is Easier Than the Pentagon Thinks", *International Security*, Vol. 22, No. 4 (Spring, 1998).

Wilkerson, Lawrence B., "What Exactly is Jointness", *Joint Forces Quarterly* (Summer 1997).

# 찾아보기